大型同步调相机组
运维检修技术丛书

检修与试验

国家电网有限公司◎组编

U0260679

中国电力出版社
CHINA ELECTRIC POWER PRESS

内 容 提 要

本书是《大型同步调相机组运维检修技术丛书》的《检修与试验》分册,主要内容包括检修管理,主机、励磁系统、静止变频器、继电保护及自动装置、润滑油系统、外冷水系统、内冷水系统、除盐水系统、分散控制系统、封闭母线系统、热工和化学仪表的检修及检定,以及整套启动试验,共计十三章。

本书适用于大型同步调相机组的检修与试验工作,也可供相关专业大中院校师生参考。

图书在版编目（CIP）数据

大型同步调相机组运维检修技术丛书. 检修与试验/国家电网有限公司组编. —北京：中国电力出版社，2024.1

ISBN 978-7-5198-7702-6

Ⅰ. ①大… Ⅱ. ①国… Ⅲ. ①同步补偿机－设备检修 Ⅳ. ①TM342

中国国家版本馆 CIP 数据核字（2023）第 058501 号

出版发行：中国电力出版社
地　　址：北京市东城区北京站西街 19 号（邮政编码 100005）
网　　址：http://www.cepp.sgcc.com.cn
责任编辑：吴　冰（010-63412356）
责任校对：黄　蓓　郝军燕
装帧设计：赵丽媛
责任印制：石　雷

印　　刷：北京九天鸿程印刷有限责任公司
版　　次：2024 年 1 月第一版
印　　次：2024 年 1 月北京第一次印刷
开　　本：787 毫米×1092 毫米　16 开本
印　　张：21.5
字　　数：437 千字
印　　数：0001—1500 册
定　　价：158.00 元

序　言

　　近年来，在"双碳"目标下，我国新能源产业发展迅速，为将风、光等清洁能源从西、北部大规模输送到电能需求巨大的中、东部地区，我国特高压直流工程建设步伐进一步加快。随着特高压直流工程的大规模建设投产，电力系统网架结构和运行特性已发生较大变化。高比例新能源的发展改变了传统电力系统以火力发电为主的运行方式。在新能源送出地区，转动惯量的降低会对系统频率稳定造成影响；而在华东等负荷中心地区，大规模直流馈入和分布式新能源的蓬勃发展使本地常规电源空心化严重，系统动态无功储备不足引起的电压稳定问题日益突出。

　　为解决新能源消纳和特高压直流输电安全问题，2015 年 9 月，国家电网有限公司启动新一代大容量同步调相机项目。与静态无功补偿装置（STATCOM、SVC 等）相比，新一代大容量同步调相机具备优异的暂动态特性、较强的稳态无功调节能力，可以有效提高系统短路容量和转动惯量，为电网安全稳定运行提供有力保障。相比于对常规同步调相机进行扩容改造或利用常规发电机进行无功调节，新一代大容量同步调相机在电磁特性参数、机械性能指标、启动方式、非电量保护要求等方面有着更高要求，国内外没有现成的经验可以借鉴。秉持开拓创新理念，坚持需求导向，公司提出"暂动态特性优、安全可靠性高、运行维护方便"的技术要求，组织相关科研机构和设备厂家，在系统无功需求、整体设计、装备研发、性能验证、工程建设、调试试验、运维检修等方面开展了大量研究及验证工作，取得了一系列突破性研究成果，建立了完善的调相机技术支撑体系。2017 年 12 月，世界首台 300Mvar 全空冷新型调相机在扎鲁特换流站顺利投运，截至 2024 年 1 月，已有 19 站 43 台新型大容量调相机投运。

　　为总结和传播"新一代大容量同步调相机"项目在特高压直流输电工程的应用成果，国家电网有限公司组织编写了《大型同步调相机组运维检修技术丛书》，全面介绍新一代大容量同步调相机的相关理论、设备与工程技术，希望能够对大型同步调相机的研究、设计和工程实践提供借鉴，为科研和工程技术人员的学习提供有益的帮助。

随着我国新型电力系统的持续建设，新能源在电力系统中的占比将继续提高，电网电压稳定和转动惯量需求会更高。新一代大容量同步调相机的大规模工程应用，将会在提升电网跨区输电能力和支撑新能源消纳方面发挥重要作用。未来，在电网公司、制造厂家和科研机构的共同努力下，通过对调相机理论、技术、装备、工程等方面持续开展更加深入的研究和探索，必将促进调相机技术的迭代更新和质量升级，调相机在我国电力系统中的应用前景将更加广阔。

国家电网有限公司副总经理

2024 年 1 月

前　言

随着新型能源体系加快规划建设，新型电力系统新能源占比逐渐提高，清洁电力资源大范围优化配置持续有序推进。新一代大型调相机作为保障清洁能源输送的重要电网设备，能进一步提高电网安全稳定运行水平和供电保障能力。目前，调相机也正向着高可靠、高自动化方向发展。新技术、新设备、新工艺、新材料应用逐年迭代更新，相关运维管理、技术监督和专业技术发展也是日新月异。因此为提高从业人员知识的深度与广度，提升掌握新技术、新工艺的能力，达到一岗多能的要求，特编制《大型同步调相机组运维检修技术丛书》。

丛书包括《运行与维护》《检修与试验》《技术监督》《基础知识问答》《典型问题分析》五个分册，可供从事调相机设计、安装、调试、运行、检修及管理工作的专业技术人员阅读，或作为培训教材使用。

《检修与试验》是丛书的第二分册，本着紧密联系现场的原则，突出系统性强、针对性强、实用性强、内容新颖特点，着重讲述了调相机主机及其辅助系统检修方面的设备原理、检修方法、工艺标准以及注意事项等内容。通过科学化、精益化、针对性的检修工作，可及时消除设备缺陷，更换或修复易损部件，发现设备存在的隐患并妥善治理，跟踪设备健康水平，全面提升调相机设备精益检修、状态检修水平，进而确保调相机设备可靠性，发挥其在大电网"稳压器"作用。

全书共有十三章，第一章介绍了调相机检修管理内容，包括检修原则方式、检修准备及管理要求、检修质量监督及验收。第二章至第十三章分别介绍了主机及在线监测系统、励磁系统、润滑油系统、内冷水系统、分散控制系统、保护及自动装置等十二个调相机检修作业内容，包括检修项目、步骤以及工艺要求、试验及调试步骤、技术标准以及注意事项。特别针对调相机主机转子抽穿、整套启动等较传统发电机差异较大内容进行了详细说明。

希望本书能成为调相机检修工作人员的工具书，对调相机例行检修工作有所帮助，为提高调相机从业人员检修技术水平发挥积极作用。

由于编者水平和搜集的资料有限，且编写时间仓促，书中缺点和谬误在所难免，如有任何意见和问题，欢迎读者批评指正，以便在日后的版本修订中加以完善。

编　者

2023 年 8 月

目 录

第一章

检 修 管 理

第一节 检修原则与方式

一、调相机检修原则

调相机检修管理坚持"安全第一，分级负责，精益管理，标准作业，修必修好"的原则。

安全第一是指调相机检修工作应始终把安全放在首位，严格遵守国家、行业各项安全法律法规，严格执行国家、行业安全规程及其他有关规定，认真开展危险点辨识、分析和预控，严防人身、电网和设备事故。

分级负责是指调相机检修工作按照分级负责的原则管理，严格落实各级人员责任制，突出重点、抓住关键、严密把控，保证各项工作落实到位。

精益管理是指调相机检修工作坚持精益求精的态度，深入工作现场、深入设备内部、深入管理细节，不断发现问题，改进管理方法，提升管理水平。

标准作业是指调相机检修工作应严格执行现场检修标准化作业，细化工作步骤，量化关键工艺，工作前严格审核，工作中逐项执行，工作后责任追溯，文件材料及时归档，确保作业质量。

修必修好是指各级检修人员应把修必修好作为检修工作目标，高度重视检修前准备，提前落实检修方案编制、人员及物资准备，严格执行领导及管理人员到岗到位，严控检修工艺质量，及时解决检修过程中发现的问题，保证安全，按时、高质量完成检修任务。

检修人员在现场工作中应高度重视人身安全，应针对带电设备、旋转设备、启/停操作中的设备、瓷质设备、充油设备、含化学药剂（液）设备、压力管道、运行异常设备及其他高风险设备或环境等开展安全风险分析，确认无风险或采取可靠的安全防护措施后方可开展工作，严防工作中发生人身伤害。

二、调相机检修方式

（一）调相机检修分类

调相机设备检修工作包括例行检修、大修、技改、抢修、消缺、反措执行等工作，以检修规模和停用时间为原则，将调相机的检修分为四类：A 类检修、B 类检修、C 类检修、D 类检修。

1. A 类检修

A 类检修是指对设备进行全面的解体检查和修理，以保持、恢复或提高设备性能。主要内容包括：

（1）制造厂要求的项目；

（2）全面解体、定期检查、清扫、测量、调整和修理；

（3）定期监测、试验、校验和鉴定；

（4）按规定需要定期更换零部件的项目；

（5）按各项技术监督规定进行的检查和预防性试验项目；

（6）消除设备和系统的缺陷和隐患。

2. B 类检修

B 类检修是指针对某些设备存在的问题，对部分设备进行解体检查和修理。检修项目是根据机组设备状态评价及系统的特点和运行状况，有针对性地实施部分 A 类检修项目和定期滚动检修项目。主要内容包括：

（1）制造厂要求的项目；

（2）重点清扫、检查和处理易损易磨部件，必要时进行实测和试验；

（3）按各项技术监督规定进行的检查和预防性试验项目；

（4）针对 C 类检修无法安排的重大缺陷和隐患的处理。

3. C 类检修

C 类检修是指根据设备的磨损、老化规律，有重点地对设备进行检查、评估、修理、清扫。主要内容包括：

（1）制造厂要求的项目；

（2）重点清扫、检查和处理易损易磨部件，必要时进行实测和试验；

（3）按各项技术监督规定进行的检查和预防性试验项目；

（4）针对 D 级检修无法安排的缺陷和隐患的处理。

4. D 类检修

D 类检修是指当设备总体运行状况良好，而对主要设备的附属系统和设备进行消缺。D 类检修依据设备运行工况，及时安排，保证设备正常功能。

5. 检修周期安排

调相机组首次投运 1 年应进行 A 类检修，以后 5～8 年进行一次 A 类检修，也可根据设备制造商的建议、同类型机组的检修实践、机组的技术性能、设备实际运行小时数或规定的等效运行小时数等方面进行综合分析、评价后确定。B 类检修以 C 类检修标准项目为基础，有针对性地解决 C 类检修工期无法安排的重大缺陷。在无 A 类检修的年份，确有 C 类检修工期内无法消除的缺陷，可安排一次 B 类检修。C 类检修可进行少量零件的更换、设备的消缺、调整、预防性试验等作业。在无 A、B 类检修的年份，每年宜安排一次 C 类检修。调相机组可依据设备评估报告、技术监督报告等调整各级检修的项目，原则上在一个 A 类检修周期内所有的检修项目应进行检修。

调相机组油系统、冷却水系统等辅助设备检修项目、工艺及质量标准等主要依据制造厂提供的设备说明书、运行维护手册并结合设备运行状况合理制定。油水系统辅助设备的压力、温度、液位表计、变送器等自动化仪器仪表元件宜每年进行校验，涡街流量计、电磁流量计宜两年进行校验。其他表计可参照相应标准执行。

调相机组的检修工期按表 1-1 的规定参照执行。当出现本书未涵括的项目时，检修工期根据情况可进行调整，但原则上不应超过相对应的最长工期。

表 1-1 　　　　　　　　　检 修 工 期 参 照 表

检 修 类 别	工期（天）
A	45
B	30
C	11
D	7

机组在检修过程中，如发现重大缺陷需要变更检修项目、工期、类别，应在检修工期过半之前调整。检修结束后 7～15 天内完成检修记录、台账更新等检修资料的汇总归档。

（二）调相机检修计划

调相机设备检修计划管理包含年度检修计划、月度检修计划、周工作计划。

1. 年度检修计划管理

（1）调相机设备运维管理部门应按照各级调度部门检修计划管理要求，组织编制调相机下年度检修计划，逐级上报至上级调度部门；

（2）各级调度部门会同设备管理部门协商确定调相机检修时间。

2. 月度检修计划管理

（1）调相机设备运维管理部门依据已下达的年度检修计划，在各级调度部门管理规定要求的期限前组织完成下月度检修计划编制，并报送各级调度部门；

（2）各级设备管理部门应参加各级调度部门组织的月度停电计划协调会；

（3）各级设备管理部门根据调度发布的停电计划，组织实施现场检修。

3. 周工作计划管理

（1）调相机设备运维管理部门依据已下达月度检修计划，统筹考虑消缺安排、设备计改等工作，制定周工作计划；

（2）需设备停电的，提前将停电检修申请提交至各级调控中心。

第二节　检修前的准备工作

调相机设备检修计划一经批准，检修单位应在检修前做好检修计划的落实，组织开展检修前勘察，落实人员、机具和物资，完成检修作业文本编审。

一、检修前勘察

为全面掌握检修设备状态、现场环境和作业需求，检修工作开展前应按检修项目类别组织合适人员开展设备信息收集和现场勘察，A、B、C类检修项目应填写勘察记录，作为检修方案编制的重要依据，为检修人员、工器具、物资和施工车辆的准备提供指导。

（一）勘察要求

（1）勘察人员应具备国家、行业安全规程中规定的作业人员基本条件；

（2）外来人员应经过安全知识培训，方可参与指定的现场勘察工作，并在勘察工作负责人的监护下工作；

（3）A、B、C类检修项目由设备管理单位组织检修前勘察，D类检修项目由设备运维单位组织检修前勘察；

（4）工作负责人或工作票签发人应参与检修前勘察；运维单位和作业单位相关人员参加（邻近带电设备的起重作业，起重指挥和司机应一同参加）；设备厂家、设计单位（如有）、监理单位（如有）相关人员必要时参加；

（5）现场勘察时，严禁改变设备状态或进行其他与勘察无关的工作，严禁移开或越过遮拦，并注意与带电部位、旋转部位保持足够的距离。

（二）勘察内容

（1）核对检修设备台账、参数；

（2）对改造或新安装设备，需核实现场安装基础数据，主要材料型号、规格，并与土建及电气设计图纸核对无误；

（3）核查检修设备上次检修试验记录、运行状况及存在缺陷；

（4）梳理检修任务，核实检修技改项目，清理隐患排查、反措、精益化管理要求执行情况；

（5）确定停电范围、相邻运行设备；

（6）明确作业流程，分析检修、施工时存在的安全风险，制定安全保障措施；

（7）确定特种作业车及大型作业工器具的需求，明确现场车辆、工器具、备件及材料的现场摆放位置，并对厂房内行车功能进行全面勘察。

二、检修前相关人员准备

（1）检修单位应指定具备相关资质、熟悉设备情况和安全规程、有能力胜任工作的人员担任检修工作负责人、检修工作班成员和项目管理人员；

（2）特殊工种作业人员应持有效的相应职业资格证；

（3）外来人员应进行安规考试，考试合格，并经设备运维管理单位认可后，方可参与检修工作；

（4）检修工作开始前，检修单位应组织作业人员学习检修方案，明确人员分工、安全措施、质量要求及进度安排。

三、检修前相关工器具准备

（1）检修单位应确认检修作业所需工器具、起重设备、试验设备是否齐备完好，并按照规程进行检查和试验；

（2）检修单位应提前将检修作业所需工器具、试验设备运抵现场，完成安装调试，分区定置摆放；

（3）检修机具应指定专人保管维护，执行领用登记制度。

四、检修前相关物资准备

（1）检修单位应指定专人负责联系、跟踪物资进度情况；

（2）检修物资应指定专人保管，执行领用登记制度；

（3）易燃易爆品管理应符合《民用爆炸物品安全管理条例》《爆破安全规程》等相关规定；

（4）危险化学物品管理应符合《危险化学品安全管理条例》等规定。

五、检修方案

检修方案是检修项目现场实施的组织和技术指导文件。

（一）调相机 A、B 类检修项目检修方案编审要求

（1）调相机 A、B 类检修均应编制检修方案，方案应包括编制依据、工作内容、检修任务、组织措施、安全措施、技术措施、物资采购保障措施、进度控制保障措施、检修验收工作要求等；

（2）调相机检修前 15 天，设备管理单位应组织完成检修方案编制和初审，组织其他相关单位完成方案联合审核和批准；

（3）设备管理单位应将审核后的调相机 A、B 类检修方案报上级设备管理部门备案。

（二）调相机 C 类检修项目检修方案编审要求

（1）调相机 C 类检修应编制检修方案，方案应包括编制依据、工作内容、检修任务、组织措施、安全措施、技术措施、物资采购保障措施、进度控制保障措施、检修验收工作要求等；

（2）调相机检修前 7 天，设备管理单位应组织完成检修方案编制和初审，组织其他相关单位完成方案联合审核和批准。

（三）调相机 D 类检修项目检修方案编审要求

（1）调相机 D 类检修应编制检修方案，方案应包括项目内容、人员分工、停电范围、危险点分析与预控措施、关键质量点及管控措施、主要工机具及备品备件等；

（2）计划性的 D 类检修项目，设备运维单位应在检修前 3 天完成检修方案编制；临时性 D 类检修项目，应在开工前完成检修方案编制；

（3）调相机 D 类检修方案，应按照设备管理单位审批流程完成内部审核、批准。

第三节 检修管理要求

一、A、B 类检修现场管理

（一）A、B 类检修领导小组、现场指挥部

A、B 类检修均应成立领导小组、现场指挥部。A、B 类检修领导小组由设备运维、检修、调控、物资单位或部门的领导、管理人员组成；领导小组组长由分管生产领导担任；领导小组对检修过程中重大问题进行决策。

现场指挥部由设备管理单位及相关单位的人员组成；现场指挥部设总指挥，负责现场总体协调以及检修全过程的安全、质量、进度和文明施工等管理；现场总指挥由设备管理单位公司分管领导担任；现场指挥部应设专人负责技术管理、安全监督、资料管理等。

（二）A、B 类检修项目现场管理要求

1. 安全技术交底

（1）检修开工前 1 周内，领导小组组织各参检部门、单位的分管领导、主要负责人

等进行安全技术交底；

（2）开工前3天内，现场指挥部组织各参检部门、单位的工作负责人及监护人等进行现场安全技术交底，形成安全技术交底记录并存档；

（3）开工前2天内，各参检单位内部组织所有检修人员完成安全技术交底，形成安全技术交底记录并存档。

2．检修作业管控

（1）每日应召开早、晚例会进行日管控；

（2）每日早例会由各作业面负责人组织，所有工作班成员参加，布置当日工作任务，交代当日工作内容、安全措施、安全风险及预控措施等；

（3）每日晚例会由现场指挥部组织，各参检单位主要负责人参加，对当日工作进行全面点评，对次日工作进行全面安排，对主要问题进行集中决策，形成日报并报领导小组；

（4）每日应向上级设备管理部门汇报当日及次日检修工作情况，包括当日完成的主要工作、发现的主要问题及处理措施、次日检修工作安排等。

3．安全质量督查

各级安监部、设备管理部门、各参检单位应按照到岗到位要求，对现场安全管理、检修关键节点等进行稽查督查。

二、C 类检修现场管理

（一）C 类检修领导小组、现场指挥部

C 类检修应成立领导小组、现场指挥部。C 类检修领导小组组长由设备管理部门分管领导担任，成员由设备运维单位及相关单位分管领导组成；领导小组对检修过程中重大问题进行决策。

现场指挥部由设备运维单位及其相关单位的人员组成；现场指挥部设总指挥，负责现场总体协调以及检修全过程的安全、质量、进度和文明施工等管理；现场总指挥由设备运维单位分管领导担任；现场指挥部应设专人负责技术管理、安全监督、资料管理等。

（二）C 类检修项目现场管理要求

1．安全技术交底

（1）开工前3天内，领导小组及现场指挥部联合组织各参检部门、单位的工作负责人及监护人等进行现场安全技术交底，形成安全技术交底记录并存档；

（2）开工前1天，各参检单位内部组织所有检修人员完成安全技术交底，形成安全

技术交底记录并存档。

2. 检修作业管控

（1）每日应召开早、晚例会进行日管控；

（2）每日早例会由各作业面负责人组织，所有工作班成员参加，布置当日工作任务，交代当日工作内容、安全措施、安全风险及预控措施等；

（3）每日晚例会由现场指挥部组织，各参检单位带队领导参加，对当日工作进行全面点评，对次日工作进行全面安排，对主要问题进行集中决策，形成日报并报领导小组；

（4）每日应向设备管理部门汇报当日及次日检修工作情况，包括当日完成的主要工作、发现的主要问题及处理措施、次日检修工作安排等。

3. 安全质量督查

各级安监部、设备管理部门、各参检单位应按照到岗到位要求，对现场安全管理、检修关键节点等进行稽查督查。

4. D 类检修现场管理

D 类检修项目由设备运维单位负责人组织，工作负责人具体实施。

D 类检修项目现场管理应符合以下要求：

（1）换流站（变电站）分管领导负责作业现场生产组织与总体协调；

（2）D 类检修开工前，工作负责人应组织工作班成员、外包施工人员开展工作前培训和安全技术交底，重点对检修内容、安全措施、安全风险辨识及控制措施、关键质量管控措施等进行学习；

（3）每日开工前，工作负责人应向所有工作班成员进行交代，布置当日工作任务，交代当日工作内容、人员分工、安全措施、安全风险及预控措施等；

（4）每日收工后，工作负责人应组织所有工作班成员对当日工作进行点评。

第四节　检修质量监督及验收

一、检修质量监督

（一）设备检修工作的要求

（1）质量优良。设备检修后，消除了设备缺陷；达到了各项质量标准；能在规定的检修工期内启动成功；能在一个大修周期内安全、经济、满出力运行；可靠性、经济性比修前有所提高；监测装置、保护及自动装置、化学及热工仪表投入率较修前提高，动作可靠；各种信号、标志正确。

（2）工期短。完成全部规定标准项目和特殊项目，且检修停用日数不超过规定。

（3）检修费用低。材料、人工、费用不超过主管部门批准的限额和合同规定数额。

（4）安全。施工中严格执行安全规程，做到文明施工、安全作业，杜绝人身重伤以上事故和设备严重损坏事故。

（5）检修管理科学。能严格执行检修有关规程和规定，不断提升检修管理水平，各种检修技术文件齐全、正确、清晰，检修现场清洁。

（二）设备检修质量检验

质量检验实行检修人员自检和验收人员检修相结合，简单工序以自检为主。

质量检验以 Q/GDW 11937—2020《快速动态响应同步调相机组检修规范》等检修规范、规定为准则。

验收人员必须深入现场，调查研究，随时掌握检修情况，不失时机地帮助检修人员解决质量问题。同时，必须坚持原则，坚持质量标准，把好质量关。

二、检修后的验收要求

检修验收是指检修工作全部完成后，对所检修的项目进行的验收。

检修验收分为班组验收、检修单位验收、指挥部验收：①班组验收是工作负责人所在班组对检修工作的所有工序进行全面检查验收；②检修单位验收是指参检单位成员及监理单位人员对重点工序进行全面检查验收；③指挥部验收是指指挥部成员及运行人员对重点工序进行抽样检查验收。

班组验收后，工作负责人应填写检修交代，向各级验收人员详细交代所修项目、发现的问题、试验结果、存在的问题等。

各级验收结束后，验收人员应向工作负责人所在班组通报验收结果，验收未合格的，不得进行下一道流程。

对验收不合格的工序或项目，工作负责人应重新组织检修，直至验收合格。

验收资料至少应保留一个检修周期。

三、A、B、C 类检修项目验收要求

A、B、C 类检修项目采取"班组验收+检修单位验收+指挥部验收"的三级验收模式。

班组验收完成后，由工作负责人向其所在单位申请检修单位验收。

检修单位及监理单位验收完成后，由检修单位带队领导向现场指挥部申请指挥部验收。

检修单位在检修验收前应根据规程规范要求、技术说明书、标准作业卡、检修方案等编制验收标准作业卡。

验收工作完成后应编制验收报告。

四、D 类检修项目验收要求

D 类检修项目采取"班组验收+运行人员验收"模式，由工作负责人和工作许可人共同完成。

验收情况记录在检修标准作业卡中。

第二章

主机检修及试验

第一节 概　　述

一、结构简介

调相机主机结构主要包含机座、定子、转子、轴承、空气冷却器、集电环、刷架及其隔音罩、盘车装置、整体隔音罩、进水支座、出水支座等。

调相机按照冷却方式主要分为双水内冷和空冷两类。双水内冷调相机的定子绕组和转子绕组采用除盐水冷却，定子铁芯及端部结构件采用空气冷却。空冷调相机的定子、转子、铁芯及结构件等均为密闭循环空气冷却。

双水内冷隐极同步调相机为卧式结构（如图 2-1、图 2-2 所示），包括定子机座、定子铁芯、定子线圈装配、定子出线、转子装配、冷却器、进水支座、出水支座、轴承、集电环、盘车装置、出线盒和隔音罩等，定子机座采用上下哈夫机座，定子线棒鼻端采

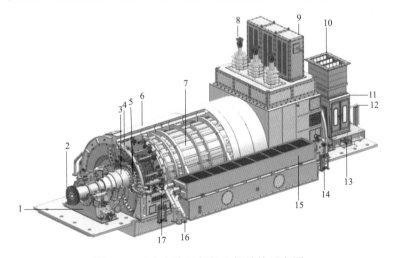

图 2-1　双水内冷调相机主机结构示意图

1—座式轴承；2—转轴盘车啮合齿轮；3—转子；4—定子水路总水管；5—转子风叶；6—定子机座；
7—定子铁芯；8—主引线出线套管；9—中性点出线罩；10—集电环进风滤网；11—集电环外罩；
12—转子水路外部进水管；13—励磁母排；14—定子水路总进水管道；15—空气冷却器；
16—空气冷却器进、出水管道；17—定子水路总出水管道

用球形接头机械连接，定子端部采用整体灌胶技术，冷却器一般布置在调相机运行层机座两侧，采用座式轴承，机座外部设有外罩，既是整体通风系统的一部分又能起到降噪的作用，集电环外设有隔音罩，在非出线端轴头布置盘车装置。

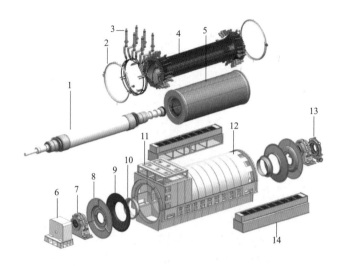

图 2-2 双水内冷调相机主机分解示意图

1—转子；2—总进水管；3—主引线；4—定子绕组；5—定子铁芯；6—集电环外罩；

7—座式轴承；8—外端盖及气封盖；9—内端盖；10—导风圈；11—主引线出线罩；

12—机座；13—出水支座；14—空气冷却器及其支座

空冷隐极同步调相机总体采用独立座式轴承、上出线、空气冷却器机座下方布置的设计结构（如图 2-3 所示）。主要由定子、转子、端盖、顶部风罩、集装式顶部出线罩装置（含互感器、中性点接地装置等）、轴承、空气冷却器、集电环刷架及其隔音罩、盘车装置、整体隔音罩等组成。

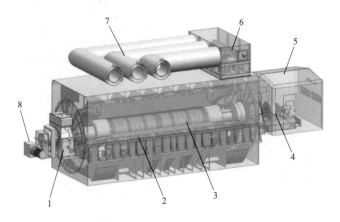

图 2-3 空冷隐极同步调相机主机结构示意图

1—座式轴承；2—定子；3—转子；4—电刷装置；5—集电环外罩；

6—主引线出线套管；7—封闭母线；8—盘车装置

二、检修项目

调相机在运行一定时间后，应进行检修、试验与维护，以预防异常、故障及事故发生，保证调相机安全、稳定运行。调相机设备的检修以定期检修为主，即以时间为基础的预防性检修，根据设备磨损、老化的统计规律，实现确定检修等级、检修间隔、检修项目、所需备件及材料等。

调相机 A 类检修对调相机做全面的检查、清扫、试验和修理，消除设备和系统缺陷，更换已到期或需要更换的零部件、密封件等（如表 2-1 所示）；C 类检修对调相机做一般性的检查和维护，并消除设备和系统缺陷。可根据设备运行状况调整各级检修项目，原则上在一个 A 类检修周期内所有的检修标准项目都必须进行检修。特殊项目为标准项目以外的检修项目，如执行反事故措施、技改等，可安排在各级检修中，但对设备结构有重大改变的应进行论证。

表 2-1　　　　　　　　　　调相机主机 A 类检修项目表

序号	标　准　项　目
1	调相机隔音罩及罩内照明、风机、视频等设备拆除
2	主机内、外端盖、气封盖等拆除，修前动静部件间隙测量
3	主机导风圈、风叶、挡风板等拆除，修前动静部件间隙测量
4	修前定、转子气隙和磁力中心测量
5	刷架拆除，轴承拆除，盘车拆除，进、出水支座拆除，修前动静部件间隙测量
6	调相机抽转子（配重块试吊按需提前开展）
7	定子膛内及其他各部位吹扫、清理
8	调相机端盖、衬垫、密封垫检修
9	压圈、齿压板、铜屏蔽、支架等检查
10	定子铁芯穿心螺杆绝缘与紧力检查（如有）
11	定子槽楔紧固检查、波纹板检查
12	定子风区及通风口检查
13	定子线棒端部绝缘及表面检查
14	定子线棒端部绑扎、压紧部位、结构件检查及防磨损处理
15	定子端部手包绝缘部位检查、电位外移试验
16	定子端部防晕层检查及起晕试验
17	定子线棒、绝缘引水管、汇流排等漏水、渗水痕迹检查
18	定子出线、中性点出线套管、互感器、箱罩等检查、清扫及电气试验
19	定子出线、中性点部位手包绝缘检查、电位外移试验
20	调相机漏液收集及排污管道吹扫清洗

序号	标 准 项 目
21	定子机座表面检查、基础螺栓紧固度检查
22	测温元件检查、校验及处理
23	定子绕组水路正反冲洗（双水内冷机组）
24	定子绕组水路密封性试验（双水内冷机组）
25	定子绕组水路流量试验（双水内冷机组）
26	转子平衡块、平衡螺钉及其他紧固件检查
27	转子中心环、护环、风扇叶片、风扇座环、轴颈检查
28	转子护环、风扇叶片、轴颈无损检测
29	转子表面、槽楔检查
30	转子风路检查、清扫、通风试验（空冷机组）
31	转子导电螺栓及引线清洁、检查
32	进、出水支座解体检查（双水内冷机组）
33	进水支座进水短管、盘根检查（双水内冷机组）
34	轴承座解体检查
35	轴瓦乌金面检查，无损检测
36	轴瓦间隙、紧力检查
37	轴承座/轴瓦对地绝缘检查
38	盘车解体检查（含齿轮、电机、机械等）
39	刷架解体检查，刷架绝缘检查，刷架引线螺栓紧固度检查
40	刷握与集电环间隙检查、电刷弹簧压力、电刷磨损量检查
41	定、转子电气预防性试验
42	转子回穿
43	修后定、转子间隙和转子磁力中心测量及调整
44	修后导风圈和风叶之间的间隙测量及调整
45	修后轴承座、盘车油档与转子间隙测量及调整
46	本体空冷器抽出检查、空冷室清理（空冷）
47	本体空冷器内部清洗
48	本体空冷器水压试验
49	在线监测装置检修及试验

调相机主机 A 类检修的一般流程（如图 2-4 所示）如下：

（1）修前试验。

（2）拆除隔音屏、隔音罩及罩内电缆。

（3）拆除进、出水支座（双水内冷机组）、相关数据测量。

（4）拆除刷架，拆除稳定轴承（空冷机组）、相关数据测量。

（5）拆除刷架底架、轴承座槽盒、电缆。

（6）拆除盘车装置并解体检查。

（7）拆除轴承座油箱、轴承盖及上半轴瓦，应急油箱解体（空冷机组）。

（8）拆除内、外端盖及气封盖、导风圈，相关数据测量。

（9）拆除转子风叶及气隙挡风板，相关数据测量。

（10）拆除两端轴承座。

（11）抽转子。

（12）调相机定子、转子及其他部件的全面检修、试验等。

（13）各部件的复装及修后试验。

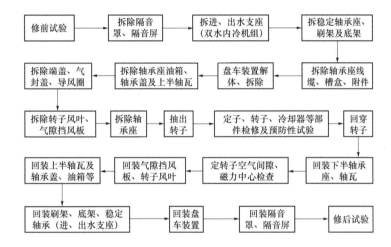

图 2-4　调相机主机 A 类检修流程

调相机主机 C 类检修的一般流程（如图 2-5 所示）如下：

（1）根据检修需要拆除部分隔音屏、隔音罩。

（2）根据检修需要拆除刷架、刷握、电刷等。

（3）拆除振动、转速等相关元件，进行检测、校验。

（4）空气冷却器的检修。

（5）测温元件检查。

（6）轴承座外观检查，轴承座/轴瓦绝缘检查。

（7）进水支座拆除、检查（双水内冷机组）、备品备件更换。

（8）定、转子预防性试验。

（9）各部件的消缺、清理。

（10）已拆除部件的复装。

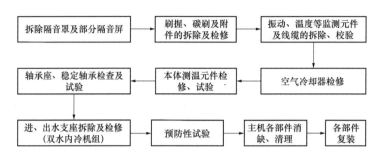

图 2-5　调相机主机 C 类检修流程

检修后应进行检修总结，大修总结报告一般采用固定格式，内容包括设备检修质量、大修标准、非标准项目以及设备更改项目、大修所用工期、消耗工时情况、材料消耗、安全、技术监督等方面情况。

第二节　主　机　检　修

一、调相机主机解体

调相机转子抽出前的解体作为主机各部件专项检修的前序工作，主要包括调相机修前电气试验，相关线路拆除，刷架装置解体拆除，内、外端盖及导风圈拆除，励端、盘车端轴承座拆除，盘车装置解体拆除，双水内冷机组转子水路的进、出水支座解体拆除以及相关数据测量等。

（一）修前电气试验

按照相关规程进行修前电气试验。

修前试验开展前应断开调相机主引线出线套管与金属封闭母线之间的连接，断开定子绕组三相在中性点的连接，并做好相应隔离措施。

试验前应确认所有本体测温元件短接接地。

A 类检修修前试验一般安排进行定子绕组交流耐压试验、定子绕组泄漏电流及直流耐压试验、定子绕组绝缘电阻（吸收比和极化指数）测量等。

修前电气试验相关内容详见本书主机试验部分。

（二）转子抽出前主要部件的拆除

1. 电气线路及辅助设备的拆除

（1）拆除隔音罩内照明、风机、视频监控等设备及相关线路，妥善保管并做好标记。

（2）拆除轴承座瓦振等振动元件及其延伸电缆等。

（3）提前勘察转子吊运路线、转子存放位置等，根据检修需要拆除调相机励端（出线端）、盘车端（非出线端）相关隔音罩、隔音屏及相关支架等，拆除原则为不影响包括转子在内的主机各部件拆除、安装、吊运等工作。

2. 刷架装置拆除

（1）拆除集电环外罩及相关附属设备。

（2）拆除刷架导电板与励磁母排之间的连接引线，拆除各部件进行标记并做好防护。

（3）拆除刷握、电刷，拆除刷架。记录各刷握安装位置，并做好防潮、防外力破坏等措施。

（4）配置有稳定轴承的机组应拆除稳定轴承、稳定小轴，拆除前应做好动静部件间隙、紧力的检查与记录。

（5）拆除大轴接地装置及其电刷、铜辫等部件。

3. 座式轴承拆除

（1）拆除励端（出线端）、盘车端（非出线端）轴承座与润滑油系统所有管道的连接，配有应急油箱的应拆除应急油箱及相关管道。所有管道拆除后在轴承座及管口部位均应做好密封防护。

（2）拆除轴承挡油盖、接触式密封油挡等部件。拆除轴承座内部测温元件，轴瓦绝缘为镶块绝缘的应拆除相关引线。

（3）拆除轴承座上盖，拆除上半轴瓦。

（4）拆除各阶段均应做好修前动静部件间隙、紧力的检查与记录。

4. 进水支座、出水支座拆除

双水内冷调相机转子抽出前还应拆除转子水路的进水支座、出水支座及相关部件。

（1）进水支座的拆除应包括转子主水路进水管道在内的所有部件。拆除各阶段应记录包括修前转子进水短管跳动在内的各项数据，做好拆除部件的保护。

（2）进水支座拆除后，拆除转速探头及延伸电缆等附件。

（3）出水支座拆除时应记录各部件间隙数据，检查接触式密封水挡等部件的磨损状况。

5. 端盖、导风圈、挡风板等的拆除

拆除调相机两端外端盖及气封盖，拆除两端内端盖、导风圈，拆除气隙挡风板。测量气封盖、气隙挡风板与转子的间隙，测量导风圈与转子风叶间隙，测量定、转子空气间隙，测量磁中心。

6. 盘车装置解体拆除

（1）拆除盘车电气接线，并做好标记。

（2）拆除盘车电机、气动装置。

（3）拆除盘车进、回油管道，内部清理后密封管口，吊出盘车并清理地面。

（三）调相机转子抽出

转子抽出是 A 类检修重要工序，需提前开展现场勘察并编制专项方案进行讨论、审批、交底等，勘察重点包括锚点、厂房承重、桥式起重机（行车）、工作空间等。应确认抽转子过程中吊运转子所需吊索具荷重、长度等参数，调相机厂房内行车已经过调试并取得由具有资质的检验机构出具的检验合格证书。

1. 作业前准备及注意事项

（1）抽转子应成立现场工作小组，明确各自职责及分工。

（2）吊带、手拉葫芦起重量校核：以某调相机为例，调相机转子起吊总重量为 74.6t（计算时应考虑转子本体、吊带及相关附件总体重量），2 根 50t 的吊带采取缠绕起吊方式，共 4 股吊带起吊。单股吊带垂直受力为 74.6÷4=18.6（t），夹角 40°，系数为 6000÷5600=1.071，单股吊带斜拉静载受力为 18.6×1.071=19.92（t），考虑动载系数 1.1 倍，单股吊带动载受力为 19.92×1.1=21.91（t），50t 吊带受力大于 21.91t。

（3）电动拉葫芦起重量校核：电动葫芦 1 台，单个起重量 10t，电动葫芦行程 9m，速度 26cm/min，滑动摩擦力为 $f=\mu n$，n=74.4×1000×9.8=729120（N）；钢与钢的滑动摩擦系数 μ 为 0.1～0.15，滑块与定子铁芯间有润滑脂，因此摩擦系数取 μ=0.1，所以 $f=\mu n$=729120×0.1=72912（N），72912÷9.8=7440（kg）=7.4（t），故 10t 电葫芦满足抽转子使用。

（4）抽转子锚点及手拉葫芦布置：抽转子所用受力锚点应在基建时预埋在调相机运行层平台，锚点距调相机轴向中心距离应满足转子抽出要求，若非预设锚点，应通过原设计院计算确认。

（5）工作票负责人在开工当天应会同工作许可人检查安全措施完备，并办理开工手续。

（6）确认抽转子工作所需设备、工器具、劳动保护用品等已运送至工作现场，检查确认数量齐备、状态完好。滑板应打磨完毕，并涂抹润滑剂（石蜡或者黄油等）。劳动保护用品包括安全帽、劳保鞋、口罩、手套、连体工艺服及工艺鞋、照明设备和对讲机，需配置齐全。

（7）抽转子使用电动葫芦的，现场临时用电应安装完成并验收完毕。

（8）转子抽出后摆放位置已确定，并做好标记，提前放置好转子托架。转子摆放区域、抽转子作业区域异物已清理，地面防护已完成。抽转子作业区域、转子摆放区域设置警示标志，严禁无关人员入内。

（9）施工前调相机抽转子方案编制完成并经批准后，对全体工作人员交底签字后方可施工。

（10）调相机厂房内行车经检查合格，行车使用前应进行状态检查，如机械、电气检查完成，保证机械、电气部分动作安全可靠；桥机制动，限位工作正常，照明正常；桥机大小车行走正常等。

（11）确认抽转子前现场应具备的条件。检查调相机隔音罩、端盖已拆除，励端、盘车端轴承座上半部分已吊离，相关油管路已断开，稳定轴承座、刷架底座已拆除，无影响转子抽出的部件。

（12）起吊及放置转子时应确保其磁极中心线（大齿）在竖直方向。

（13）锚点已按图纸施工并焊接完成，抽转子前转子托架已按方案就位；定子两端铁芯及端部线圈用清洁橡皮垫防护，防护范围应能防止人员和滑板进出时不磕碰端部线圈和结构件。

（14）抽转子用专用工具（包括起吊用具）检查，规格、数量准确齐全。并经清理、去毛刺、去锈斑、去油污，垫块、弧形滑板、铁芯保护板、托板牵引用高强度涤纶绳，钢丝吊绳和转子接触处用保护垫已检查确认、安全可靠。

（15）现场应配备必要的消防设施，在定子机座两端均配置灭火器。

（16）图纸、说明书及相关资料已备齐。

2．作业步骤

抽转子工作采用调相机厂房行车起吊配合电动葫芦、专用支架及本体滑块的方法进行，即在励端利用专用吊具及支架，在定子铁芯内铺设定子铁芯保护工具，其上铺设弧形滑板；先利用专用吊具及转子支撑工具，拆除调相机两侧轴瓦及轴承座，利用行车、盘车端滑块及转子轴颈滑块支撑转子，电动葫芦及行车配合牵引转子在滑板上平稳缓慢前移；待转子重心完全移出定子铁芯外时，将转子重心附近用方木垫起，利用盘车端转子轴颈滑块、本体滑块及方木支撑转子，拆除拉转子工具，将行车行驶至转子重心处，并将吊带移至合适位置水平起吊转子；行车平移将转子剩余部分抽出定子，将转子吊装至专用存放滚架上，放置稳妥后摘钩，拆除转子轴颈滑块，做好定子、转子保护，完成抽转子工作。

（1）准备工作。除上述准备工作外，其他还需要准备或注意的工作如下：

1）行车上、下级电源应无检修工作，防止抽转子过程停电长时间悬停，应做好相应停电应急预案。

2）调相机的励端、盘车端应安排有经验人员监视定、转子气隙。定子腔内配备专人扶持，防止转子腔内摆动以致撞伤铁芯及绕组。进腔人员应穿连体服、软脚鞋，不可携带硬物或金属器件。

3）转子抽吊前宜开展试吊工作，试吊重量不应低于转子重量，并编制试吊方案，方案中应包含行走、制动、悬停等内容。

4）转子摆放区内应先设置好转子托架，测量调整其水平度，如果摆放时间较长，宜采用电动转子托架，定期转动，如无条件，也可以设置专用木枕。

5）检查确认励端、盘车端轴承座、稳定轴承座、集电环等设备已拆除并吊至指定区域，检查起吊范围内无障碍物，并做好地面清理。厂房内防护栏等若妨碍转子抽出，应提前进行拆除。

（2）抽转子步骤。由于机型、现场存在略微差异，以下介绍两种典型方法。

方法1：

1）安装橡胶板及励端滑块。从励端装入橡胶板（注意朝向、弧度摆放应正确），在橡胶板盘车端和励端分别系上绳子，方便安装人员从任何一边拉动橡胶板。从励端装入励端滑块（放置时应注意方向），滑块放入位置距离定子槽口大于200mm。

2）移除励端轴瓦。在励端下半轴承座上安装顶转子工具（注意支撑点应加保护衬垫），利用行车拆除励端轴瓦。

3）用行车吊高转子，先取出励端滑块，然后从励端装入滑板，并再次装入励端滑块（由两块组成，放置时应注意方向）。将滑板铺在橡胶板上，滑板两端与铁芯端面距离相同。滑板上表面涂上润滑剂（如黄油、石蜡），预先测试滑块在滑板上是否滑动自如。滑板上系好绳子，并固定好，防止其随转子移动。调整好位置后，拆除顶转子工具和励端下半轴承座。

4）拆除盘车端下半轴瓦及轴承座，装入盘车端滑块（由两块组成，放置时应注意方向，可在滑块上预先拴上绳子，以便监视转子移动时滑块是否跟着一起向前移动，也便于转子到位后取出滑块）及转子轴颈滑块，转子由盘车端及励端本体滑块承重。

5）利用行车在转子励端内挡油台处将转子吊起，使转子基本保持水平（注意防止转子滑动），抽出励端本体滑块，转子由盘车端滑块及励端行车起吊承重。在转子励端设置电动葫芦及抽转子法兰。

6）用电动葫芦一端固定在抽转子专用吊环上，另一端分左、右两边利用专用座环固定到预设位置，利用电动葫芦及行车配合匀速拉动左、右两侧葫芦，牵引转子在滑板上平稳缓慢前移（如图2-6所示）。拉动过程应全程监视转子位置和滑块滑动情况，使转子与定子左右两侧间隙保持基本相同。

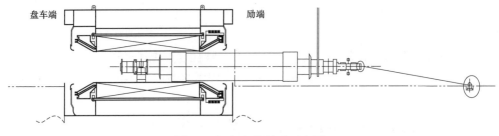

图2-6 调相机抽转子示意图

7）转子轴颈滑块在移至滑板边缘时，需停止拉动转子，降低励端，确认转子轴颈滑块不受力后再拉动转子。避免转子轴颈滑块磕碰定子端部绕组及滑板，待转子轴颈滑块移至滑板上可以承重后，调整行车使转子水平，盘车端由转子滑块和本体滑块承重，继续保持水平拉出转子。

8）转子移出指定位置（一般约为 1/3 处）时，转子由转子轴颈滑块、本体滑块承重及励端行车承重，继续前移。

9）当转子盘车端本体滑块移至滑板边缘时，务必停止拉动转子，抬高励端，确认盘车端本体滑块不受力后将其从励端取出，然后再继续拉动转子。

10）待转子重心完全移出定子铁芯外时，注意观察转子本体滑块和轴颈滑块在滑板上的位置情况。转子轴颈滑块不得超出滑板。让转子滑块支撑起转子盘车端，用转子支撑工具（或枕木）临时支撑起转子励端，放下转子，落于支撑工具（或枕木），利用盘车端转子轴颈滑块、本体滑块及支撑工具（枕木）支撑转子，拆除拉转子工具。

11）将行车行驶至转子重心处，在转子重心位置装好转子本体保护衬垫（电绝缘纸板、铝板、吊转子保护夹），将尼龙吊带缠绕到保护夹上，调整好位置，水平起吊转子，抽出励端本体滑块，撤走支撑工具（枕木）。

12）吊起转子，使转子中心和定子中心在同一根直线上，缓缓移动转子，使转子移出定子腔内。

13）调相机转子吊起 20mm 左右时，应悬停 5～10min，观察桥机起升及制动机构的情况，待转子稳定后方可继续起吊。

14）转子完全抽出定子后，在转子两端各系一根 5m 牵引绳，由专人负责牵引，起吊负责人指挥，用于转子移动至吊装口过程中引导转子朝向及防止大幅度晃动。

15）将转子吊装至存放专用滚架上，放置稳妥后摘钩，拆除转子轴颈滑块。用塑料薄膜缠绕包裹转子本体，防止异物进入通风孔，轴颈用白布及胶皮保护。

方法 2：

1）拆励端上半轴承及轴瓦，在励端上半轴瓦和转轴顶部间隙处放橡皮垫，重新安装轴瓦、上半轴承座等部件，将转子与轴瓦压紧。拆下轴承座与台板连接螺栓。注意：轴承座与台板螺栓剩余紧力需提前测量。

2）在励端轴承座外侧转子轴肩位置吊起整个转子和轴承座，将轴承座底部垫片取出，清理后放入 4 组（共 8 根）ϕ20mm 滚棒。

3）在励端轴承座外侧安装转子托架。在转子托架上安装工装吊攀，在吊物孔处安装地锚支架，使用手拉葫芦将转子和地锚支架连接，注意两点间高度保持水平。

4）盘车端内侧放 V 型架，V 型架下面采用两个 50t 的千斤顶，注意 V 型架和转子间垫两位 20～30mm 胶木板。将转子抬高一定量（约 0.50mm），利用行车将轴瓦翻出，在拆下半轴承座所有部件，座式轴承所有部件吊走。注意：轴承座与台板螺栓剩余紧力抽转子前需提前测量。

5）安装盘车端轴颈托架，直接安装至朝下。

6）使用行车起吊转子盘车齿轮内侧位置，移走 V 型架工装。

7）铁芯膛内放入细白布，白布四角用绳子固定。在白布表面铺好橡胶垫，从盘车端放入弧形铁板，所有部件需做好轴向固定。

8）盘车端使用行车调整转子水平，检查确认转子与定子间隙应保持均匀。

9）励端逐渐拉紧手动葫芦，拉动转子向励端移动。确认励端护环与铁芯端部间隙能放入弧形滑块时停止拉动转子。

10）转子滑行至励端轴承座外侧边界距底板边缘约 210mm（此时盘车端钢丝绳距离定子端面 350mm）后准备放入托板。放入时可稍微抬高盘车端转子。托板要求距离盘车端护环内侧大约 100mm 左右。

11）降低盘车端行车，使得转子承载于滑块上，继续向励端移动，移动过程中拉紧滑块绳子。移动检查滑块位置正确后，拆除盘车端吊绳。

12）转子继续移动至励端轴承座外侧面与台板外侧面平齐，并检查轴承座内侧位置可支撑转子时停止。

13）拆除励端轴承座外侧支架，将支架移动至转子内侧，底部准备好两件 400mm×400mm×400mm 的垫箱及 10mm 的调整垫片。

14）轻微抬高转子，在转子托架下垫高。确认转子支撑稳定后行车吊拆下半轴瓦、轴承座、滚棒。并在转子轴承档安装环箍，确认环箍可有效防止转子托架向外窜动。

15）使用行车起吊转子励端，撤出托架下垫箱。

16）继续拉动转子向励端滑动至转子可以用双绳起吊，此时转子励端护环距离轴承台板约 1610mm，然后将励端用转子托架和 400mm 垫箱支撑。

17）拆除抽转子地锚、手动葫芦及钢丝绳。使用双绳吊运吊转子，吊绳跨度应计算（一般为 2320mm）。注意：400mm 垫箱和运行平台间放 5mm 后硬质胶木板防护。励端转子本体近护环端用枕木支撑防护，以防侧翻。枕木不得超过调相机基础边界。

18）双绳试吊运转子，检查是否水平，必要时可微调吊绳位置确保水平，调平后吊运转子直至转子盘车齿轮穿出定子。

19）转子抽出后，在吊物孔上方抬高转子，确认转子旋转时与吊物孔栏杆保持安全距离，缓慢旋转转子并下降高度。

20）将转子吊装至存放专用滚架上，放置稳妥后摘钩，拆除转子轴颈滑块。用塑料薄膜缠绕包裹转子本体，防止异物进入通风孔，轴颈用白布及胶皮保护。

（3）注意事项：

1）转子吊出后，存放现场应随即对转子进行防潮、防尘处理，对护环、风叶、滑环等进行防护。

2）转子护环不得用作转子重量的支撑。

3）在转子抽出及后续转子回穿过程中应对铁芯、轴承、定子各加工面、集电环风扇、轴颈以及护环等进行全过程保护，以免受到损伤。

4）转子出膛时，应有防止大幅晃动的措施，如在机端增加斜拉锁具，形成三角固定，增加轴向稳定性；出膛时转子本体保持水平，防止前后晃动；出膛时转子本体两侧增设人员，防止转子本体横向晃动。

（四）调相机转子回穿

1. 转子回穿前应具备的条件
（1）定子膛内检修、试验全部完成。
（2）转子膛外检修、试验全部完成。
（3）穿转子各类专用工具检查合格。
（4）定子铁芯及端部线圈提前做好防护，无影响转子穿入的障碍物。
（5）穿转子前应再次检查膛内有无异物、灰尘等。

2. 回穿转子
回穿转子过程与抽转子过程及关键节点总体类似。

穿转子采用调相机厂房单台行车起吊配合手拉葫芦、专用支架及本体滑块的方法进行。

作业时，在调相机励端利用专用吊具及支架，在定子铁芯膛内敷设定子铁芯保护工具，其上铺设弧形滑板；利用行车起吊转子后，将转子水平穿入定子，装入盘车端滑块和转子轴颈滑块，穿入到适当位置后，在盘车端支撑起转子，将行车移至励端内挡油台处吊起转子，移除转子支撑，转子穿装到位后利用行车及专用支架安装两侧轴瓦，完成穿转子工作。

（五）调相机主机各部件回装及修后试验

主机各部件的回装应在各部件的检修均已完成后开展。

回装各阶段重要节点与拆除及解体大体类似，应重点关注主机动静部件间隙的调整、测量与记录，动静间隙存在超差或异常情况时，应采取相应措施进行调整，若仍存在超差情况，应组织厂家、参检单位、技术监督单位等进行讨论，确定是否满足回装要求。避免回装工艺不良造成设备事故。

按照相关规程开展修后试验。试验相关内容详见本书主机试验相关内容。

由于回装质量严重影响机组拖动及运行状态，故应特别严格按照回装标准进行控制，以下为需要重点检查的环节和技术参数，由于机组存在差异，故标准上存在差异，回装前应与主机厂、检修单位确认技术要求。

（1）轴瓦球面接触检查：

1）在转轴上设置百分表以监视转子顶起高度，利用顶轴工具顶起转子一定高度以翻入下半轴瓦，顶起高度一般为 0.8～1mm。

2）下半轴瓦翻入前，在轴瓦镶块上涂抹红丹粉，翻入后，使用铜棒敲击或葫芦来回拉动的方式，将下半轴瓦在轴承座内小范围（10～20mm）来回挪动，再将下半轴瓦翻出轴承座，检查轴瓦接触，红色接触面应大于整体面积的 75%，如不符合需进行接触面配研打磨。

（2）转子水平度检查：在检查轴瓦球面接触时，同时检查转子水平度，励端比盘车端高 0～0.02mm/m。必要时可通过增减轴瓦底部镶块调节垫片的方式，调整转子水平度至合格范围。

（3）轴瓦与轴颈间隙检查：检查轴瓦与轴颈的侧面间隙，并调整轴瓦平行度；用塞尺检查轴瓦与轴颈顶部间隙。

（4）检查轴瓦外球面与轴承盖球面配合：采用压铅丝的方法检查测量轴承盖与轴瓦外球面的顶部球面配合，应在 -0.02～+0.02mm 的合格范围内，必要时增减上半轴瓦镶块垫片进行调整。

（5）安装轴瓦：轴瓦各安装尺寸检查达到要求后，可进行轴瓦正式安装。盘车端轴瓦还需注意安装推力瓦并检查推力瓦侧隙符合要求。

安装顶轴油管，注意顶轴油管端部绝缘套应正确安装，安装完成后测量轴瓦与顶轴油管间绝缘电阻应符合要求。

（6）安装轴瓦测温元件：安装轴振测振元件。注意测振元件 X\Y 方向安装及通道正确。

（7）轴承盖及挡油盖、浮动油挡安装：检查挡油盖间隙合格，检查浮动油挡灵活无卡涩，安装轴承盖及挡油盖、浮动油挡。

（8）恢复上半端盖和气封圈装配：

1）检查气封圈间隙合格后可安装上半端盖和气封圈。

2）恢复应急油箱及油管路。

3）油管路安装完成后进行转子试顶，确保润滑油、顶轴油管路及接头各部位无渗漏，转子顶起高度符合厂家技术要求。

4）恢复盘车装置及挡油盖装配。

5）恢复刷架装配。

6）恢复进水支座、出水支座。

进水支座的回装应注意检查接触式密封水挡的浮动内环及固定齿的回装间隙、进水支座与转子进水管道对接平行度检查等符合制造厂技术要求。

出水支座的回装应注意检查接触式密封水挡的浮动内环及外侧挡水盖的回装间隙符合制造厂技术要求。

表 2-2 为某型号机组主机回装重点环节检查记录表，供回装参考。

表 2-2　　　　　　　　　某型号机组主机回装重点环节检查记录表

调相机检查记录	
稳定轴承挡油盖与小轴间隙检查	

测量工具	环境温度（℃）	环境湿度
塞尺	测量前：	测量前：
	测量后：	测量后：

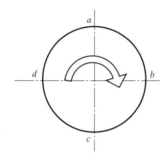

要求：

1．上部间隙 a：0.30～0.35mm，
   下部间隙 c：0～0.05mm；
   左侧间隙 d：0.15～0.20mm，
   右侧间隙 b：0.15～0.20mm。

2．将轴承座按要求抬高后，再进行稳定轴承挡油盖的间隙调整。

修　前　数　据					
项目		a	b	c	d
稳定轴承挡油盖	盘车侧				
	励侧				
修　后　数　据					
项目		a	b	c	d
稳定轴承挡油盖	盘车侧				
	励侧				

调相机检查记录	（1/2）
轴瓦与轴承盖的顶隙检查	

测量工具	环境温度（℃）	环境湿度
铅丝、外径千分尺	测量前：	测量前：
	测量后：	测量后：

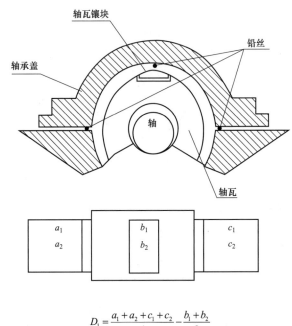

$$D_1 = \frac{a_1 + a_2 + c_1 + c_2}{4} - \frac{b_1 + b_2}{2}$$

说明：

1．测量工具：铅丝、外径千分尺；

2．a_1、a_2、b_1、b_2、c_1、c_2 为铅丝压后的厚度。

调相机检查记录						（2/2）
轴瓦与轴承盖的球面配合检查						

修前测量数据：

项目	a_1	a_2	b_1	b_2	c_1	c_2	D_1
盘车端							
励端							
稳定轴瓦							

修后测量数据：

项目	a_1	a_2	b_1	b_2	c_1	c_2	D_1
盘车端							
励端							
稳定轴瓦							

要求：
1．盘车端和励端轴瓦外球面与轴承盖内球面应有-0.02～+0.02mm 的紧量；
2．稳定轴瓦外球面与轴承盖内球面应有 0～+0.038mm 的间隙。

调相机检查记录		
盘车挡油板间隙检查		

测量工具	环境温度（℃）	环境湿度
塞尺	测量前：	测量前：
	测量后：	测量后：

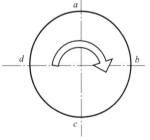

要求：
上部间隙 a：0.65～1.15mm，
下部间隙 c：0.35～0.85mm；
左侧间隙 d：0.6～1.1mm，
右侧间隙 b：0.4～0.9mm。

修 前 数 据

项目	a	b	c	d
盘车挡油板				

修 后 数 据

项目	a	b	c	d
盘车挡油板				

备注：所有间隙回装时按照上限进行调整。

调相机检查记录	
励端挡油盖与转子的间隙检查	

测量工具	环境温度（℃）	环境湿度
塞尺	测量前：	测量前：
	测量后：	测量后：

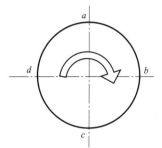

要求：
挡油盖间隙要求：
顶部间隙 a：0～0.2mm；右侧间隙 b：0～0.05mm；
底部间隙 c：0mm；左侧间隙 d：0～0.15mm。

修 前 数 据					
项 目		a	b	c	d
励端	盘车侧				
	励侧				
修 后 数 据					
项 目		a	b	c	d
励端	盘车侧				
	励侧				

调相机检查记录	
盘车端挡油盖与转子的间隙检查	

测量工具	环境温度（℃）	环境湿度
塞尺	测量前：	测量前：
	测量后：	测量后：

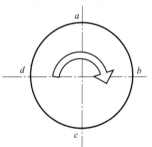

要求：
挡油盖间隙要求：
顶部间隙 a：0～0.2mm；右侧间隙 b：0～0.05mm；
底部间隙 c：0mm；左侧间隙 d：0～0.15mm。

修 前 数 据					
项目		a	b	c	d
励端	盘车侧				
	励侧				
修 后 数 据					
项目		a	b	c	d
励端	盘车侧				
	励侧				

调相机检查记录	
气封圈与轴间隙检查	

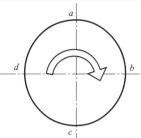

测量工具	环境温度（℃）	环境湿度
塞尺	测量前：	测量前：
	测量后：	测量后：

要求：
上部间隙 a：0.65~0.95mm，
下部间隙 c：0.35~0.65mm；
左侧间隙 d：0.6~0.9mm，
右侧间隙 b：0.4~0.7mm。

修 前 数 据				
项目	a	b	c	d
盘车端				
励端				

修 后 数 据				
项目	a	b	c	d
盘车端				
励端				

调相机检查记录	
导风圈与风叶间隙检查	

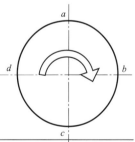

测量工具	环境温度（℃）	环境湿度
塞尺	测量前：	测量前：
	测量后：	测量后：

要求：
1．每处间隙要求 2.0~3.0mm；
2．部偏小的间隙可进行适当打磨，打磨时采取措施防止粉尘进入调相机内部。

修 前 数 据				
项目	a	b	c	d
盘车端				
励端				

修 后 数 据				
项目	a	b	c	d
盘车端				
励端				

调相机检查记录	
转子水平度检查	

测量工具	环境温度（℃）	环境湿度
水平仪	测量前：	测量前：
	测量后：	测量后：

要求：

穿完转子后，用水平仪检查盘车端和励端轴颈，

调整轴承坐标高，使转子处于水平位置，励端比

盘车端高 0～0.02mm/m。

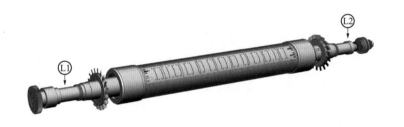

修 前 数 据

项目	检查结果	备注
转子水平度检查（L1）		
转子水平度检查（L2）		

修 后 数 据

项目	检查结果	备注
转子水平度检查（L1）		
转子水平度检查（L2）		

调相机检查记录	
轴瓦侧隙和顶隙检查	

测量工具	环境温度（℃）		环境湿度	
钢板尺、塞尺	测量前：		测量前：	
	测量后：		测量后：	

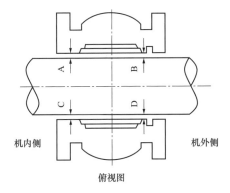

俯视图

要求：

1. 轴瓦与轴颈顶部间隙：0.60±0.06mm；

2. 轴瓦与轴颈侧面从 A、B、C、D 四点检查，塞尺插入 20mm 深来测量间隙，同侧前后间隙偏差小于等于 0.05mm。

修 前 数 据						
项目	A	B	C	D	顶部间隙	备注
盘车端						
励端						

修 后 数 据						
项目	A	B	C	D	顶部间隙	备注
盘车端						
励端						

调相机检查记录	
推力瓦侧隙检查	

测量工具	环境温度（℃）		环境湿度		
塞尺	测量前：		测量前：		
	测量后：		测量后：		

要求：

1. 推力瓦与轴瓦间可用制造厂所供铜垫片调节；
2. 总间隙 TC 为 0.3～0.6mm。

修 前 数 据			
项目	盘车侧 TC_1	励侧 TC_2	备注
推力瓦到轴台间隙			
总间隙 $TC= TC_1+TC_2$			

修 后 数 据			
项目	盘车侧 TC_1	励侧 TC_2	备注
推力瓦到轴台间隙			
总间隙 $TC= TC_1+TC_2$			

调相机检查记录	
转子轴承和轴颈检查	

测量工具	环境温度（℃）		环境湿度	
百分表、外径千分尺	测量前：		测量前：	
	测量后：		测量后：	

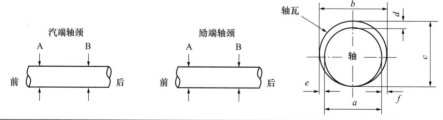

1. 轴瓦内径、轴颈外径尺寸测量

	a	b	c	d	e	f	$e+f$
盘车端							
励端							

2. 转子轴颈圆度、圆柱度检查

	盘车端 A	盘车端 B	励端 A	励端 B
水平方向				
垂直方向				

要求：

1. 轴瓦与轴颈顶部间隙 d=0.60±0.06mm，轴瓦与轴颈侧面间隙 $e+f$ =（1.35±0.06）mm；
2. 转子轴颈圆度：≤0.03mm，圆柱度：≤0.03mm。

调相机检查记录	
轴瓦顶轴油囊尺寸检查	

测量工具	环境温度（℃）	环境湿度
塞尺	测量前：	测量前：
	测量后：	测量后：

$\dfrac{K向}{1:1}$(E12)　　R转刀具

3.2　70　3.2　100

要求：

检查原轴瓦油囊尺寸，标准为100×70mm。

修 前 数 据		
项目	顶轴油囊1	顶轴油囊2
尺寸		

回 装 数 据		
项目	顶轴油囊1	顶轴油囊2
尺寸		

备注：所有间隙回装时按照上限进行调整。

调相机检查记录	
轴承绝缘电阻检查	

测量工具	环境温度（℃）	环境湿度
1000V 绝缘电阻表	测量前：	测量前：
	测量后：	测量后：

A
B　C

测量对象	轴瓦中间镶块与轴瓦瓦体绝缘			中间镶块与轴瓦最外层镶块绝缘		
测量点	A	B	C	A	B	C
盘车端轴瓦绝缘						
励端轴瓦绝缘						

要求：

盘车端和励端轴瓦本体与镶块，以及镶块与镶块之间的绝缘电阻均须大于1MΩ。

	调相机安装测量检查记录			
	高压顶轴油管装配			

检查内容：

序号	检查项目	检查结果	检查人	日期
1	顶轴油管接头与轴瓦螺纹连接，用铜垫片密封，并可靠把紧			
2	顶轴油管内部异物检查			
3	轴瓦对顶轴油管的绝缘电阻			
4	各密封面检查			

要求：
1. 顶轴油管接头与轴瓦螺纹连接，用铜垫片密封，并可靠把紧。
2. 顶轴油管内部异物检查。
3. 测量轴瓦对高压顶轴油管的绝缘电阻用 1000V 摇表测量应不小于 1MΩ。
4. 接头、铜垫圈各密封面在安装前作好检查，确保能可靠密封。

二、定子检修

定子是调相机的静止部分，固定安装在基础上。定子主要结构由定子机座、定子铁芯及定子绕组等组成。

调相机内端盖、外端盖等装配在定子两侧，定子内部还留有相应的冷却介质通道用以冷却各部件。

调相机定子检修一般包括定子机座、定子铁芯、定子绕组、定子引出线等的检修。

（一）定子机座检修

1. 概述

定子机座通过地脚螺栓固定在基础上，承担支撑定子铁芯及定子绕组的功能。机座两端一般设有人孔，便于检修时作业人员进入定子内部进行检查（如图 2-7 所示）。

定子铁芯固定在机座上，铁芯与机座间具有隔振结构，隔离定子铁芯自身的振动，降低机座振动的幅值。以双水内冷调相机为例，图 2-8 为其定子铁芯采用两侧卧式弹簧板结构固定至机座内示意图。

定子机座的检修在 A、C 类检修时开展。

A 类检修时对调相机端盖、导风圈等部件进行拆解、检查与复装，对定子机座外观、紧固件、焊缝等进行检查、清理。

C 类检修时对定子机座外观、紧固件、表观焊缝等进行检查并进行必要的清理。

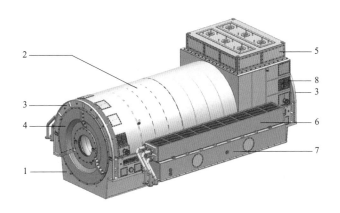

图 2-7 调相机定子机座及主要部件

1—下机座；2—上机座；3—外壁支架；4—外端盖；5—出线盒；6—冷却器；7—冷却器支座；8—检修人孔

2. 检修内容

（1）拆检与复装：A 类检修时对调相机气封盖、内外端盖、导风圈、气隙挡风板等部件进行拆除、检查、修理、清扫、复装，并更换劣化或损坏的密封件。

（2）定子机座表面、基础螺栓、定位键检查：

1）定子左右两侧地脚螺栓紧力符合设备技术文件要求，所有螺栓无松动。

2）定子机座表面无裂纹，无开焊，油漆无脱落，螺栓紧固，螺母点焊处无开裂，定位键无窜位。

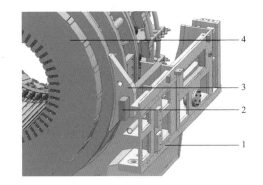

图 2-8 双水内冷调相机机座与定子铁芯连接结构

1—下机座；2—弹簧板；3—弹簧板支架；4—定子铁芯

3）定子与台板调节垫片接触紧密，符合设备技术文件要求。

（3）机座内部检查：对机座内部进行检查，对机座弹簧板、焊缝等进行检查，应无裂纹、异物等现象。检查弹簧板紧固螺栓应无松动。

（4）加热器检查：

1）安装有电加热器的机组，检查绝缘电阻、直流电阻检测符合设备技术文件要求。

2）加热器各部件应清扫干净；内部接线端子紧固，主回路、控制回路检查完好，柜内元件定值核对无误。

（二）定子铁芯检修

1. 概述

定子铁芯一般由具有低损耗的绝缘硅钢片叠压而成，通过弹性定位筋、齿压板、压圈、压指等构成一个紧固的整体，降低电磁力、热应力在铁芯产生的振动（如图 2-9 所示）。铁芯外圆的鸽尾槽用于将铁芯固定在定位筋上，定位筋沿铁芯外圆均匀分布（如图 2-10 所示）。在铁芯边端的定位筋与铁芯之间设置高强度绝缘。

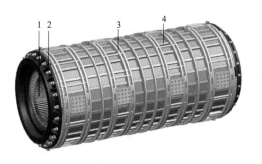

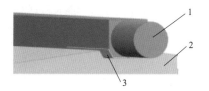

图 2-9　空冷调相机定子铁芯装配
1—硅钢片；2—压圈；3—夹紧环；4—定位筋

图 2-10　空冷调相机定位筋绝缘示意图
1—定位筋；2—铁芯；3—绝缘套

双水内冷调相机定子铁芯轴向采用对地绝缘的反磁穿心螺杆和支持筋螺杆，通过两端的内倾式齿压板、压圈并用紧固螺母收紧（如图 2-11 所示）。二者与定子铁芯冲片间设置有绝缘材料，同时端部通过绝缘垫块与铁芯绝缘，防止穿心螺杆与支持筋通过铁芯短接。

定子铁芯检修一般在 A 类检修转子抽出后开展。主要检修项目为定子铁芯各部位的全面检查以及穿心螺杆、定位筋、支持筋的紧力检查与调整，铁芯及穿心螺杆的绝缘检查，定子铁芯试验等。

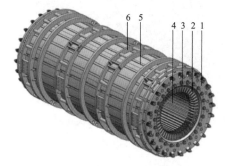

图 2-11　双水内冷调相机定子铁芯结构示意图
1—压圈；2—齿压板；3—穿心螺杆；
4—硅钢片；5—支持筋；6—夹紧环

2. 检修内容

（1）定子膛内清洁度检查：检查定子膛内、定子铁芯内圆应无油污、灰尘、异物、机械损伤、油漆脱落、生锈、粉末等痕迹。

（2）定子铁芯表观检查：检查定子铁芯无锈蚀、油污、碰伤、松动、粉末、变形和局部过热等现象；通风槽钢无突出移位、变形、锈斑、过热变色、断裂等现象。

（3）定子铁芯风道检查：检查定子铁芯及机座通风孔、通风道畅通，无堵塞、杂物，膛内风道齿条应无断落、缺失。

（4）定子端部铁芯压圈、压指等检查：检查定子铁芯两端压圈、压指或齿压板、铜屏蔽等无局部过热、裂纹、变形、移位等现象。

（5）定位筋（支持筋）检查：检查定子铁芯定位筋（支持筋）螺母应无松动且锁固良好，螺栓周围应无氧化物或油污堆积。

（6）铁芯紧力检查：铁芯齿部、压圈、压指或齿压板、定位筋或支持筋紧力按照设备技术文件要求进行紧力检查和补偿。

在励端（出线端）、盘扯断（非出线端）铁芯阶梯段采用专用工具适当扩张铁芯后，用专用斜楔片插入齿顶部分开的铁芯冲片间，逐步敲打斜楔进入齿部，打紧并记录斜楔片打入深度。

铁芯本体段采用抽检方式进行检查，根据制造厂工艺要求，在铁芯本体段选取检查点使用扩张工具打入斜楔片并记录斜楔片打入深度。每约10档铁芯的中间一档在圆周方向上大致均匀选取4点，相邻10档铁芯抽检段选取的4点在周向相应错开，确保所有的本体铁芯抽检位置循环2个圆周左右。如果每隔10档铁芯检测的4个齿的斜楔片平均打入深度大于10mm，则对此档进行整圈补偿。如果整圈平均打入深度大于10mm，则需要在此铁芯档的左右2～3档中选取1档再整圈使用扩张工具打入斜楔片。

（7）定子铁芯穿心螺杆检修：双水内冷调相机定子铁芯一般配有穿心螺杆，定子铁芯检修开始后，应首先测量铁芯非出线端穿心螺杆及支持筋两端伸出螺母平面的长度（如图2-12所示）。

1）穿心螺杆、支持筋紧力检查。检测盘车端（非出线端）全部穿心螺杆的当前紧力，单根穿心螺杆的额定拉紧力应符合制造厂技术要求。

检测盘车端（非出线端）及励端（出线端）所有支持筋的当前紧力，单根支持筋的额定扳紧力矩等应符合制造厂技术要求。

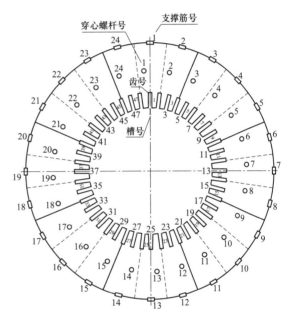

图2-12　双水内冷调相机定子铁芯齿号、槽号、支持筋及穿心螺杆编号示意图
（从励端/出线端往盘车端/非出线端看）

2）穿心螺杆、支持筋紧力补偿。如穿心螺杆检测平均剩余紧力不大于设计要求的80%，则需按80%及100%收紧力，分两步180°对称进行再收紧工作；如穿心螺杆检测平均剩余紧力大于设计要求的80%，则直接按照100%收紧力180°对称进行再收紧工作。

如支持筋检测平均剩余紧力不大于设计要求的80%，则需按80%及100%收紧力，分两步180°对称进行再收紧工作；如支持筋检测平均剩余紧力大于设计要求的80%，则直接按照100%收紧力180°对称进行再收紧工作。

3）穿心螺杆绝缘检查。检修完成后用1000V绝缘电阻表测量穿心螺杆绝缘电阻，绝缘电阻值应不小于10MΩ。

3. 注意事项

根据定子铁芯试验结果，如存在故障点需对铁芯进行局部处理。表面故障点的修理按照制造厂技术要求执行。

（三）定子绕组及出线检修

1. 概述

定子绕组由嵌入铁芯槽内的线棒连接而成，具有优良的绝缘性能和机械性能（如图 2-13 所示）。定子绕组包括直线部分（位于铁芯槽内）和端部绕组（位于铁芯槽外），端部绕组将各个不同槽中的线棒连接在一起从而形成完整的绕组。

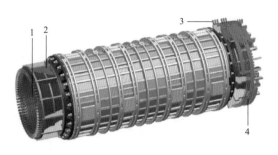

图 2-13　定子绕组布置示意图

1—定子端部绕组；2—绝缘支架；

3—主引线；4—定子端部环形引线

定子槽内径向固定结构：采用高强度层压玻璃布的槽楔，槽楔具有良好的电气及机械性能，尤其具有优异的边缘冲击强度，能够满足线棒在槽内的径向紧固要求。采用楔下高强度波纹板作为弹性元件，提供足够的弹性预压力。通过弹性波纹板的弹性变形，能有效弥补槽内绝缘蠕变，确保机组在启停和运行过程中，定子绕组槽部径向方向在膨胀、收缩和振动情况下均良好固定。

定子槽内切向固定结构：由半导体玻璃布板塞垫在线棒与铁芯槽部的缝隙之中，使线棒与定子铁芯槽部紧密配合，并使线棒槽部与铁芯持续保持良好的接触，改善槽部线棒与铁芯间的散热，降低槽电位，避免槽内放电而引起绝缘损伤。

双水内冷调相机定子绕组槽内结构、空冷调相机定子绕组槽内结构分别如图 2-14 和图 2-15 所示。

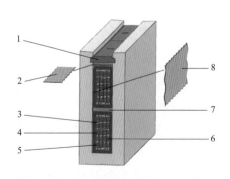

图 2-14　双水内冷调相机定子绕组槽内结构

1—定子槽楔；2—绝缘弹性波纹板；3—空心铜导线；

4—实心铜导线；5—主绝缘（防晕层）；6—排间绝缘；

7—层间垫条；8—侧面半导体玻璃布板

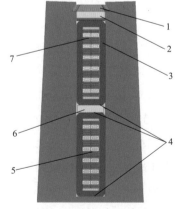

图 2-15　空冷调相机定子绕组槽内结构

1—定子槽楔；2—楔下垫条；3—主绝缘；

4—适形材料；5—下层线棒；6—层间垫条；

7—上层线棒

定子绕组端部使用外绑环、槽口垫块、斜边垫块，与线棒接触面采用浸胶毛毡衬垫，再使用浸胶玻璃丝绑绳绑扎固定，使整个绕组端部形成一个整体，避免线棒出现轴向松动。外绑环采用浸渍树脂玻璃纤维丝束缠绕件，有很好的整体刚性，绑环与线棒接触的表面衬垫一层热固化适形材料，使得上下层线棒与绑环良好接触（如图2-16所示）。

端部支架固定采用可伸缩弹性结构，使线棒能随温度的变化沿轴向自由地伸缩。

双水内冷机组由于定子线圈采用水冷却，在定子端部设有水电连接结构。水电接头的绝缘采用模压绝缘盒作外套，盒内塞满绝缘填料，以保证水电接头的绝缘强度，同时防止异物进入绝缘盒内。定子端部上、下层线圈间的水电连接如图2-17所示。

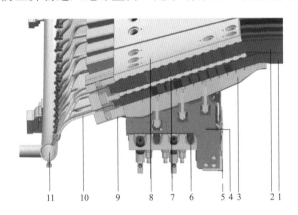 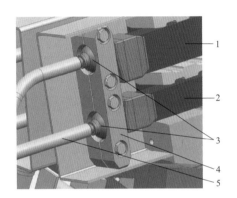

图 2-16　双水内冷调相机定子绕组端部结构

1—下层线圈；2—上层线圈；3—锥环；4—支架；

5—弹簧板；6—并联环；7—层间压板；

8—上层压板；9—绝缘盒；10—绝缘引水管；11—总水管

图 2-17　双水内冷调相机定子端部上、下层线圈间的水电连接

1—上层线圈；2—下层线圈；3—球形接头；

4—连接铜排；5—绝缘引水管

定子绕组在端部经环形引线从主引线引出至机座上部出线套管，出线套管与金属封闭母线间通过软连接导线连接。定子绕组环形引线、连接线及引出线一般均为 F 级主绝缘。

定子绕组及出线的检修在 A、C 类检修时开展。

A 类检修时对定子绕组、定子绕组端部引线、端部绝缘盒、支撑及紧固件、槽楔、定子绕组引出线等进行全面检查。

C 类检修时对定子绕组及出线端部可见部位进行检查。

2. 检修内容

（1）定子绕组检修。A 类检修一般在拆除机座两端端盖后对定子绕组及端部绝缘进行检查。

1）检查定子线圈端部绝缘应无过热变色、龟裂、脱漆、起泡、损坏和松动等现象，表面检查应干净无油污。

2）检查定子两端出槽口应无积污，出槽口绕组应无破损。

3）定子绕组出槽口线圈绝缘应无过热、老化、流胶、电晕现象。

4）检查双水内冷机组端部绝缘盒、绝缘材料填塞的接头等。端部绝缘盒及填充物应饱满，无过热、老化、流胶、松动、开裂、移位、爬电等痕迹。检查绝缘盒内的灌注胶、固定绝缘盒的环氧腻子应无开裂、脱落现象。绝缘盒等存在开裂、脱落现象的，应用环氧腻子等绝缘材料将缺陷部位重新填充、固定。

（2）定子端部支撑及紧固件检查。定子端部支撑及紧固件检查可在 A、C 类检修时开展，A 类检修时打开机座两端端盖后进行检查，C 类检修时检修人员可通过检修人孔进入定子端部进行检查。

1）检查空冷调相机定子线圈端部绑扎绑绳、环氧泥、间隔块、支撑环、紧固螺栓、支架、绑环、适型材料、槽口垫块、槽侧垫条等应无松动、磨损、移位。端部弹性支架及锁片应无松动。

2）检查双水内冷调相机端部压板螺杆无松动、断裂、黄粉现象，保险完好；锁紧垫片应无分层或开裂，锁紧螺钉应无松脱。

3）绕组端部各处绑绳及绝缘垫块检查。绕组端部绑绳及垫块等应紧固，无松动与断裂，绑扎处无磨损、无黄粉，支架及螺栓等无松动现象。

4）端部线圈接头、螺栓等检查。对于已采取塞环氧泥保险的线圈接头连接螺栓，环氧泥应无松动、开裂、脱落。

5）压板螺杆紧固状态检查。压板螺杆应紧固不松动，锁紧垫片无分层或开裂，锁紧螺钉无松脱。

6）锥环背部紧固状态检查。检查锥环背面大支架、定位件上螺钉支紧状态，若有间隙则测量其尺寸；检查锥环背面小支架上斜键与圆柱销的支紧状态，对斜键端面已缩入螺帽端面的支架做好标记，斜键缩入尺寸应符合制造厂要求。

（3）定子绕组端部环形引线检查。定子绕组端部环形引线检查可在 A、C 类检修时开展，A 类检修时拆除机座两端端盖后进行检查，C 类检修时检修人员可通过检修人孔进入定子端部对环形引线、汇流排等进行检查。

对于空冷调相机：定子环形引线绝缘无破损、振动导致的黄粉、局部放电、过热流胶等现象；绑扎无磨损及松动现象。

对于双水内冷调相机：并联环绝缘无过热、老化、流胶、电晕现象；压板、固定板无松动、黄粉、开裂，螺母、绑绳无松动、断裂；胶木支架与锥环的固定螺杆保险填塞完好；L 形钢支架与铁芯弹簧板螺栓无断裂、脱落，保险完好。

检查连接线绑带，应无松动、磨损、断裂等现象。

（4）定子槽楔检修。定子槽楔检修主要在 A 类检修开展，检修项目一般包括定子端部及膛内槽楔检查、定子槽楔紧度检查与调整。

检修时拆除两端端盖后对定子关门槽楔进行检查，关门槽楔应无松动、破损现象，整体看应整齐一致，无外滑、窜动、凸起等现象。

A 类检修转子抽出后，检查定子槽楔应无油污、磨损、松动、过热变色、龟裂、黄粉等现象。检查槽楔外观应整齐一致，相邻槽楔之间的间隙均匀，槽内无凸起。

A 类检修时抽出转子后开展槽楔进度检查，使用槽楔紧度测量专用工具检查槽楔紧度并进行调整。槽楔紧度检查按照制造厂技术要求执行。

（5）定子引出线检修。对于空冷调相机：

1）检查主引线绝缘表面无过热、破损、开裂、流胶、变色、爬电等现象；

2）检查定子出线各支架、夹块、支撑板螺栓及锁片无松动，适型材料无发黑及磨损粉末；

3）检查定子端部引线装配支架、绝缘板螺栓及锁片无松动；主引线与过渡引线、并联环的连接螺栓无松动、断裂、掉落。

对于双水内冷调相机：

1）检查主引线与夹板的固定无黄粉、磨损，夹板无开裂，夹板固定螺栓无松动、断裂、掉落。

2）检查主引线与并联环连接处手包绝缘无开裂、脱落，绝缘表面无过热、破损、开裂、流胶、变色、爬电等现象。

3）检查出线瓷套管及主引线绝缘表面无过热、破损、开裂、流胶、变色、爬电等现象；瓷套管表面无裂纹、爬电痕迹。

4）检查通风管与主引线、与出线盒的连接固定，无连接螺栓松动、掉落，通风管表面无老化、弯瘪、开裂、变色发黑、爬电等现象。

5）检查中存在螺栓脱落现象的需仔细检查定子绕组端部、定子机座内部是否有金属异物。检查主引线固定板有无开裂现象，固定板与主引线之间有无黄粉，填塞材料是否脱落，轻微现象则刷胶，严重现象则重新安装并填塞。

（6）出线套管及出线罩内部检查：

1）出线罩内部检查应无受潮、积水、积油、异物等异常现象；

2）软连接板应无断裂、裂纹等现象；

3）检查出线罩内机端电流互感器表面无灰尘、裂纹、老化，端子紧固无松动，直流电阻及绝缘电阻符合要求。

（四）测温元件检修

1. 概述

调相机在定子槽内、铁芯、机座等各个部位设置了测温元件，用以监视运行期间机组各部位温度。

双水内冷调相机在每个槽上、下层线圈层间埋置有 2 支铂热电阻测温元件（其中一支为备件），每一根上层或下层线圈绝缘引水管的出口水接头上，也各埋有一支电阻测温

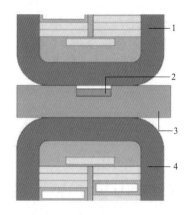

图 2-18 定子槽内测温元件
典型布置示意图

1—上层线棒；2—测温元件；
3—层间垫条；4—下层线棒

元件，用来检测各支路出水的温度。

调相机本体测温元件的检修在 A、C 类检修开展。定子槽内测温元件典型布置示意图如图 2-18 所示。

2. 检修内容

（1）测温元件及引线检查：

1）停机后、电气试验前，拆除 DCS 与定子出线板位置的接线，注意检查外部接线是否有编号标识，如无则需贴临时标签，保证接线能正确复装。

2）检查测温元件各测点温度显示是否正常。

3）检查测温元件、引出线、接线连接件、套管及相关引线有无松动、断线、损坏。

4）若有异常元件则拆除出线板，从出线板内侧解开套管，再次检查元件依旧存在异常则应进行更换，更换前应确认元件编号、元件类型等。测温元件检修期间发现故障点在出线板与套管处的，应更换套管并锡焊固定。

5）故障元件为层间、铁芯、铁芯风温、压圈内圈的无法更换，双支元件则以备用元件为准，若两支元件均已损坏应联系制造厂进行处理，故障元件为单支元件的应进行屏蔽。

6）故障元件为出水测温、压圈外圈、齿压板、挡风圈冷热风测点的，查明坏点后对故障元件进行更换。

所有元件检查合格后，复装出线板并重新固定。

（2）测温元件直流电阻及绝缘电阻检查。测温元件冷态绝缘电阻应符合制造厂技术要求，一般使用 250V 绝缘电阻表测量绝缘电阻值应不低于 1MΩ。

测温元件冷态直流电阻应符合制造厂技术要求。

3. 注意事项

电气试验前应确保所有测温元件短接接地。

根据检修经验，测温元件检修时常需要修理或更换部分备件，检修时应准备一定数量的元件、引线、套管等，以备检修期间进行更换。

复装外部接线应注意编号一一对应，并在后台逐一确认显示正常。

（五）双水内冷调相机定子水路检修

1. 概述

双水内冷调相机定子冷却水从出线端的总进水管通过绝缘引水管流入定子线圈，再从线圈另一端通过绝缘引水管流入总出水管。每根上层或下层线圈各自形成一个独立的水支路。另有一路冷却水从出线端的总进水管进入，经绝缘引水管流经线圈端部并联环，然后通过绝缘引水管流入各相线圈，再从相线圈另一端通过绝缘引水管流入总出水管。每根并联环与所串联的相线圈形成一个独立的水支路。

双水内冷调相机定子水路检修主要包括定子线圈总水管、绝缘引水管、端部绝缘盒、定子线圈进出水管道及其滤网以及定子水路相关附件的检修。

双水内冷机组定子水路检修在 A、C 类检修开展。

2. 检修内容

（1）定子水路总进、出水管检修：

1）检查总水管与机座连接无位移，总水管端的卡箍无松动，无漏水痕迹（见图 2-19）。

2）检查总水管接地螺栓无松动、掉落，总水管紧固件螺栓保险完好。

3）检查总水管支架的焊缝是否有开裂，固定螺栓保险是否失效。

4）检查机座进水法兰的绝缘垫外观应无异常。

5）测量总水管对地（机座）的绝缘电阻，测试应使用 500V 绝缘电阻测试仪。水路吹干后总水管对地绝缘电阻值、通水状态测量总水管对地电阻应符合制造厂技术要求。

（2）定子绝缘引水管及其附件的检修：

1）检查绝缘引水管有无开裂、老化、干瘪、爬电现象，对存在异常的绝缘引水管应标记并进行处理。

2）检查绝缘引水管两端接头有无渗漏痕迹。

图 2-19　双水内冷调相机定子水路示意图
1—定子水路总进水管；2—定子线圈水路；
3—定子水路总出水管

3）检查绝缘引水管定位环上的绑绳情况。

4）双水内冷机组定子水路完成冲洗等检修工作后再次对端部水电连接部位的绝缘盒等进行检查，观察是否有水路渗漏等现象。

5）检查总水管端的绝缘引水管卡箍保险是否脱落，必要时进行更换。

（3）定子绕组水路正反冲洗及滤网检查。定子水系统检修完成后，对定子主水路进行按制造厂技术要求及相关规程进行正、反冲洗。

冲洗前后均应检查滤网是否破损、生锈，清理、冲洗滤网上的异物，恢复滤网和外部管道后进行水压试验。

3. 注意事项

检修作业全过程对裸露的法兰应做好防护，防止异物进入定子水路。

定子水路检修应准备足够数量的备件，检修期间发现劣化、损坏等情况应予更换，检修工作完成后应对定子水路进出水滤网等部位的主要密封件进行更换。

三、转子检修

转子是调相机的转动部分，转子运行时的支撑点为励端（出线端）、盘车端（非出线端）的轴颈。转子本体可以承受转子高速旋转产生的离心力。转子绕组由多匝线圈组成，放置在转子本体轴向槽内。伸展到转子本体外的端部绕组由护环进行固定以抵抗离心力。转子两端各设置一组风扇，由安装在风扇座上的多个风叶组成，风扇随转子旋转产生空气循环所必需的压力，使空气流经相关冷却风路。

调相机转子的主要部件包括转子大轴、槽楔、绕组、护环、风扇叶片、集电环、引线等。

调相机转子本体的检修一般在 A 类检修时开展，A 类检修抽出转子后对转子本体、护环等各部件进行全面检修并开展相关预防性试验。双水内冷机组 A 类检修时还应对转子水路、进水支座、出水支座进行检修。C 类检修主要对转子端部、集电环、进水支座进行检修并进行相关预防性试验。

（一）转子本体检修

1. 概述

调相机转子转轴由高强度、高磁导率合金钢整锻而成，具有良好的机械性能（如图 2-20 所示）。转轴大齿上开有横向月牙槽用来平衡大小齿刚度，降低转子的倍频振动。

转子绕组由多匝线圈组成，放置在转子本体轴向槽内（如图 2-21 所示）。伸展到转子本体外的端部绕组由护环进行固定以抵抗离心力。

图 2-20　调相机转子主要结构示意图

1—轴颈；2—风叶及风扇座环；3—护环；4—转轴；
5—集电环；6—集电环风扇；7—稳定小轴

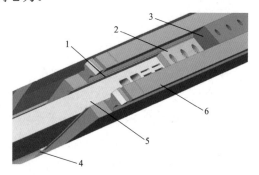

图 2-21　调相机转子槽内布置

1—转子槽衬；2—楔下垫条；3—转子槽楔；
4—槽底垫条；5—转子绕组；6—转子大轴

转子绕组通过转子引线（如图 2-22 所示）、导电螺钉及导电杆与集电环相连接。

转子本体检修内容一般包括转子转轴、绕组、槽楔、护环、中心环、风扇环、通风孔、风扇叶片等各部件的检修。

双水内冷调相机转子本体检修还应包括转子水路相关部件的检修。

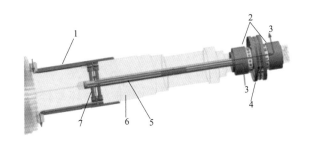

图 2-22 调相机转子引线示意图

1—转子引线；2—集电环；3—励磁电流；4—集电环风扇；5—导电杆；6—转子大轴；7—导电螺钉

A 类检修转子抽出后开展转子本体的全面检修。

C 类检修一般对转子端部可见部位进行必要的检查与修理。

2. 检修内容

（1）抽、穿转子检修。A 类检修时需抽出转子以进行全面检修，转子抽出检修及试验完成并确认定子腔内检修作业完成后回穿转子。

C 类检修不抽转子，主要对转子端部可视部位进行检查。

（2）转子本体检修：

1）检查转子本体外观有无磕碰、磨损等情况，大、小齿应无异常发热痕迹；轴颈、集电环及绝缘筒、转子本体表面、月牙槽、护环、平衡块、槽楔等部件表面应无变色、电腐蚀、放电灼伤等现象。

2）检查转子表面是否有过热痕迹，本体与护环搭接处是否有过热痕迹。

3）吹净转子通风道及转子端部绕组。用压力符合要求且干净、无水、无油的压缩空气反复吹净转子通风道及转子端部绕组。

4）清理转子绕组的径向引出线的绝缘，检查导电螺钉的紧固性。

5）检查转子平衡块、平衡螺钉及紧固件的紧固情况。平衡块、平衡螺钉等应无松动、移位现象，外观应无异常。转子轴颈无划伤、磨损、电腐蚀等现象。

6）检查转子端部可见部位，可见部位线圈形状应无有害变形。端部垫块应无松动、脱落现象。

7）检查轴颈应无划伤、磨损、电腐蚀等现象，如有损伤应查明原因并进行必要的处理。

8）对转子轴颈等部位进行探伤，检查结果应无异常。

（3）转子绕组、槽楔检修：

1）槽楔外观检查应无裂纹、凸出和位移。

2）端部线圈绝缘无脱落、变形、松动现象。

3）进行槽楔与槽内铜线通风孔配合检查。风孔、楔下垫条以及铜导线的风孔应对齐，通风孔应畅通无阻塞，无积灰、积油。

4）检查转子引出线引线槽楔的紧固情况，引线槽楔应紧固无松动。

（4）转子护环、中心环、风扇座环检修：

1）检查转子护环外表面及端面有无磕碰、磨损等情况。

2）检查护环、中心环和风扇环应无裂纹、变形。护环与转子搭接处无放电灼伤点。

3）护环嵌装良好，无移位变形，灼伤、腐蚀，对护环探伤应无异常。

4）检查护环、中心环、风扇座环的紧固情况符合技术要求。

（5）转子叶片检修：

1）检查风扇叶片应无裂纹、变形和腐蚀，叶片光滑。

2）对风扇叶片进行探伤，检查结果应无异常。

3）检查叶片与转子本体的连接紧固，检查连接螺母应无松动。叶片拆除进行检修的，应做好标记，恢复时不得随意更改安装位置，复装力矩应符合制造厂技术要求。

（6）转子预防性试验。转子抽出后，按照规程进行预防性试验。

（二）集电环及刷架装置检修

1. 概述

调相机集电环用耐磨合金钢制成，与转轴采用热套装配（如图 2-23 所示）。在集电环与转轴之间设有绝缘套筒。集电环上加工有斜向通风孔。表面的螺旋沟可以改善电刷与集电环的接触状况，使电刷之间的电流分配均匀。两集电环间用同轴离心式风扇对集电环及电刷进行强迫冷却，并拥有独立的进、出风路，并配置有碳粉收集装置。

刷架由隔板、导电板、组合式刷握构成，每个刷握内含若干个电刷，刷握为装卡式，可带电插拔，便于检查和更换电刷。每个电刷带有柔性的铜引线（即刷辫）。刷握上设有恒压弹簧，可径向压紧电刷，使电刷与集电环保持恒定压力接触。

图 2-23　集电环结构示意图
1—转轴；2—集电环；3—集电环风扇；4—绝缘筒

调相机 A、C 类检修均进行集电环及刷架装置的检修。

2. 检修内容

（1）集电环检修：

1）检查集电环各部位有无油污、碳粉累积，检修时对各部位进行必要的清理。

2）检查集电环各部位有无裂纹，必要时进行探伤检测。

3）检查集电环滑环、风扇有无划痕、无过热损伤现象。在检查过程中需检查滑环的沟槽是否有会加速滑环磨损的毛刺，若有须采用倒角的方法去除毛刺，最后应去除金属颗粒。

4）测量集电环滑环螺纹沟宽度和深度等。

5）测量集电环滑环外表面圆度和粗糙度。

6）检查所有导电接触面，镀银面若有变色、锈蚀应重新镀银。

7）检查集电环引线与励磁母排连接有无松动、损坏等，若接地块镀银面有锈蚀，则需清理并重新镀银。检查所有锁紧垫圈、垫片等保险是否完好。

8）测量集电环滑环对地绝缘电阻、磁极引线之间绝缘电阻。

9）使用压缩空气对集电环小室进风滤网进行清理，清理后重新安装，滤网应通风顺畅。

（2）刷架、刷握及电刷检修：

1）清理刷架，检查空气通道油污、灰尘的堆积并清理。

2）检查刷握、恒压弹簧等部件的紧固件是否牢固。

3）检查所有恒压弹簧压力。恒压弹簧拉力应符合制造厂要求。

4）检查每个刷握和集电环表面的间隙符合制造厂要求。

5）取出所有刷握中的电刷，清理刷握内部。更换磨损量大的电刷，电刷研磨均匀，长度尺寸应在标准线内，边缘应完整，无剥落、严重磨损等现象。刷辫完整且接触良好，无过热现象。

6）刷握中电刷须能自如进出刷握、无卡涩；刷握须能自如进出刷握座，不得触及相邻刷握座；一旦刷握和刷握座锁住后，配合面应接触良好无松动。

7）刷架对地绝缘应符合制造厂技术要求。

（3）碳粉收集装置检修：

1）对碳粉收集装置进风、出风滤网以及集尘盒等进行检查并清理。

2）碳粉收集装置静电场检查，检查放电针磨损情况，清理静电场吸附碳粉。

3）接通电源，启动碳粉收集装置空压机，空压机回路无漏点，电机、空压机工作正常、油位正常、滤芯清洁。

4）检查碳粉收集风道与励磁母线隔离情况良好，无明显灰尘、杂物。

（三）转子大轴接地装置检修

1. 概述

转子大轴接地装置一般采用接地电刷、接地铜辫等方式（如图 2-24 所示）。大轴接地装置一般装设于轴承座挡油盖上，该装置与挡油盖绝缘，防止轴电流流入挡油盖。接地铜辫一般采用斜纹铜编织扁线。

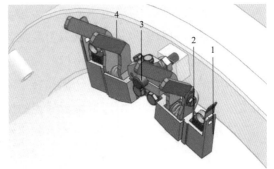

图 2-24　大轴接地装置示意图（双层接地电刷）
1—刷握；2—电刷；3—绝缘螺栓；4—手柄

调相机 A、C 类检修均进行大轴接地装置检修。

2. 检修内容

对大轴接地装置的恒压弹簧、电刷、接地铜辫等各部位油污、碳粉进行清理。

检查接地电刷、刷辫等有无松动、破损、断裂，更换磨损量大的接地电刷。

检查接地电刷刷握与大轴间隙应符合制造厂技术要求。

检查接地铜辫有无断股、散股。

大轴接地装置的电刷或铜辫与大轴良好接触，保证大轴接地状态良好，铜辫与轴表面有效搭接长度应符合制造厂技术要求。

（四）双水内冷调相机转子水路检修

1. 概述

双水内冷调相机转子水路主要由转子进、出水箱，转子线圈，进水支座，出水支座组成（如图 2-25 所示）。

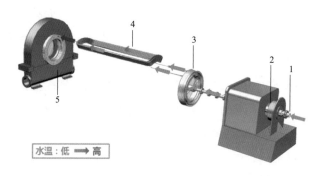

图 2-25　调相机转子水路主要部件示意图
1—转子进水管；2—进水支座；3—转子水箱；4—转子线圈水路；5—出水支座

进、出水箱由不锈钢锻造加工而成，热套在转轴上，转子进出水在此汇集及分流。转子冷却水由冷却水箱经进水支座送至进水箱。进水箱布置在转轴的出线端，它与转轴之间通水水路间的密封是靠薄壁铜衬管涨紧，进水箱端面盖板可以拆卸，以便进水箱内部清洗，盖板与水箱间依靠环形橡胶密封圈密封。出水箱热套在转轴的非出线端，在水箱的两个侧面开有相应螺孔，一端与转子绝缘水管相连后接至线圈水接头上，另一端则用来出水，冷却水被甩出后汇集至静止的出水支座内再进行热交换往复循环。

调相机运行时，转子线圈内的冷却水经出水箱甩出至出水支座，出水支座回收后，经排水孔回到水系统循环利用。出水支座的结构包括支座本体、两侧盖板及本体与盖板间密封圈，本体内衬不锈钢板可防锈蚀。盖板为铸铝件，用于密封转子出水。密封圈为橡胶件，每次拆装后需更换新备件。

A 类检修对双水内冷调相机转子水箱、转子线圈主水路、进水支座、出水支座等转子水路各部件进行检修。

C 类检修时一般开展进水支座检修，对进水支座盘根等部件进行更换，对其他存在缺陷的部位进行检修。

2. 检修内容

（1）转子绕组水路检修：

1）转子水箱检查。检查水箱保护套、水箱盖表观应无磕碰、磨损；检查转子水箱内应无异物。

2）转子水路冲洗。对双水内冷调相机转子线圈逐个进行正、反冲洗，非出线端每个孔均应冲洗。转子水路每个孔应冲洗至出水稳定、水流清澈，无明显污物。

3）转子水压试验。相关检修完成后开展转子水路水压试验，检查转子水路密封性符合要求。一般应在 7.5MPa 水压下保持 8 小时无渗漏。

4）转子水路水流量试验。进行转子水路水压试验，对转子水路流通性进行检查，避免水路存在堵塞现象造成运行中局部过热。

（2）进水支座检修。双水内冷机组进水支座主要部件包括波纹管、铜套、盘根、密封水挡、浮动环、转子进水短管等（如图 2-26 所示）。进水支座的检修应在每次 A、C 类检修开展。

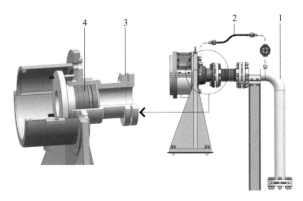

图 2-26 双水内冷调相机转子进水支座示意图

1—转子主水路进水管；2—盘根冷却水管；3—进水支座盘根铜套；4—盘根

1）A 类检修时转子抽出前应拆除转子进水管道、进水支座及相关所有部件。

2）进水支座拆除前应用 1000V 绝缘电阻测试仪检查对地绝缘电阻，绝缘电阻值应不小于 1MΩ。

3）进水支座拆除时应检查各部件安装间隙。

4）拆除进水支座后检查进水支座绝缘垫、密封水挡、浮动环、转子进水短管、盘根及相关密封件有无损坏、异常磨损等现象。损坏及磨损严重的部件应予以更换。

5）开启盘车盘动转子，检查转子进水短管晃度（跳动）。转子进水短管更换后应再次进行晃度（跳动）检查，测量数据应符合制造厂技术要求，一般应不大于 0.05mm。

6）A、C 类检修每次检修进水支座复装时，均应更换新盘根，进水支座绝缘及密封部件劣化、损坏的应更换。

7）进水支座复装过程各项间隙数据应符合制造厂技术要求。

（3）出水支座检修。双水内冷机组 A 类检修对出水支座检修时应全面检查出水支座各主要部件（如图 2-27 所示），重点关注接触式密封水挡等易损部件的状态。

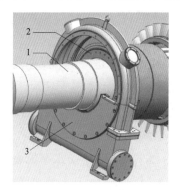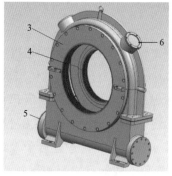

图 2-27　双水内冷调相机转子出水支座示意图

1—转子；2—转子水路出水孔；3—挡水盖；4—接触式密封水挡；5—出水支座回水管；6—观察窗

1）密封水挡外观检查。检查出水支座及接触式密封水挡外观应无异常。

2）每次检修时检查接触式密封水挡与转子大轴间隙。

3）间隙数据超出制造厂技术要求或运行期间存在甩水等现象时应对出水支座进行进一步拆解。检查接触式密封水挡内部磨损状况。

4）接触式密封水挡磨损严重、经修理后仍无法满足间隙要求时，应进行更换。更换新密封水挡，应对密封水挡内圆进行研磨，调整密封水挡与转子间隙，复装间隙应按照制造厂新机组交接相关技术要求执行。

四、空气冷却器检修

1. 概述

调相机设计有若干组冷却器，一般布置在机座下方或两侧（如图 2-28 和图 2-29 所示）。空气冷却器通过冷却水的循环带走由调相机内空气传递到冷却管上的热量，使调相机内的空气保持规定的温度。

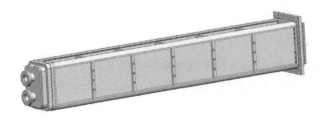

图 2-28　空冷调相机空气冷却器外形示意图

每个空气冷却器通过各自独立的水路并行连接到冷却水系统。

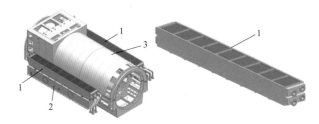

图 2-29 双水内冷调相机空气冷却器结构示意图
1—空气冷却器；2—冷却器支座；3—机座

2. 检修内容

（1）拆检与复装：

1）检修前应确认相关水路已停运并进行隔离。

2）空冷调相机空气冷却器一般布置在机座下方，检修时一般使用专用工具将其从机座下方机坑中抽出后开展。

3）双水内冷调相机空气冷却器一般布置在机座两侧，检修时应拆除其进、出水管道，做好管道防护与防渗漏措施。

（2）检修内容：

1）检查空冷室内干净，无油污、杂物，墙体无开裂、脱落必要时进行清理与修复。

2）冷却器外观清理检查，各部位应无油污、异物等。

3）检查冷却器翅片应无损坏、翘边、变形等现象，翅片间无异物夹杂，对存在缺陷的散热片进行修复或更换。

4）检查冷却器支座是否有错位现象、冷却器支座底部设有检漏计的应检查底部检漏计是否完好。定位块与空气冷却器间隙满足设备技术文件要求。

5）检查冷却器及冷却器与支座、基础间各密封件完好，无密封条开裂、密封失效现象。更换破损或失效的密封件。

6）检查、清理、冲洗冷却器冷却水箱和冷却水管。

7）进行冷却器水压试验，试验压力、耐受时间应符合制造厂要求，一般为 0.6MPa，半小时。

（3）空气冷却器及冷却水系统试运：

1）空气冷却器完成所有检修及试验工作后回装。

2）完成空气冷却器与相关管道回装后应通水进行外冷水系统整体试运，检查各部位应无渗漏现象。

3. 注意事项

空气冷却器检修前应再次确认外冷水系统已停运、相关阀门已关闭、管道内压力已释放，避免检修开始后管道内残留冷却水溢出至厂房内地面及相关设备。

A 类检修时空气冷却器的拆除、检修工作，应考虑转子抽出占用检修空间后对空气冷却器吊运路径的影响。

双水内冷调相机空气冷却器布置在定子机座两侧，检修中应注意做好防护，防止漏水进入机座、定子内部，造成设备受潮。

五、轴承检修

1. 概述

调相机励端（出线端）和盘车端（非出线端）各装配一个座式轴承（如图 2-30 所示）。

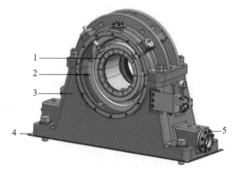

图 2-30　双水内冷调相机座式轴承结构示意图

1—轴瓦；2—球面座；3—轴承座；
4—绝缘垫片；5—轴承进油管

座式轴承主要由轴承座、轴瓦、球面座以及高压顶轴油模块等部件组成，并配有振动监测接口以及温度测量元件。轴瓦外表面与轴承座为球面配合（如图 2-31 所示）。

为防止轴电流烧伤轴颈和轴承合金，调相机在轴承处设置绝缘。双水内冷调相机在励端（出线端）和盘车端（非出线端）双侧轴承座底部均设有对地绝缘。空冷调相机在励端和盘车端两端轴瓦本体与轴瓦镶块间设置双层绝缘。

空冷调相机为防止集电环装配与调相机转子连接后形成的悬臂端在运行时摇摆引起振动过大，在集电环装配末端设有一个小直径的座式稳定轴承，起支稳作用。稳定轴承由轴承座、轴承上盖、轴瓦和挡油盖等组成，装配在隔音罩内的底架上。轴承座为铸铁件，两侧均设有进出油管接口，轴瓦采用圆柱瓦，其上设有测温元件。

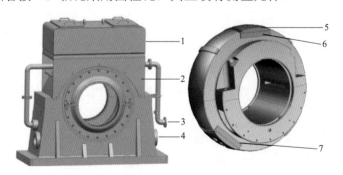

图 2-31　空冷调相机轴承座、轴瓦结构示意图

1—应急油箱；2—轴承座；3—轴承进油管；4—轴承回油管；
5—轴瓦外层镶块；6—轴瓦中间镶块；7—镶块绝缘

A 类检修时对双侧座式轴承、稳定轴承进行解体修理，主要对轴承座、轴瓦及各部件进行检修。

C 类检修时对轴承座油管、接头、油挡、螺栓等部件等进行外观检查、绝缘检查、消缺等。

2. 检修内容

（1）轴瓦检修：

1）外观检查与清理：

a. 检查、清理油路及高压顶轴油口，吹扫油路及高压顶轴油管。

b. 轴瓦内表面、外球面无拉毛、电腐蚀、变形、高压顶轴油孔堵塞等现象。

2）轴瓦钨金面检查：检查轴瓦钨金面应无夹渣、气孔、裂纹缺陷，钨金层与轴瓦无脱胎现象及过热痕迹。

3）轴瓦、轴承座接触面检查：检查轴瓦与球面座、球面座与轴承座的接触情况，接触面积应符合制造厂技术要求，一般要求为接触面积不低于 75%。供油孔接触面积应为 100%，并保证分布连续。

4）轴瓦无损检测：采用无损检测方法对轴瓦表面及内部进行检查，轴瓦钨金表面应无裂纹及脱胎缺陷。

5）轴瓦尺寸检查：检查轴瓦磨损情况。检查轴瓦的几何尺寸及安装间隙，数据应符合制造厂技术要求。

6）轴瓦油挡检查：检查轴瓦油挡及其内表面磨损情况。检查轴瓦油挡几何尺寸及安装间隙，数据应符合制造厂技术要求。

7）轴瓦绝缘检查：检查轴瓦对地绝缘，绝缘电阻应符合相关规程及制造厂技术要求。

8）轴瓦测温元件检查：测温元件热电阻及绝缘电阻符合要求，监测点温度正常显示；测温元件埋置牢固，无松动、缺损，引线、接线连接件完好且固定牢靠，引线与出线板连接牢固无松动。

（2）轴承座检修。拆除轴承座上设置的振动、温度监测传感器并依据规程进行校验。

1）紧固检查：

a. 检查轴承座各部位螺栓等紧固件是否紧固。检查轴承座各部位及接头、油管路是否有渗漏油现象，对存在渗漏的部位进行检查并更换损坏或失效的密封件。

b. 用塞尺检查台板地脚螺栓底部间隙，底部若存在间隙，需重新打磨地脚螺栓点焊部位，重新把紧地脚螺栓，并进行点焊固定。

2）轴承座内部检查：检查轴承座油室内部不应有金属或非金属异物沉淀、累积；轴承座与油管、挡油板装配连接处无渗油、漏油现象；轴瓦挡油板齿条、轴承座挡油板油齿、接触式浮动环不允许存在影响挡油效果的变形、磨损。

3）轴承座清理：检查、清理轴承座油室及油管路、轴承座底部绝缘板。

4）轴承座渗漏检查：轴承座油室内灌入煤油，对轴承座进行 24 小时煤油渗漏试验应无渗漏。灌煤油前轴承座内外必须清理干净，灌油高度应不低于回油管的上口外壁，灌煤油经 24 小时应无渗漏，灌煤油试验时应有防火措施。

5）轴承座绝缘检查。检查、清理轴承座油室及油管路、轴承座底部绝缘板。测量轴承座、轴瓦对地绝缘，绝缘电阻应符合制造厂技术要求。

6）检查轴承的自调心功能，观察轴承能否在轴承座中自由运动。

7）轴承座应急油箱检查：轴承座配有应急油箱的，应在检修期间对应急油箱进行检查、清理。应急油箱内部应干净无异物，管路及密封面密封良好，无渗漏；所有的螺栓连接紧固，其力矩满足设备技术文件要求；限位块、隔板无移位、变形等现象。

8）轴承座的解体、回装各阶段应确认轴承座挡油板油齿与转轴间隙、浮动环间隙、轴瓦与转子水平间隙、轴瓦挡油板间隙、轴瓦与中间环紧力、轴承挡扬度、轴承与底板螺栓紧力、轴承水平度等满足技术文件要求。

3. 注意事项

轴承检修前应确认油系统各油泵阀门、电机空开、蓄能器阀门等均已关闭。

六、盘车装置检修

1. 概述

调相机一般均配有电动盘车装置，盘车装置采用齿轮传动方式，将盘车电机力矩通过齿轮传递到转子上，带动转子旋转。

A 类检修时对其进行整体检查，对连接紧固件、机械部分、电气及控制部分进行检修。

C 类检修时对盘车装置连接紧固件、机械部分、电气及控制部分进行检修。

2. 检修内容

（1）整体外观检查。检查设备整体外观有无磕碰、损坏、掉漆，检查各连接件、紧固件有无脱落、松动现象。

（2）内部外观检查。打开盘车外罩进行内部检查。检查内部大齿轮、惰轮传动部件上齿轮和齿轮轴之间、大齿轮和惰轮之间齿部研磨情况。

（3）齿轮检查：

1）盘车装置齿轮的啮合、脱扣动作功能应正常。

2）检查有无润滑油不足或油质下降而导致的齿面磨粒磨损、齿廓改变、侧隙加大、齿轮过度减薄、齿轮断齿等现象。润滑油油质下降或不足的应依据制造厂技术要求进行更换。

3）齿轮存在断齿、异常磨损等现象应由制造厂进行修理，无法修理的应进行更换。更换齿轮的，应进行必要的试验重新验证新齿轮的啮合、脱扣等功能符合运行要求。

（4）油管路检查。打开盘车观察窗，检查各油管、油路之间是否存在油路堵塞、喷油孔堵塞、润滑油进水、润滑油变质、油温过高等现象。油路堵塞或喷油孔堵塞时，应更换油管。润滑油存在变质现象时应更换润滑油。

（5）盘车轴承检查。拆开轴承部分盖板，检查轴承件是否完好，检查有无滚动轴承因润滑油不足导致的破碎、异物侵入滚动轴承引起的破碎、轴承组装过程中的误差及轴的挠度过大导致的破碎。盘车轴承检查存在润滑不足应补充涂抹润滑油。内圈、外圈滚道面或滚动体面呈现鱼鳞状的划痕的轴承应立即更换相同型号的轴承。

（6）电气检查：

1）检查盘车装置控制台、盘车电机及电气回路有无断线、破损等。

2）检查电气元器件应无异常，检查电气回路接头、端子排等应无松动。

3）接通电源，点动试运行检查控制系统是否正常。

4）盘车电机绕组电阻、绝缘电阻合格。

（7）机械检查：

1）检查盘车装置气缸活塞杆应能灵活活动、无卡涩。

2）检查电磁阀等部件应无异常。

3）检查气缸、空气压缩机应无异响等现象。

4）检查排气阀排气顺畅无堵塞。

5）检查气路无漏气现象。

（8）盘车装置的解体与回装：

1）根据检修需要，一般在 A 类检修时需拆除盘车装置。

2）盘车的拆除应测量并记录盘车装置各部件及其与转子在轴向及径向的间隙数据。

3）回装盘车装置时应确保各项数据符合制造厂技术要求。

（9）盘车装置试运行。盘车装置检修完成具备运行条件后，开启盘车试运行，应无异响、过热、油渗漏等异常现象。

3．注意事项

盘车装置运转期间存在旋转设备机械伤害风险，通过盘车观察窗检查齿轮啮合等作业时应做好相关防范措施。

七、在线监测系统检修

调相机本体在线监测系统检修包括对局部放电监测装置、轴电流/轴电压监测装置、绝缘过热监测装置、湿度差动检漏仪、高阻检漏仪等在软、硬件方面的检修。

应在每次检修对各在线监测装置进行软、硬件方面的检修。

（一）轴系振动及转速监测装置检修

1．检修内容

（1）更换出线端接触式测振探头，对其他电涡流传感器、速度传感器进行标定、校验。

（2）探头重新安装后，用塞尺检查电涡流传感器最顶部与被测体之间的间隙是否在合格范围内，若存在异常需调整到位。

（3）用万用表测量电涡流传感器前置器 SIG、COM 之间输出电压是否在−10～−12V，若不符合要求，调整传感器的径向定位；瓦振探头输出电压在−11V 左右，如果没电压检查线路和后台屏柜的接线是否正常。

（4）测量所有传感器前置器 PWR、COM 之间的前置电源电压，若不符合要求，检查线路是否正常。

（5）检查振动监测模块外观，包括 TSI 机柜接地是否完好，模块背面所有可插拔 I/O 模块是否松动、线缆是否有脱落，检查两路电源输入是否正常，接地是否可靠，指示灯是否正常。

（6）检查振动报警与保护模块指示灯 CH1/CH2/CH3/CH4 状态，同时校对 DCS 与报警 I/O 模块之间报警状态是否一致，用万用表可以测量 I/O 报警输出通道状态，无报警 NC/ARM 之间是常闭，NO/ARM 之间常开，有报警反之。

（7）对振动监测模块轴振、瓦振、键相和转速等通道分别注入模拟电压信号，验证报警和跳机逻辑，确保逻辑可靠。

（8）检查振动数据采集、处理装置电源指示灯是否正常（+24VDC/−24VDC），振动缓冲信号输入端子是否有松动，网络通信指示是否正常、网口通信是否插拔牢靠。

（9）检查超速保护系统指示灯状态是否正常，输入输出通道接线是否牢靠，检查两路 24VDC 模块供电是否正常，超速保护报警继电器输出信号是否正常。

（10）对超速保护系统输入通道分别注入模拟电压信号，验证报警和跳机逻辑，确保逻辑可靠。

2. 注意事项

（1）振动数据采集保护装置接口（RIM）或瞬态数据接口（TDI）、I/O 模块都不能热插拔，否则可能导致跳机。

（2）TSI 振动监测保护与超速保护系统在机组运行过程中针对异常可能会引发机组的跳机保护，所以对轴系振动及超速在线监测保护装置的检查应该机组停机时处理。

（二）局部放电在线监测系统检修

1. 检修内容

（1）在调相机停机时检查传感器本体固定及接线有无脱落松动，连接信号电缆有无断线，屏蔽线是否接线良好。

（2）检查电容耦合器表面无裂纹，引出线连接良好。

（3）检查就地数据采集主机外观，包括机柜接地是否完好、信号电缆、通信电缆接线是否完好。检查柜内辅助设备是否正常。

（4）设备上电，检查面板上的指示灯是否正常显示。

（5）检查通信是否正常，局放信号是否可以正确传输至 DCS、TDM 等远传系统。

（6）检测机组停运时的现场噪声局放值 a，将高报警设置为 a–0.1mW，进行输入、输出的校验；将高高报警设置为 a–0.1mW，进行输入、输出的校验。

2. 注意事项

局部放电监测装置电容耦合器与高压引线连接需可靠，高压引线与出线罩电气安全间距应不小于 200mm。

（三）轴电流、轴电压在线监测系统检修

检修内容为：

（1）检查电压互感器、电流互感器测量精度、范围满足继续使用要求。

（2）轴电流、轴电压在线监测系统外观无异常，连接电缆连接紧固、无松动。继电器动作信号正常无误；通电后装置就地运行指示灯正常、无报警；就地主机各通道的设置参数检查与更正，就地主机上软件能正常工作；通信正常，轴电压、轴电流信号可以正确传输至 DCS 等远传系统检查轴电流互感器外观、轴电流接地线接地状况。

（3）就地主机外观、接线检查，就地主机网线是否连接正常并可进行插拔检验，通电后装置就地运行指示灯是否正常、无报警。

（4）检查就地主机各通道的设置参数检查与更正，就地主机上软件能正常工作。

（5）检查通信是否正常，轴电流信号是否可以正确传输至 DCS、TDM 等远传系统。

（6）检测机组停运时的现场噪声轴电流值 a，将报警设置为 a–10mA，进行输入、输出报警逻辑的校验。

（四）绝缘过热在线监测系统检修

检修内容为：

（1）检查主机外观，包括取水软管、连接管是否存在漏水、漏气、断裂现象，本体固定及接线有无脱落松动，连接信号电缆有无断线，屏蔽线是否接线良好，停机时读数应为 0。

（2）进入就地主机设置通道，检查采样流量设置是否正确。

（3）进入日志菜单，查看故障日志，再看事件日志，确定发生故障的时间、内容。

（4）检查过滤垫片是否清洁度，必要时进行更换。

（5）检查威尔逊云室、过滤器棉清洁度，必要时对威尔逊云室进行清理。

（6）检查蒸馏水瓶蒸馏水液面高度，保证水量充足。应使用质量符合要求的蒸馏水，避免杂质和微生物可能造成的污染堵塞电磁阀及喷水孔。应注意不得添加除盐水。

（7）检查电磁阀、真空泵等工作正常，必要时更换备件。

（8）检查绝缘过热 4～20mA 信号是否正确传输至 DCS、TDM 等远传系统，并且无异常报警。

（9）设备上电，检查设备启动是否正常，信号指示灯是否正常，如有异常测试继电器报警逻辑。

（五）在线监测与分析系统检修

1. 检修内容

（1）检查在线监测与分析系统与各监测前端通信是否正常，参数（比如 IP 值）配置是否正确，软件上各模块有输入信号，并正常显示。

（2）检查主机、后台服务器机柜外观是否完好；检查柜内电源线、接地线、通信光缆等是否完好，检查鼠标、键盘及显示器等外设是否完好能正常工作。

（3）打开服务器，网络连接后测试网络连接速率，如有异常需解决。

（4）检查各类监测软件的通道设置情况，包括通道名称、灵敏度、报警值。

（5）检查各类监测软件的存储模式，时间触发、转速触发和报警触发模式设置是否正确。

（6）检查监测分析软件能否正常调用各类数据并进行图谱展示。

2. 注意事项

在线监测系统各模块需外部供电，在接线、检查线路连接时均应注意正确验电。

（六）高阻检漏仪检修

检修内容为：

（1）检查高阻捡漏仪外观，面板指示灯、显示屏、按键是否正常，检查参数设置是否正确。

（2）检查通信接线是否正常，检查信号能否正确传输至 DCS 等远传系统。

（3）检查测量导线及仪表周围空气湿度。

（4）高阻检漏仪仪表标定、校验。

（七）湿度差动检漏仪检修

1. 检修内容

（1）检查仪器外观，检查传感器航空插头连接是否良好。

（2）检查辅助装置是否正常运行，如风机安装、运行状况。

（3）检查通信连接是否正常，信号能正确传输出 DCS 等远传系统。

（4）风机进口及气样管道吹扫清灰，传感器外壳及铜过滤罩用吸尘器及刷帚除灰，不许用压缩空气吹灰。

（5）湿度差动检漏仪表标定、校验。

2. 注意事项

湿度差动检漏仪传感器在接错线、短路或接地时均会烧坏传感器元件，应在确认接线正确后通电。

（八）集电环监测装置检修

检修内容为：集电环测温装置使用的温度传感器、红外成像传感器等油污、污垢清扫干净，确认其测量精度、范围满足继续使用要求；必要时可由计量机构进行校准。综合监测装置中央主控柜、就地过线盘检查无异常，刷握上碳刷磨耗信号采集板校验和接线检查无异常；继电器动作信号正常无误；装置重新上电后能够正常启动，无启动异常错误，与数据服务器能够正常连接。

配有碳刷磨耗监测功能的，进行磨耗信号采集板校验和接线检查。确认磨耗监测板绝缘及耐热性能符合要求。

（九）转子绕组匝间短路监测装置检修

1. 检修内容

检查探测线圈外观无异常，直流电阻及绝缘电阻符合技术文件要求，装置工作正常。

2. 注意事项

抽、穿转子时应注意监视转子绕组匝间短路监测装置与转子之间的距离，防止磕碰造成转子、定子铁芯、匝间短路监测装置损坏。

第三节　主　机　试　验

一、定子试验

（一）定子绕组绝缘电阻、吸收比和极化指数测量

1. 概述

绝缘电阻、吸收比和极化指数是表征绝缘特性的基本参数。在对定子绕组绝缘的测试中，绝缘电阻、吸收比和极化指数的测量是检查绝缘状况最常用的非破坏性试验方法。

进行定子绕组绝缘电阻、吸收比和极化指数的测量通常使用绝缘电阻测试仪。双水内冷调相机通水试验时，应采用水内冷机组专用绝缘电阻测试仪。

2. 试验方法及周期

（1）试验周期。参照 DL/T 1768《旋转电机预防性试验规程》，一般应在 A 类检修前、后及 B、C 类检修时进行定子绕组绝缘电阻、吸收比和极化指数测量。

（2）试验前应具备的条件：

1）试验前应断开定子绕组主引线出线套管与金属封闭母线主回路之间的连接。

2）试验前应断开定子绕组三相在中性点的连接。

3）试验前被试绕组应充分放电。

4）双水内冷调相机应分别测量定子绕组及汇水管、绝缘引水管的绝缘电阻。绝缘电阻测量应在消除剩水影响的情况下进行。

5）双水内冷调相机定子绕组通水进行绝缘电阻试验时，水质应合格。

（3）试验方法与步骤。定子绕组绝缘电阻测量一般应分相进行，分别测量每相或每分支对地及对其余接地相的绝缘电阻。

试验时，将测试线与被测绕组连接。吸收比为同一次试验中 1min 时的绝缘电阻值与 15s 时的绝缘电阻值之比，极化指数为同一次试验中 10min 时的绝缘电阻值与 1min 时的绝缘电阻值之比。

测试时应记录被测绕组温度。

双水内冷调相机绝缘电阻通水测试时，必须将汇水管接至测试仪器的屏蔽端子（如图 2-32 所示）。

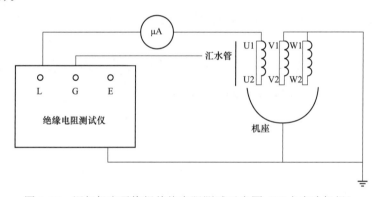

图 2-32　调相机定子绕组绝缘电阻测试示意图（双水内冷机组）

（4）试验标准：各相或各分支绝缘电阻值的差值不应大于最小值的 100%。若在相近测试条件（温度、湿度）下，绝缘电阻值降低到历年正常值的 1/3 以下时，应查明原因。

吸收比和极化指数：环氧粉云母绝缘的机组吸收比不应小于 1.6 或极化指数不应小于 2.0。双水内冷调相机定子绕组绝缘电阻、吸收比和极化指数自行规定或参照制造厂技术要求。

双水内冷调相机汇水管绝缘可用万用表测量，测量结果应满足制造厂技术要求。

3. 注意事项

由于测量绝缘电阻时，施加在绝缘上的电压是比较低的，因此一般不能反映主绝缘的局部缺陷。而局部缺陷又是引起定子绝缘击穿最主要的因素，在实际试验中常发现有时绝缘电阻和吸收比值虽然很高，但却在耐压试验中被击穿，说明不能只凭绝缘电阻和吸收比来判断绝缘的情况。这一试验方法可以作为辅助试验方法，试验结果用以作为判断绝缘好坏的参考。

（二）定子绕组直流电阻测试

1. 概述

测量定子绕组直流电阻是检查绕组导体是否存在断股、断裂、开焊或虚焊等缺陷的重要手段，是检查调相机定子绕组导电回路完好性的重要方法。

参照 DL/T 1768《旋转电机预防性试验规程》，一般在 A 类检修时进行定子绕组直流电阻测试，但测试周期一般不超过 3 年。

2. 试验方法

（1）试验前应具备的条件：

1）试验前应断开定子绕组主引线出线套管与封闭母线主回路之间的连接。

2）试验前应断开定子绕组三相在中性点的连接。

3）试验前被测绕组应充分放电。

4）在冷态进行试验时，绕组表面温度与周围空气温度之差不应大于±3K。

（2）试验方法与步骤。定子绕组直流电阻测试一般应分相进行，分别测量每相或每分支的绕组电阻。试验时，将测试线与被测绕组连接。试验时应记录被试设备的绕组温度、环境温度、相对湿度等。

3. 试验标准

各相或各分支的直流电阻值，在校正了由于引线长度不同而引起的误差后，相互之间的差别不得大于最小值的 2%。换算至相同温度下与初次（出厂或交接时）测量值比较，相差不得大于最小值的 2%。超出此限值者，应查明原因。

相间（或分支间）差别及其出厂值的相对变化大于 1%时，应引起注意。

（三）定子绕组泄漏电流及直流耐压试验

1. 概述

定子绕组泄漏电流及直流耐压试验是用较高的直流电压来测量绝缘电阻，同时在升压过程中监测泄漏电流的变化，不仅可从电压和电流的对应关系中判断绝缘状况，有助于及时发现绝缘缺陷，而且由于试验电压比较高，能更有效地发现一些尚未完全贯通的集中性缺陷。在进行直流耐压试验时，定子绕组端部绝缘的电压分布较交流耐压时高，所以与交流耐压试验相比，直流耐压试验更易于检查出端部的绝缘缺陷。

直流耐压试验对绝缘的损伤比较小，当外施直流电压较高以至于在气隙中发生局部放电后，放电所产生的电荷使在气隙里的场强减弱，从而抑制了气隙内的局部放电过程，因此直流耐压试验不会加速绝缘老化。

参照 DL/T 1768《旋转电机预防性试验规程》，一般应在 B、C 类检修时及 A 类检修前、后进行定子绕组泄漏电流及直流耐压试验。

定子绕组泄漏电流及直流耐压试验通常使用直流高压试验装置进行，双水内冷调相机通水试验时，应采用水内冷机组通水直流高压试验装置。

2. 试验方法

（1）试验前应具备的条件：

1）试验前应断开定子绕组主引线出线套管与封闭母线主回路之间的连接。

2）试验前应断开定子绕组三相在中性点的连接。

3）试验前被测绕组应充分放电。

4）拆除调相机测温元件与仪表连接，将测温元件全部短接并可靠接地。

5）将调相机转子绕组短接并可靠接地。

6）试验应采用高压屏蔽法接线，必要时可对出线套管加以屏蔽。双水内冷调相机汇水管设有绝缘，应采用低压屏蔽法接线。冷却水质应透明纯净，无机械混杂物，电导率满足制造厂技术要求。

7）应在停机后清除污秽前、热态下进行。处于备用状态的机组进行检修时，可在冷态下进行试验。

（2）试验电压。参照 DL/T 1768《旋转电机预防性试验规程》，额定电压为 27000V以下的调相机直流耐压试验电压值的选择依据参照表 2-3 进行。

表 2-3　　　　　　　　　　　　　直流耐压试验电压值

全部更换定子绕组并修好后	$3.0U_N$
局部更换定子绕组并修好后	$2.5U_N$
A 类检修前，运行 20 年及以下者	$2.5U_N$
A 类检修前，运行 20 年以上，与架空线直接连接者	$2.5U_N$
A 类检修前，运行 20 年以上，不与架空线直接连接者	$2.0\sim2.5U_N$
A 类检修后，或其他检修时	$2.0U_N$

（3）试验接线。定子绕组泄漏电流及直流耐压试验接线如图 2-33 所示。

（4）试验方法与步骤：

1）检查所有试验设备、仪表，正确连接试验回路及设备。

2）试验一般应分相或分分支进行，一相（分支）试验时非被试相（分支）可靠接地。

3）必要时可在试验前对试验设备进行空载试验，无异常后接入被试绕组进行试验。

4）试验电压按每级 0.5 倍额定电压分阶段升高，每阶段停留 1min，并记录泄漏电流。

5）测试时应记录被测绕组温度、环境温度、相对湿度等。

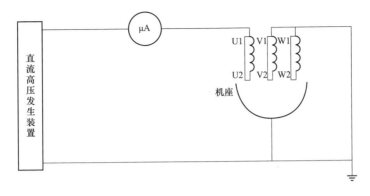

图 2-33　直流耐压试验原理图

6）试验完毕后将被试相充分放电并接地，然后依次进行另外两相试验，试验方法同上。

3. 试验标准

（1）在规定的试验电压下，各相泄漏电流之间的差别不应大于最小值的100%。

（2）最大泄漏电流在20μA以下者，可不考虑各相泄漏电流之间的差别。

（3）泄漏电流不应随时间延长而增大，否则应找出原因将其消除。

（4）泄漏电流随电压不成比例地显著增长时，应及时分析。

4. 注意事项

（1）试验系统应具备过电流保护功能，以防止放电击穿造成过电流烧坏整流设备。

（2）每次试验完毕，可用串有约10MΩ限流电阻的接地线放电，然后再用接地线直接接触放电。

（3）试验过程中水的电导率不稳定，将影响测试结果的准确性。根据实践经验，水质的好坏及试验过程中水电导率是否稳定，对极化电势的大小影响很大。为减小极化电势的影响，水的电导率最好控制在1.5μS/cm以下，并保持稳定不变。为了消除杂质的影响，可以用合格水进行反复冲洗。

（4）当存在高阻性缺陷时，常表现为泄漏电流随电压不成比例上升，而且在电压升高到某一数值时，泄漏电流增长很快，或泄漏电流随时间的延长而升高。

（5）直流耐压和泄漏电流测量试验在接近工作温度下进行，更易发现缺陷。

（四）定子绕组工频交流耐压试验

1. 概述

定子绕组工频耐压试验的主要优点是试验电压和工作电压的波形、频率一致，作用于绝缘内部的电压分布及击穿特性与调相机运行状态相同。所以工频耐压试验对调相机主绝缘的考验更接近运行实际，可以通过该试验检出绝缘在工作电压下的薄弱点，因此工频耐压试验是调相机绝缘试验中的重要项目之一。

参照 DL/T 1768《旋转电机预防性试验规程》，一般在 A 类检修前或更换绕组后进行定子绕组工频耐压试验。

2. 试验方法

（1）试验前应具备的条件：

1）试验前应断开定子绕组主引线出线套管与封闭母线主回路之间的连接。

2）试验前应断开定子绕组三相在中性点的连接。

3）试验前被测绕组应充分放电。

4）拆除调相机测温元件与仪表连接，将测温元件全部短接并可靠接地。

5）将调相机转子绕组、封闭母线、电流互感器等应短接并可靠接地。

6）应在停机后清除污秽前、热态下进行。处于备用状态时，可在冷态下进行。

7）双水内冷调相机一般应在通水的情况下进行试验，水质要求应满足制造厂技术要求。

8）工频耐压试验前，应测量调相机定子绕组的绝缘电阻，若有严重受潮或严重缺陷时，应在缺陷消除后进行耐压试验。

（2）试验电压。参照 DL/T 1768《旋转电机预防性试验规程》，定子绕组工频交流耐压试验电压值的选择参照下表进行。长期经验证明，大多数电机按照规定通过（1.3～1.5）U_N，工频耐压试验后，能够保证两次大修之间的安全运行。

1）全部更换定子绕组并修好后的试验电压如表 2-4 所示。

表 2-4 全部更换定子绕组并修好后的试验电压

容量（Mvar/MVA）	额定电压 U_N（V）	试验电压（V）
小于 10000	380	$2U_N$+1000，但最低为 1500
10000 及以上	6000 以下	$2.5U_N$
	6000～24000	$2U_N$+1000
	24000 以上	$2U_N$+1000 或按设备特殊要求

2）A 类检修前或局部更换定子绕组并修好后的试验电压如表 2-5 所示。

表 2-5 A 类检修前或局部更换定子绕组并修好后的试验电压

运行 20 年及以下者	$1.5U_N$
运行 20 年以上与架空线路直接连接者	$1.5U_N$
运行 20 年以上不与架空线路直接连接者	（1.3～1.5）U_N

（3）试验接线。定子绕组工频交流耐压试验接线原理图如图 2-34 所示。

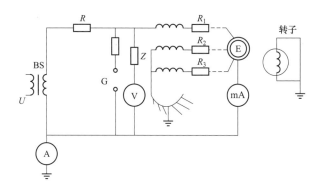

图 2-34　调相机定子绕组交流耐压试验原理接线图

试验变压器必须满足试验电压的要求，并能提供试验时所需的电流。试验电流可按下式估算

$$I_C = \omega C_x U_s = 2\pi f C_x U_s$$

式中：I_C——被试电机的电容电流，mA；

$\quad\quad C_x$——被试电机的电容（分相试验时即为每相绕组的电容），μF；

$\quad\quad f$——电源频率，50Hz；

$\quad\quad U_s$——试验电压，kV。

试验变压器的容量可根据在试验电压下流过被试调相机绕组的电容电流来计算，即

$$S = \omega C_x U_s^2 = 2\pi f C_x U_s^2 \times 10^{-3} \quad（kVA）$$

保护电阻 R 用以限制调相机绝缘击穿时的电流，一般选用 1.0Ω/V，保护球隙 G 的铜球放电电压一般整定在试验电压的 110%～115%，球隙保护电阻可按 0.5～1.0Ω/V 考虑。

（4）试验方法与步骤：

1）检查所有试验设备、仪表，正确连接试验回路及设备。

2）试验一般分相进行。试验时将非被试相绕组短路接地。

3）试验变压器在空载条件下调整保护球隙，使其放电电压为试验电压的 110%～115%，然后升至试验电压值下维持 1min，无异常情况即降电压至零，切断电源。

4）试验开始前确认工频交流耐压试验仪调压在零位。合上电源开关，调节调压器，逐渐升高电压到 U_N，停留 1min，检查调相机及试验设备正常，继续升高电压至额定试验电压，停留 1min，并记录高压侧电流。

5）试验电压降至零后断开试验系统电源，将被试绕组充分放电。

6）试验完毕后将被试相充分放电并接地，然后依次进行另外两相试验。

3．试验标准

被试绕组在规定的试验电压和试验时间内不应出现闪络、击穿等现象。

测量被试绕组绝缘电阻与试验前应无明显变化。

4. 注意事项

（1）采用变频谐振耐压时，试验频率应为45~55Hz。

（2）试验过程中，如发现下列不正常现象时，应立即断开电源，停止试验，并查明原因：

1）电压表指针摆动大，电流表指示急剧增加。

2）调压器继续升压，电流上升很快，甚至电压不变或有下降趋势。

3）被试电机内有放电声或发现绝缘有烧焦味、冒烟等。

（五）定子铁芯试验

1. 概述

机组运行期间，由于各种原因引起的铁芯叠片间的绝缘故障会导致故障电流在铁芯内的局部范围产生。这些电流会导致过热现象或在损坏区造成热点，局部热点将使铁芯健康状态进一步恶化，威胁机组及电网安全稳定运行。

参照 DL/T 1768《旋转电机预防性试验规程》及 GB/T 20835《发电机定子铁芯磁化试验导则》，一般在重新组装、更换、修理硅钢片后和必要时开展定子铁芯试验。

本节介绍定子铁芯磁化试验以及使用电磁铁芯故障检测仪（Electromagnetic Core Imperfection Detector，EL CID）对定子铁芯绝缘状况进行试验和检测的相关内容。

2. 试验方法

（1）试验前应具备的条件：

1）试验应在转子抽出后开展。

2）定子绕组出线与封闭母线连接断开，中性点三相短路接地。

3）定子铁芯、绕组以及所有测温元件已可靠接地。

4）试验前在定子铁芯两端搭建符合试验要求的支架用以固定励磁电缆。

5）膛内作业所需照明已准备完毕。

（2）定子铁芯磁化试验（如图2-35所示）：

1）初始温度测量。试验前，应测量定子铁芯初始温度和环境温度，二者温差应不超过5K。

2）试验步骤。试验时，在励磁线圈施加工频交流电源。按测量绕组感应电压值计算实际磁感应强度 B。计算公式为

$$B = \frac{U_2}{4.44 f_1 Q W_2}$$

试验时，隐极同步调相机磁通密度应在1.4T左右，最低不应低于1.26T。试验时间45min。当试验时间不满足要求时，应按下式进行修正

$$t = \left(\frac{1.4}{B}\right)^2 \times 45$$

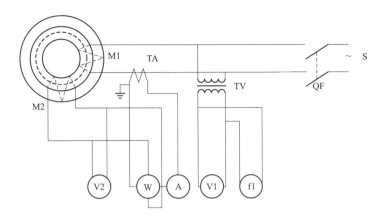

图 2-35　铁芯磁化试验接线原理示意图

S—交流电源；QF—断路器；M1—励磁线圈；M2—测量线圈；TV—电压互感器；

TA—电流互感器；f1—频率表；V1—电压表；V2—电压表；A—电流表；W—低功率因数瓦特表

试验记录：试验时，至少每隔 15min 分别测量并记录频率、励磁线圈电压、测量线圈端电压、励磁线圈电流、功率、定子铁芯温度和环境温度。有条件时可以测量铁芯预埋检温计的温度。

由各次测得的结果计算实际磁通密度、功率损耗、单位铁损耗、最高铁芯温升和最大铁芯温差。

3）EL CID 方法定子铁芯试验。调相机定子铁芯进行 EL CID 试验时，铁芯施加 4% 额定励磁。当铁芯片间绝缘存在损伤时，交变的磁通就会在故障区域感应出故障电流（如图 2-36 所示）。

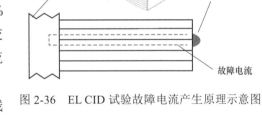

图 2-36　EL CID 试验故障电流产生原理示意图

试验时，将探测线圈横跨两齿，探测线圈就能接收到感应出的故障电流信号。探测线圈布置示意图如图 2-37 所示。

图 2-37　EL CID 探测线圈布置示意图

a．试验接线。试验回路接线示意图如图 2-38 所示。

b．试验方法与步骤：①按接线示意图连接好设备。②利用校准单元、小车进行校准。将校准过的探测线圈按要求装进手动小车并固定。③施加较小的励磁电压，调节小车两臂宽度及曲度，使之能很好放置于槽两侧的铁芯，并与之充分接触。④观察检测的信号值，若与预算值（总安匝数除以槽数）偏差不大，则继续施加励磁电压，直至 4%励磁时的电压。⑤在定子铁芯内标记槽号，根据槽号逐槽进行测试并记录测试数据。

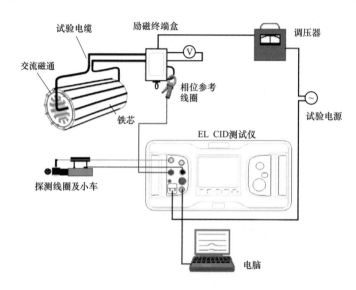

图 2-38　EL CID 试验接线示意图

3．试验标准

（1）铁芯磁化试验。

1）铁芯最大温升限值。在规定的磁通密度下，试验经过规定时间后，调相机铁芯最大温升限值小于或等于 25K。

2）铁芯相同部位（定子齿或槽）温差的限值。在规定的磁通密度下，试验经过规定时间后，调相机铁芯相同部位（定子齿或槽）温差的限值小于或等于 15K。

（2）EL CID 方法定子铁芯试验。铁芯局部故障修理完成后或进行铁芯局部缺陷进行铁芯试验时，采用电磁铁芯故障检测仪（EL CID）进行检测的测量电流一般应不大于 100mA。最终判断依据为全磁通方法的铁芯磁化试验。

4．注意事项

（1）定子铁芯磁化试验前、后应测量穿心螺杆绝缘，避免穿心螺杆接地。

（2）试验时，应密切监测定子铁芯温升、振动及噪声情况，出现异常时应停止试验，查明原因并排除异常后方可继续试验。

（3）定子铁芯膛内不得存放金属容器等铁磁性物品。

（4）试验时布置励磁电缆应尽可能使其膛内部分拉直并固定，避免试验中励磁电缆不固定影响试验数据。

（5）试验过程中试验小车移动速度应符合 EL CID 操作要求。

（六）定子绕组水路水压试验

1. 概述

水压试验是对定子绕组水路进行密封性检验的主要方法之一。双水内冷调相机定子绕组水路水压试验对象为定子绕组主水路以及总进、出水管和绝缘引水管。

参照 DL/T 1768《旋转电机预防性试验规程》，应在 A 类检修时进行定子绕组水路水压试验。

2. 试验方法

双水内冷调相机绝缘盒检查、绝缘引水管检查、总水管检查、测温元件检查、定子绕组检查等检修工作后完成后开展定子绕组水路水压试验对定子绕组水路的密封性进行检查。

定子绕组水路水压试验时，现场装配试验工装，通过总进、出水管泵入清洁水。

按照制造厂技术要求，双水内冷调相机定子绕组水压试验压力为 0.75MPa，保压时间 8h。

水压试验合格后，定子需排尽水并用干燥仪用压缩空气吹干。

水压试验合格后复装外部管道，更换新的密封垫圈。

3. 试验标准

保压结束后，检查各部位应无泄漏，试验回路压力表表压变化应不超过±5%。

（七）定子绕组水路超声波流量测试

1. 概述

检查定子绕组内部水系统流通性的方法一般有超声波流量法及热水流法。

参照 DL/T 1768《旋转电机预防性试验规程》，一般在 A 类时进行定子绕组内部水系统流通性检查。

本部分介绍利用超声波流量法检查定子绕组内部水系统流通性的相关内容。

2. 测试方法

（1）测试前应具备的条件：

1）定子冷却水系统应充分排气，引水管表面应擦拭清洁。

2）定子冷却水系统宜为额定运行方式，测试期间应保持压力、流量稳定。

3）对引水管进行编号，记录引水管材质、管径、壁厚等参数。

（2）测试方法与步骤：

1）测试前，完成超声波流量仪的参数设置、传感器安装、调零等准备工作。

2）测试时，超声波流量计探头贴附于管道外侧进行测试。测试点位置宜选在直管段部位，应消除弯管等因素对测量结果的影响。

3）测试过程中，应在传感器接触面涂抹凡士林类耦合剂，使传感器与引水管表面接触良好。

4）测量时，应记录水温、进水压力、总进水管流量、各引水管水流量。

5）标记测试不合格的引水管，水系统停运后，从排污管排尽水路中的水，从总水管端拆除异常引水管，用氮气吹扫绕组。复装引水管后进行定子绕组水压试验，然后再次进行超声波流量试验。

6）测量工作完成后，应清理各测试点的耦合剂。

3. 评定标准

参照 DL/T 1522《发电机定子绕组内冷水系统水流量超声波测量方法及评定导则》及制造厂技术要求，每种管道冷却水流量与同类管道水流量平均值之差不超过此类内冷水流量平均值的 10%。

4. 注意事项

测试过程中不得踩踏总水管、绝缘引水管、绝缘盒等或将其作为受力点。

（八）定子绕组端部模态测试

1. 概述

调相机运行时，定子绕组端部的振动主要由绕组电流与端部漏磁场的相互作用所产生的二倍频振动力以及定子铁芯的椭圆振动两个因素引起。

定子端部固定元件在电磁力作用下的振幅与电流的平方成正比，运行期间端部绕组将承受相当大的激振力。调相机定子端部绕组由于制造、安装、检修等因素，许多垫块与线棒间只是点接触，不能形成刚体结构。如果绕组端部在两倍工频电磁力激励下形成共振，端部绑扎结构和线棒绝缘很容易遭到破坏。

实践表明，由于定子绕组端部振动引起的事故往往具有突发性和难于简单修复的特点，损失往往极为严重。因此准确测量定子绕组端部的动态特性，预测调相机在实际工作状态下的振动状态，对预防由于定子绕组端部振动引起的相间短路、漏水、股线断裂等故障有着重要意义。

参照 DL/T 1768《旋转电机预防性试验规程》，应在 A 类检修时进行定子绕组端部模态测试。

2. 测试方法

（1）测试仪器。定子绕组端部模态测试系统由压电式加速度传感器、力锤、数据采集系统、模态分析软件等组成。

（2）测试方法

1）测试条件。定子绕组端部模态测试在冷态情况下进行。

2）测点的布置。按照 GB/T 20140《隐极同步发电机定子绕组端部动态特性测量方法及评定》，端部模态测试时在调相机非出线端和出线端部锥体内截面上，各取如图 2-39 所示的三个圆周，每个圆周上的测点应沿圆周均匀布置至少 16 个测点。加速度传感器固定在相应的测点位置。

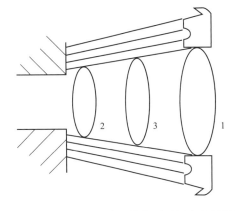

图 2-39 定子绕组端部模态测试测点布置图
1—定子绕组端部鼻端接头测点组成的圆周；
2—定子绕组端部槽口测点组成的圆周；
3—定子绕组端部渐开线中部测点组成的圆周

测试时，一般按圆周 1 至圆周 3 的顺序测量。通常只需要测量圆周 1 的模态，可根据特殊需要，加测圆周 2 和圆周 3 的数据。

振动传感器固定在定子绕组端部的测点位置，信号传输线引出调相机并连接至动态信号分析仪。

3）测试方法。调相机定子绕组端部的定子绕组端部模态测试采用锤击法来得到测点的频响函数。用力锤激励绕组端部，用加速度传感器测量其加速度响应。力信号和加速度信号经电荷放大器放大后，送至动态信号分析仪进行分析，就可得到结构的频响函数。由频响函数可得到它们的固有频率。

用适当的模态分析软件对得到的频响函数做进一步分析、拟合，可得到模态参数，即得到绕组的固有频率、振型和阻尼比等。

3. 评定标准

调相机的定子绕组端部模态测试结果评定参照 GB/T 20140《隐极同步发电机定子绕组端部动态特性测量方法及评定》执行。

调相机额定转速为 3000r/min，根据 GB/T 20140，其端部整体椭圆固有频率应避开 95～110Hz（不含 95 和 110Hz）。

二、转子试验

（一）转子绕组绝缘电阻测试

1. 概述

绝缘电阻、吸收比和极化指数是表征绝缘特性的基本参数。

参照 DL/T 1768《旋转电机预防性试验规程》，一般应在 B、C 类检修时及 A 类检修转子清扫前、后进行转子绕组绝缘电阻测试。

2. 测试方法

（1）测试前应具备的条件。测试前应拆除转子集电环电刷。

测试前被测转子绕组应充分放电。

（2）测试方法与步骤。转子绕组绝缘电阻测试一般采用 1000V 绝缘电阻测试仪测量，双水内冷调相机转子绕组绝缘电阻测试一般使用 500V 绝缘电阻测试仪。

制造厂有相关规定的按制造厂要求执行。

3. 测试标准

（1）转子绕组绝缘电阻值一般不小于 0.5MΩ。

（2）双水内冷调相机转子绕组绝缘电阻值一般不小于 5kΩ。

（3）对于 300Mvar 以下的隐极式调相机当定子绕组已干燥完毕而转子绕组未干燥完毕，如果转子绕组的绝缘电阻值在 75℃时，不小于 2kΩ，或在 20℃时不小于 20kΩ，允许投入运行。

（4）对于 300Mvar 及以上的隐极式调相机，转子绕组的绝缘电阻值在 10～30℃时不小于 0.5MΩ。

（5）制造厂有相关规定的按制造厂要求执行。

4. 注意事项

仪器的接地端子须良好接地。

测试完毕应对被试绕组进行放电，测试仪器具备放电功能的应等待仪器显示放电完毕后方可断开测试连接线。

（二）转子绕组直流电阻测试

1. 概述

测量转子绕组直流电阻能有效发现调相机绕组选材、焊接、连接部位松动、断线等制造缺陷和运行后存在的隐患，是检查转子绕组导电回路完好性的重要方法。

参照 DL/T 1768《旋转电机预防性试验规程》，一般在 A 类检修时进行转子绕组直流电阻测试。

2. 测试方法

转子绕组直流电阻应在冷态下测量。

将直流电阻测试仪专用测试线连接至被测绕组并检查接触良好。

进行转子绕组直流电阻测试并记录测试结果。

3. 测试标准

转子绕组直流电阻测量值与初次（出厂、交接或首次 A 类检修）所测结果比较，换算至同一温度下其差别一般不超过 2%。

4. 注意事项

仪器的接地端子须良好接地。

测试完毕应对被试绕组进行放电，测试仪器具备放电功能的应等待仪器显示放电完毕后方可断开测试连接线。

（三）转子绕组的交流阻抗和功率损耗试验

1. 概述

隐极式同步调相机在检修过程中，应依据相关规程要求进行转子绕组匝间短路故障诊断，转子绕组的交流阻抗和功率损耗试验是转子绕组匝间短路故障诊断的重要方法之一。

参照 DL/T 1768《旋转电机预防性试验规程》，一般在 A 类检修或必要时进行转子绕组的交流阻抗和功率损耗试验。

2. 测试方法

（1）测试前应具备的条件。试验应符合下列条件：

1）根据机组检修的不同阶段，可在静止、旋转、膛内、膛外状态下进行测量。

2）试验时，应退出转子接地保护，并断开转子绕组与励磁系统的电气连接。

3）当在膛内进行测量时应断开转子接地保护的保险，定子绕组三相不应短接。

4）双水内冷调相机转子在通水测量时，应采用隔离变压器加压。

5）交流阻抗和功率损耗试验条件及方式应参照表 2-6。

表 2-6 调相机检修期间交流阻抗和功率损耗试验条件及方式

序号	试验阶段	转速①	电压②	备注
1	检修机组，定子膛外	0	50、100、150、200、220	升压测量
2	检修机组，定子膛内，定子绕组开路	0~n_N 每间隔 300*	50、100、150、200、220	升压测量 升速测量

① 试验转速应避开机组的临界转速，在此前提下进行转速的选择。

② 试验中，所加交流电压峰值不得超过转子绕组的额定励磁电压。表中所列电压为推荐值，可根据实际情况进行选择。

* n_N 为电机额定转速。表中所列转速间隔为推荐值，可根据实际情况进行选择。

（2）试验接线

交流阻抗试验接线见图 2-40。

（3）试验方法与步骤：

1）静态下转子交流阻抗测量。

将导线将集电环或径向导电螺栓与测试电源连接；

测量并记录电压、电流、有功功率。

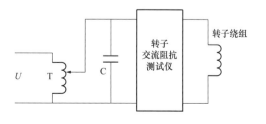

图 2-40 调相机转子交流阻抗测量接线图

T—调压器；C—电容器；U—试验电源

2）旋转状态下转子交流阻抗测量。

可用装在绝缘刷架上的电刷将测试电源接到集电环上；测量并记录电压、电流、有功功率。

3．试验标准

阻抗和功率损耗值在相同试验条件下与历年数值比较，不应有显著变化。

出现以下变化时应注意：

1）交流阻抗值与出厂数据或历史数据比较，减小超过 10%；

2）损耗与出厂数据或历史数据比较，增加超过 10%；

3）交流阻抗与出厂数据或历史数据比较减小超过 8%，同时损耗与出厂数据或历史数据比较增加超过 8%；

4）在转子升速与降速过程中，相邻转速下，相同电压的交流阻抗或损耗值发生 5%以上的突变时。

与历年数据比较，如果变化较大可采用动态匝间短路监测法、重复脉冲法等方法查明转子绕组是否存在匝间短路。

4．注意事项

（1）转子附近的铁磁性物质会对测试结果产生影响，一般会使交流阻抗变大，功率损耗增加。

（2）随着电压的升高，交流阻抗值变大，功率损耗增加。

（3）当转子处于膛内时，与处于膛外相比，交流阻抗变大，功率损耗增加。

（4）当转子处于旋转状态时，与静止状态相比，交流阻抗变小，功率损耗增加。

（5）转子在首次检修时的试验数值，可能与交接时的数值有较大的差异。

（6）每次试验应在相同条件、相同电压下进行，试验电压为 220V（交流有效值）或参考出厂试验、交接试验电压值，但峰值不超过额定励磁电压。

（四）重复脉冲（RSO）法测量转子匝间短路试验

1．概述

重复脉冲法（RSO）测量转子匝间短路试验是对隐极式同步调相机转子绕组匝间短路进行故障诊断的重要方法之一。实践表明，相对于交流阻抗、直流电阻等传统方法，重复脉冲（RSO）法能更灵敏地在故障早期就检测到潜在的转子绕组匝间短路。

参照 DL/T 1768《旋转电机预防性试验规程》，一般在 A 类检修或必要时进行重复脉冲（RSO）法测量转子匝间短路试验。

2．试验方法

（1）试验前应具备的条件：

1）根据交接和检修的不同阶段，可在转子处于膛外、膛内或不同转速下进行。

2）试验时，应断开转子接地保护的保险，并断开转子绕组与励磁系统的电气连接。

（2）试验方法与步骤。应通过转子滑环或导电螺栓，从转子正负极同时或分别注入脉冲信号。对正负极的响应信号进行波形测录，并得到两极响应信号的差值。重复脉冲法（RSO）测量转子匝间短路试验接线图如图 2-41 所示。

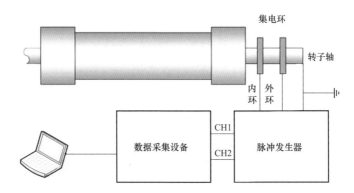

图 2-41　重复脉冲法（RSO）测量转子匝间短路试验接线图

3. 试验标准

故障判断应符合下列原则：

（1）两极的响应出现明显差值，则判断转子绕组存在匝间短路。重复脉冲法的典型故障波形见图 2-42。

（2）在旋转状态下通过电刷注入脉冲时，在波形起始段的起伏不应误判为存在匝间短路。

（3）诊断灵敏度与绕组距脉冲注入点的距离有关，距离越近灵敏度越高。

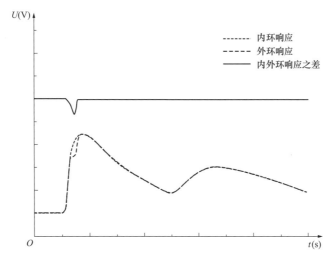

图 2-42　RSO 典型故障波形图

不同线圈发生两匝短路的典型故障波形参见图 2-43。

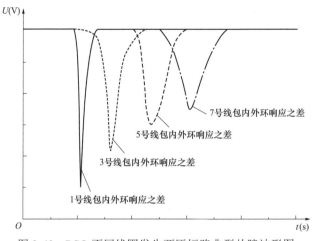

图 2-43　RSO 不同线圈发生两匝短路典型故障波形图

4. 注意事项

重复脉冲法测试转子绕组匝间短路不应用于判别两极中点位置的匝间短路。

（五）空冷调相机转子通风试验

1. 概述

空冷调相机应在大修时开展转子通风试验，检验转子绕组空冷系统的通风情况，避免机组运行过程中出现转子绕组局部超温现象。

参照 DL/T 1768《旋转电机预防性试验规程》，一般在 A 类检修时进行转子通风试验。

2. 试验方法

（1）试验前应具备的条件：

1）转子在膛外。

2）试验场地、设备必须清洁、干净，室内空气要求洁净。

3）试验前应将转子表面及各通风道清理干净。

4）目视检查每个槽底副槽和槽楔通风孔，清除异物。

（2）试验准备。试验仪器与材料准备：全压不小于 1600Pa、流量不小于 $0.9m^3/s$ 的鼓风机 1 台；符合试验要求的风速仪、测量管、进风室；足够数量的堵风孔专用工具（风孔塞、粘带等）；0～2000Pa 压力计 1 台。

将专用蜗壳式进风室装在一端转轴及风扇环与护环间轴上，另一端转轴及风扇座环及护环间轴上安装保压室。压力计探头接入专用蜗壳式进风室内。

将专用工具（风孔塞、粘带等）将所有槽楔通风孔堵住，转子大齿甩风槽也应堵严。

（3）试验方法与步骤。副槽通风方式的空冷调相机：

1）起动鼓风机，将蜗壳及保压室内的风压调整到 1000Pa±50Pa。

2）取掉待检验通风孔的专用堵塞工具，把风速仪入口对准待检验通风孔，记录显示仪上的最大稳定读数，然后将该通风孔重新堵住。

3）按上述方法对全部槽楔通风孔逐个进行检验，并记录读数。

4）检验结束后，拆去所用的试验工具，再次目视检查每个槽底副槽和槽楔通风孔，确定无异物堵塞。

数据处理：

1）求出每槽通风道的平均风速；

2）用风速仪测量到的风速乘以风速仪测量处的过流面积，得到相应通风孔的风量。

3. 试验标准

（1）每槽通风道内径向通风孔平均风量不允许低于 $1.45 \times 10^{-3} \text{m}^3/\text{s}$。

（2）不允许存在风量低于 $9.0 \times 10^{-4} \text{m}^3/\text{s}$ 的通风道。

（3）整个转子内，风量在 $1.14 \times 10^{-3} \text{m}^3/\text{s}$ 以下的通风道不允许超过 15 个，且每槽不允许超过 2 个，且此 2 个通风道不允许出现在相邻的位置上。

（4）由于设计引起的特殊通风道（如浅槽中引起的相应端部出风孔的通风道数减少）造成的测量值偏低可根据具体情况分析判别。

（5）鉴于不同制造厂商生产的不同容量机组的转子，在结构型式上存在差异，不宜采用统一的风速绝对数值，而应主要采用风速值的相对比较作为检测判据。

（6）转子上各个通风孔的出风风速值分别与在相同通风道路径条件下（在转子同一个横截面）转子各槽通风孔出风风速的算术平均值进行相对比较。必要时，也可将各通风孔出风风速值分别与在转子几何对称位置上的通风孔出风风速值进行相对比较进行分析判别。

（7）将各通风道出风风速值与历史数据进行相对比较进行分析判别。

4. 注意事项

转子槽部通风道的检验按各个制造厂或现场的具体情况，按照 JB/T 6229《隐极同步发电机转子气体内冷通风道检验方法及限值》所述的检验方法进行。

各次试验宜采用同一类型的仪表。

（六）双水内冷调相机转子绕组水路水流量试验

1. 概述

双水内冷调相机应在大修时开展转子绕组水路水流量试验，检验转子绕组水路流通情况，避免机组运行过程中出现转子绕组局部超温现象。

参照 DL/T 1768《旋转电机预防性试验规程》及制造厂技术要求，一般在 A 类检修时进行转子绕组水路水流量试验。

2. 试验方法

（1）A 类检修转子抽出后进行转子绕组水路水流量试验；

（2）试验时，水压保持 0.1MPa，每个线圈测试时间 15s。

按上述方法对全部线圈逐个进行试验，并记录读数。

3. 评定标准

对两极出水量进行对比，要求最小值量不得超过最大值的 20%。

4. 注意事项

试验过程应做好防护，防止转子绕组、集电环等部位进水、受潮。

（七）双水内冷调相机转子绕组水路水压试验

1. 概述

双水内冷调相机转子绕组水路水压试验是密封性检查的重要试验。

参照 DL/T 1768《旋转电机预防性试验规程》及制造厂技术要求，一般在 A 类检修时进行转子绕组水路水压试验。

2. 试验方法

参照 DL/T 607《汽轮发电机漏水、漏氢的检验》及制造厂技术要求，双水内冷调相机转子绕组水路水压试验压力一般为 7.5MPa。

水压试验结束后，应复测转子绕组绝缘电阻。

3. 试验标准

双水内冷调相机转子绕组水路水压试验应在 7.5MPa 压力下保持 8 小时无渗漏。

水压试验结束后复测转子绕组绝缘电阻应符合制造厂技术要求。

第三章

励磁系统检修及试验

第一节　概　　述

励磁系统作为调相机的关键控制系统，其设计目标是根据运行工况给调相机转子提供励磁电流，建立旋转磁场和电磁力矩，维持机组电压水平，调节无功出力。对于电网而言，励磁系统在电网中的作用非常关键，励磁系统的任何异常、故障等不稳定问题将直接引发电网的不稳定问题，励磁系统和电网的关系密不可分。

调相机励磁系统接线如图 3-1 所示。调相机励磁系统包含启动励磁和主励磁系统，启动励磁系统在启动阶段工作，配合 SFC 完成对机组升速拖动，在高于额定转速后切换至主励磁系统。主要有励磁调节器（AVR）、励磁整流柜、灭磁装置、励磁变压器、励磁交直流连接部分、保护装置等设备。励磁电源经励磁变压器连接到晶闸管整流装置，整流为直流后经灭磁开关，接入同步调相机集电环，进入励磁绕组。励磁调节器根据输入信号和给定的调节规律控制晶闸管整流装置的输出，控制同步调相机的输出电压和无功功率。

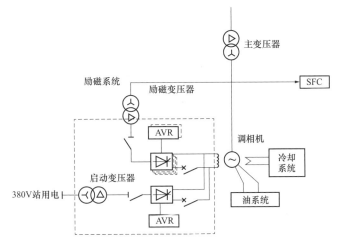

图 3-1　调相机励磁系统接线图

励磁系统应在调相机机组年度检修期间，对其各单元进行设备检修及相关试验，确保励磁系统安全可靠投运。其中励磁变装设于调相机平台，其余设备布置于励磁室内，因此在励磁系统年度检修中，将开展多工作区域检修。

在 A 类、C 类级检修中，励磁系统检修都应包括：励磁调节器、励磁整流柜、灭磁装置、转子接地保护、励磁变压器和励磁交直流母线等设备的检修，以及励磁系统相关的静态试验和动态试验。其中 A 类检修还应对部分设备的元器件或构件进行专项测试或试验。

励磁系统 A 修、C 修检修项目及周期如表 3-1 所示。

表 3-1   **励磁系统 A 修、C 修检修项目及周期**

设备系统	检 修 项 目	A 类检修	C 类检修
励磁系统	绝缘电阻测试	◆	◆
	耐压试验	◆	
	主励磁开环小电流试验	◆	◆
	启动励磁开环小电流试验	◆	
	启动励磁与 SFC 对标试验	◆	
	操作回路传动试验及信号检查	◆	◆
励磁调节器	屏柜清扫、端子紧固	◆	◆
	柜内元器件校验	◆	◆
	电测仪表校验	◆	
	定值核对	◆	◆
	模拟量测量环节测试	◆	◆
	开关量测试	◆	◆
	电源切换试验	◆	◆
	通道切换测试	◆	◆
	无功功率过励限制试验	◆	
	无功功率低励限制试验	◆	
	最大励磁电流限制试验	◆	
	定子过流限制试验	◆	
	伏赫兹过励磁限制试验	◆	
	TV 断线功能试验	◆	
励磁整流柜	屏柜清扫、端子紧固	◆	◆
	风机检修	◆	◆
	熔断器、信号指示器检查	◆	◆
	电测仪表校验	◆	
	柜内元器件校验	◆	◆
	交直流刀闸检查	◆	
	定值核对	◆	◆
	脉冲触发、光纤及连接器检查	◆	◆
	交直流母排检查	◆	◆

设备系统	检 修 项 目	A 类检修	C 类检修
励磁整流柜	冷却系统及其二次回路试验	◆	◆
	功率整流元件测试	◆	
励磁变压器	设备清扫、端子紧固	◆	◆
	测温装置及其二次回路试验	◆	◆
	冷却系统及其二次回路试验	◆	◆
灭磁装置	设备清扫、端子紧固	◆	◆
	ZnO 电阻、转子过电压保护试验	◆	
	空载操作性能试验	◆	
转子接地保护	屏柜清扫、端子紧固	◆	◆
	开关量测试	◆	◆
	采样测量试验	◆	◆
	功能测试试验	◆	◆

第二节 励磁系统检修

一、励磁调节器检修

励磁调节器作为励磁系统中多功能集成化屏柜，其中包含了测量部分、控制部分和保护部分等（如图 3-2 所示）。作为励磁系统的"中枢"，检修期间均需对励磁调节器进行检修工作。

励磁调节器的 A 类检修工作应包括：屏柜清扫、检查和端子紧固、柜内元器件校验（变送器、继电器、接触器等）、电测仪表校验、二次回路检查、保护定值功能校验等。

励磁调节器的 C 类检修工作应包括：屏柜清扫、检查和端子紧固、变送器校验、二次回路检查、保护定值检查等。

励磁调节器检修隔离与恢复操作主要内容应包括：励磁调节器控制方式的切换，励磁调节器定值的恢复。

励磁调节器参数修改应根据实际需要进行，做好风险预控，并有详细记录。定值修改后应做相关功能校验。

（一）屏柜清扫

1. 检修内容

（1）屏柜内外清扫。在屏柜内外、柜顶柜底用吸尘器进行清灰处理，在屏柜内外用电子器件专用清洗剂进行擦拭，检查确认设备应无明显积尘。检查屏柜内风机外观，如存在灰尘积累应进行擦拭。

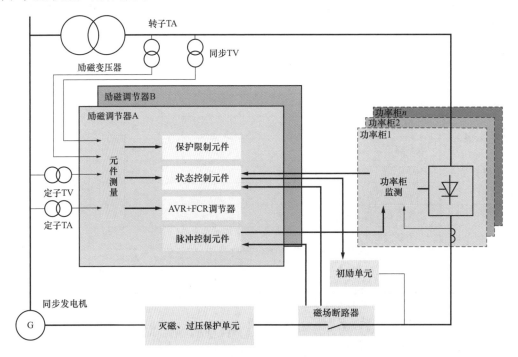

图 3-2　励磁调节器与各系统连接示意图

（2）屏柜防火封堵检查。检查屏柜底电缆封堵情况，如存在空洞或不完善应进行封堵完善。特别对于技改后新安装的屏柜以及长期运行的屏柜，应检查防火封堵完整性。

（3）屏柜加热器检查。检查加热器外观，并投入加热器电源确认其运行状态。

2. 注意事项

检修前应确认励磁调节器屏柜交直流电源已断开。

（二）端子紧固

1. 检修内容

（1）回路端子检查。屏柜内对跳闸回路、操作回路、电源回路、信号回路等端子进行紧固检查，如存在松动情况，在复紧后应对该回路进行传动测试。

（2）端子排连接片检查。屏柜内端子排进行检查，如存在连接片或螺纹损坏应进行更换，并开展相关试验对修改的二次回路进行验证。

（3）屏外端子检查。屏柜顶部有端子排的，应对端子排进行紧固检查，如存在二次电缆暴露在外的，应加装电缆槽并做好电缆防护工作。

端子及端子排无松动，表面无氧化、过热现象。

2. 注意事项

确认励磁调节器屏柜交直流电源已断开，励磁系统内交直流刀闸已断开。

（三）柜内元器件校验

检修期间进行励磁调节器柜内变送器、继电器、接触器的校验，确保柜内元器件正常工作，精度正确。

1. 检修内容

（1）变送器校验。拆卸柜内变送器前应核对图纸，做好拍照或文字记录，确保变送器回装无误；根据变送器输入输出状态，输入对应模拟量，对输出侧进行测量，变送器输出应满足设备铭牌参数要求。

（2）继电器、接触器校验。拆卸柜内元器件前应核对图纸，做好拍照或文字记录，确保继电器、接触器回装无误；确认继电器（接触器）为释放状态，将线圈电压（电流）升至动作值，继电器从释放状态到达动作状态；继续增加线圈电压（电流）至额定值后，下降电压（电流）使继电器从动作状态恢复到释放状态，记录返回值。

2. 注意事项

（1）确认励磁调节器柜内交直流电源已断开，励磁整流柜内交直流刀闸已断开。

（2）如屏柜内变送器、继电器等不便于拆卸或校验需利用励磁调节器屏柜输入电源，应做好二次安全隔离后方可恢复设备电源。

（3）校验变送器时，应核对变送器输入输出电压、防止设备发生过压损坏。

（4）变送器的绝缘电阻、输出值等参数，满足产品技术要求（见表3-2）。

表3-2　　　　　　　　　　　　　基本误差的极限值

等级指数	0.1	0.5	1.0	1.5
误差极限（%）	±0.1	±0.5	±1.0	±1.5

（5）继电器在80%额定电压下应可靠动作，返回电压不超过50%额定电压，并且检查继电器和接触器动作和复归时，常开接点、常闭接点的状态应正确。继电器接点电阻小于1Ω，继电器回装无误。

（四）电测仪表校验

A修期间进行励磁调节器柜内电测仪表（电流表、电压表等）校验，确保柜内电测仪表精度准确，无异常。

1. 检修内容

（1）仪表归零。调整被检表零位，接入测量回路。

（2）精度检查。调节电压源（电流源），缓缓增加电压（电流），使被检表的指示器顺序地指在每个带数字分度线上，并记录这些点的实际值；增加电压（电流）至量程的上限以上，立刻缓慢地减少，使被检表的指示器顺序地指在每个带数字分度线上，并记录这些点的实际值。

2．注意事项

（1）检修前应确认励磁调节器屏柜交直流电源已断开，励磁系统内交直流刀闸已断开。拆卸仪表前应核对图纸，做好拍照或文字记录，确保仪表回装无误。

（2）校验表计时，应核对其输入电压电流，防止设备发生过压过流损坏。

（五）电流互感器、电压互感器检修

A 修期间进行励磁调节器屏柜内电流互感器、电压互感器检修，确保柜内 TA、TV 状态良好。

1．检修内容

（1）电流互感器检查。记录电流互感器铭牌，检查极性、变比，并确认其安装位置及功能；测量电流互感器一、二次绕组的直流电阻值；测量电流互感器二次绕组之间及对地绝缘电阻。

（2）电压互感器检查。记录电压互感器铭牌，检查极性、变比，并确认其安装位置及功能；测量电压互感器各一、二次绕组的直流电阻值；测量电压互感器二次绕组之间及对地绝缘电阻。

2．注意事项

（1）确认励磁调节器屏柜交直流电源已断开，励磁系统内交直流刀闸已断开。

（2）直流电阻应与初始值或出厂值作比较，应无明显差别；绝缘电阻不低于 $500M\Omega$。

（六）屏柜压板检查

检修期间进行励磁调节器屏柜前压板检查，确保压板表示正确，能可靠投入。

1．检修内容

（1）压板名称检查。核对设计院竣工图纸及设备厂家图纸，检查确认现场励磁调节器屏柜压板名称是否正确。

（2）压板功能检查。对压板进行投退操作，确认压板投退正常。对于部分功能及跳闸压板可通过检修期间试验验证，详见试验部分。

2．注意事项

（1）确认励磁调节器屏柜交直流电源已断开，励磁系统内交直流刀闸已断开。

（2）跳闸出口压板采用红色，功能压板采用黄色，压板底座及其他压板采用浅驼色。压板投退应无卡涩现象。

（七）二次回路检查

检修期间进行励磁调节器屏柜二次回路检查，确保回路完整正确。

1．检修内容

（1）图实一致性检查。核对设计院竣工图纸及设备厂家图纸，检查确认现场励磁调节器屏柜内二次回路接线位置、电缆回路号标识等是否正确。

（2）端子排及二次回路检查。是否规范，同一端子上不应接入超过两根线。

2．注意事项

（1）确认励磁调节器屏柜交直流电源已断开，励磁系统内交直流刀闸已断开。

（2）保护屏（柜）端子排应遵循设计原则：一个端子每一端不应接入超过两根导线。不同线径的导线不可接入同一端子。

（八）定值核对

检修期间进行励磁调节器定值检查核对，确保整定值与定值单一致。

1．检修内容

（1）定值打印。检查打印机状态，调取励磁调节器定值菜单并连接打印机进行定值打印。

（2）内部参数定值检查。部分控制器参数定值检查无法通过定值打印实现的，在确认无修改参数的可能下，可通过励磁系统专用电脑进行参数调取。

2．注意事项

（1）确认励磁调节器屏柜交直流电源已投入。

（2）应至少配置 2 人进行定值核对工作，整定值应与定值单一致。

（3）检查前应确认在"定值检查"或"定值打印"菜单进行核查，严禁进入"定值修改"菜单。

二、励磁整流柜检修

调相机励磁整流柜由 3 面运行整流柜和 2 面启动整流柜组成。整流柜内由晶闸管主元件及其散热器、整流桥保护设备、整流桥冷却设备、交直流刀闸及其附件组成。检修期间，应根据整流柜构造进行逐项检修。整流柜内三相全控桥整流电路如图 3-3 所示。

励磁整流柜的 A 类级检修工作应包括：屏柜清扫、检查和端子紧固、风机检修、柜内元器件校验（变送器、继电器、接触器、熔断器、电阻、电容等）、电测仪表校验、交直流刀闸检查、二次回路检查、保护定值检查、脉冲触发回路检查等。

励磁整流柜的 C 类检修工作应包括：屏柜清扫、检查和端子紧固、风机检修、柜内变送器校验、熔断器、电阻、电容检查、交直流刀闸检查、二次回路检查、保护定值检查、脉冲触发回路检查等。

励磁整流柜检修隔离与恢复操作主要内容应包括：整流柜内交直流刀闸的分合，整流柜风机启动顺序的调整，励磁整流柜定值的恢复。

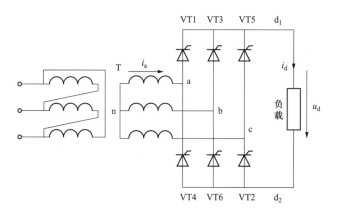

图 3-3　整流柜内三相全控桥整流电路图

励磁整流柜参数修改应根据实际需要进行，做好风险预控，并有详细记录。

（一）屏柜清扫

检修期间进行屏柜清扫，确保励磁整流柜屏柜外观整洁。

1. 检修内容

（1）屏柜内外清扫。在屏柜内外、柜顶柜底用吸尘器进行清灰处理，在屏柜内外用电子器件专用清洗剂进行擦拭，检查确认设备应无明显积尘。

（2）屏柜滤网、风机清扫。检查屏柜内风机外观，如存在灰尘积累应进行擦拭。对柜门前后的进风口、柜顶出风口的滤网进行清理。

（3）屏柜防火封堵检查。检查屏柜底电缆封堵情况，如存在空洞或不完善应进行封堵完善。特别对于技改后新安装的屏柜以及长期运行的屏柜，应检查防火封堵完整性。

（4）屏柜加热器检查。检查加热器外观，并投入加热器电源确认其运行状态。

2. 注意事项

检修前应确认励磁整流柜内交直流电源已断开，励磁整流柜内交直流刀闸已断开。检查应箱体无积尘，通风良好、电缆封堵良好。

（二）端子紧固

检修期间进行端子紧固，确保励磁整流柜的端子及端子排外观良好，紧固。

1. 检修内容

（1）回路端子检查。屏柜内对操作回路、电源回路、信号回路等端子进行紧固检查，如存在松动情况，在复紧后应对该回路进行传动测试。

（2）端子排连接片检查。屏柜内端子排进行检查，如存在连接片或螺纹损坏应进行更换，并开展相关试验对修改的二次回路进行验证。

（3）屏外端子检查。屏柜顶部有端子排的，应对端子排进行紧固检查，如存在二次电缆暴露在外的,应加装电缆槽并做好电缆防护工作。

端子及端子排无松动,表面无氧化、过热现象。

2.注意事项

检修前应确认励磁整流柜内交直流电源已断开,励磁整流柜内交直流刀闸已断开。

(三)风机检修

检修期间进行励磁整流柜内整流桥风机检查,确保运行无异常。

1.检修内容

(1)风机组件检查。检查风机组件完好,无渗油、松动现象;风机叶片无损坏,电机绝缘良好。

(2)风机回路检查。启动风机,检查风机转动无异响,风机转向正确。

2.注意事项

风机组件检查期间不可遗留异物。

(四)熔断器、信号指示器检查

检修期间进行励磁整流柜内快速熔断器检查,确保过电流保护功能正确。检修位置应为功率柜中部交流输入侧的 6 只主回路快熔。快速熔断器布置位置如图 3-4 所示。

1.检修内容

(1)阻值检查。逐一测量柜内快熔阻值;与之前检测结果或出厂试验报告进行比对,有明显下降趋势或阻值异常的快熔应进行更换。

(2)信号检查。模拟快熔故障,检查 DCS 信号是否正常。

2.注意事项

(1)确认励磁整流柜内交直流电源已断开,励磁整流柜内交直流刀闸已断开。

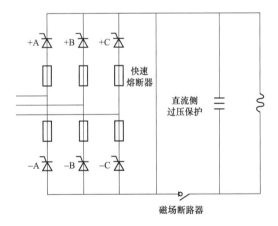

图 3-4 快速熔断器布置位置示意图

(2)快速熔断器阻值应满足现场要求,熔丝故障信号应能正确传至 DCS。

(五)电测仪表校验

A 修期间进行励磁整流柜电流表校验,确保整流桥电流显示精度准确,无异常。

1.检修内容

(1)仪表归零。调整被检表零位,接入测量回路。

（2）精度检查。调节模拟量源，缓缓增加，使被检表的指示器顺序地指在每个带数字分度线上，并记录这些点的实际值；增加模拟量至量程的上限以上，立刻缓慢地减少，使被检表的指示器顺序地指在每个数字分度线上，并记录这些点的实际值。

2. 注意事项

（1）确认励磁整流柜内交直流电源已断开，励磁整流柜内交直流刀闸已断开。拆卸仪表前应核对图纸，做好拍照或文字记录，确保仪表回装无误。

（2）校验表计时，应核对其输入对应模拟量，防止设备发生损坏。

（3）误差应在±0.5%以内，仪表回装无误。

（六）柜内元器件校验

检修期间进行励磁整流柜内变送器、继电器、接触器、电阻、电容的校验，确保柜内元器件正常工作，精度正确。

1. 检修内容

（1）变送器校验。拆卸柜内变送器前应核对图纸，做好拍照或文字记录，确保变送器回装无误；根据变送器输入输出状态，输入对应模拟量，对输出侧进行测量，变送器输出应满足设备铭牌参数要求。

（2）继电器、接触器校验。拆卸柜内元器件前应核对图纸，做好拍照或文字记录，确保继电器、接触器回装无误；确认继电器（接触器）为释放状态，将线圈电压（电流）升至动作值，继电器从释放状态到达动作状态；继续增加线圈电压（电流）至额定值后，下降电压（电流）使继电器从动作状态恢复到释放状态，记录返回值。

（3）电阻、电容检查。检查柜内电阻、电容无过热灼伤痕迹，测量并记录对应电阻值或电容值，应满足设备技术文件要求。

2. 注意事项

（1）确认励磁调节器柜内交直流电源已断开，励磁整流柜内交直流刀闸已断开。

（2）如屏柜内变送器、继电器等不便于拆卸或校验需利用屏柜输入电源，应做好二次安全隔离后方可恢复设备电源。

（3）校验变送器时，应核对变送器输入输出电压、防止设备发生过压损坏。

（4）变送器的绝缘电阻、输出值等参数，满足产品技术要求（如表3-3所示）。

表3-3　　　　　　　　　　基本误差的极限值

等级指数	0.1	0.5	1.0	1.5
误差极限（%）	±0.1	±0.5	±1.0	±1.5

继电器在80%额定电压下应可靠动作，返回电压不超过50%额定电压，并且检查继电器和接触器动作和复归时，常开接点、常闭接点的状态应正确。继电器接点电阻小于

1Ω，继电器回装无误。

（七）交直流刀闸检查

检修期间进行励磁整流柜内交直流刀闸检查，确保分合无异常。

1. 检修内容

（1）机构检查。检查刀闸操动机构无松动；转动部分灵活可靠，无锈蚀，分合可靠。

（2）回路检查。测量导电回路电阻；测量二次回路绝缘电阻。

2. 注意事项

（1）确认励磁整流柜内交直流电源已断开。

（2）刀闸分合无异常，无卡涩；绝缘电阻不低于 2MΩ，导电回路电阻应不大于制造厂规定值的 1.5 倍。

（八）二次回路检查

检修期间进行励磁整流柜二次回路检查，确保回路完整正确。

1. 检修内容

（1）图实一致性检查。核对设计院竣工图纸及设备厂家图纸，检查确认现场励磁整流柜内二次回路接线位置、电缆套牌、回路号标识等是否正确。

（2）端子排及二次回路检查。检查端子排上二次回路连接是否规范，同一端子上不应接入超过两根线。

2. 注意事项

（1）确认励磁整流柜交直流电源已断开，励磁系统内交直流刀闸已断开。

（2）保护屏（柜）端子排应遵循设计原则：一个端子每一端不应接入超过两根导线。不同线径的导线不可接入同一端子。

（九）定值核对

检修期间进行励磁整流柜定值检查核对，确保整定值与定值单一致。

1. 检修内容

（1）定值打印。检查打印机状态，调取励磁整流柜定值菜单并连接打印机进行定值打印。

（2）内部参数定值检查。部分控制器参数定值检查无法通过定值打印实现的，在确认无修改参数的可能下，可通过励磁系统专用电脑进行参数调取。

2. 注意事项

（1）确认励磁整流柜内交直流电源已投入，励磁整流柜内交直流刀闸已断开。

（2）应至少配置 2 人进行定值核对工作，整定值应与定值单一致。

（3）检查前应确认在"定值检查"或"定值打印"菜单进行核查，严禁进入"定值修改"菜单。

（十）脉冲触发、光纤及连接器检查

检修期间进行脉冲触发及监视光纤及连接器检查，保证光纤连通性正常，脉冲触发稳定，设备正常反馈，装置控制系统正常运行。

1. 检修内容

（1）光纤检查及清理。检查光纤端接平整、清洁；对光纤本身、端面、端口内侧、跳线等部件用电子器件专用清洗剂进行擦拭。

（2）连通性检查。通过光功率计或装置的光衰检测，对励磁整流柜的光纤及连接器的连通性进行检查，确定光纤的连通性和查找故障点，保障通信质量稳定且不中断。

2. 注意事项

确认励磁整流柜内交直流电源已投入，励磁整流柜内交直流刀闸已断开。

（十一）交直流母排检查

励磁整流柜内交直流母排检查详见本章第二节第六部分"励磁及交直流母线"。

三、灭磁装置检修

灭磁装置是完成调相机灭磁过程所有相关设备的总和，包括磁场断路器、灭磁电阻、跨接器和灭磁控制逻辑及信号回路（如图 3-5 所示）。其中磁场断路器又称为灭磁开关，

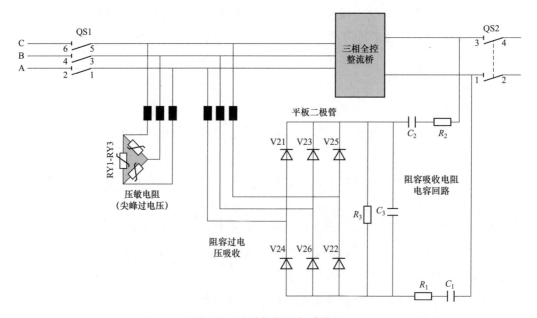

图 3-5　灭磁装置设备系统图

装设于灭磁开关柜中；灭磁电阻、跨接器等装设于灭磁电阻柜中。检修期间需对灭磁装置相关设备进行检修工作。

灭磁装置的 A 类检修工作应包括：屏柜清扫、端子紧固、电测仪表校验、柜内元器件（变送器、电阻）、绝缘电阻检查、回路电阻检查、磁场断路器检查、线性电阻及 ZnO 电阻测量等。

灭磁装置的 C 类检修工作应包括：屏柜清扫、端子紧固、柜内元器件（变送器、电阻）、绝缘电阻检查、回路电阻检查、磁场断路器检查等。

灭磁装置检修隔离与恢复操作主要内容应包括：磁场断路器的分合，启动励磁开关的操作电源的分合。

（一）屏柜清扫

检修期间应对灭磁开关（磁场断路器）柜、灭磁电阻柜进行屏柜清扫，确保灭磁装置外观整洁。

1. 检修内容

（1）屏柜内外清扫。在屏柜内外、柜顶柜底用吸尘器进行清灰处理，在屏柜内外用电子器件专用清洗剂进行擦拭，检查确认设备应无明显积尘。检查屏柜内风机外观，如存在灰尘积累应进行擦拭。

（2）屏柜防火封堵检查。检查屏柜底电缆封堵情况，如存在空洞或不完善应进行封堵完善。特别对于技改后新安装的屏柜以及长期运行的屏柜，应检查防火封堵完整性。

（3）屏柜加热器检查。检查加热器外观，并投入加热器电源确认其运行状态。

2. 注意事项

确认灭磁开关柜内交直流电源已断开。检查应箱体无积尘，通风良好、电缆封堵良好。

（二）端子紧固

检修期间进行端子紧固，确保灭磁开关柜、灭磁电阻柜的端子及端子排外观良好，紧固。

1. 检修内容

（1）回路端子检查。屏柜内对操作回路、电源回路、信号回路等端子进行紧固检查，如存在松动情况，在复紧后应对该回路进行传动测试。

（2）端子排连接片检查。屏柜内端子排进行检查，如存在连接片或螺纹损坏应进行更换，并开展相关试验对修改的二次回路进行验证。

（3）屏外端子检查。屏柜顶部有端子排的，应对端子排进行紧固检查，如存在二次电缆暴露在外的，应加装电缆槽并做好电缆防护工作。端子及端子排无松动，表面无氧化、过热现象。

2．注意事项

检修前应确认灭磁开关柜内交直流电源已断开。

（三）电测仪表校验

A 修期间进行灭磁装置内电测仪表（电流表、电压表等）校验，确保柜内电测仪表精度准确，无异常。

1．检修内容

（1）仪表归零。调整被检表零位，接入测量回路。

（2）精度检查。调节电压源（电流源），缓缓增加电压（电流），使被检表的指示器顺序地指在每个带数字分度线上，并记录这些点的实际值；增加电压（电流）至量程的上限以上，立刻缓慢地减少，使被检表的指示器顺序地指在每个带数字分度线上，并记录这些点的实际值。

2．注意事项

（1）检修前应确认励磁调节器屏柜交直流电源已断开，励磁系统内交直流刀闸已断开。拆卸仪表前应核对图纸，做好拍照或文字记录，确保仪表回装无误。

（2）校验表计时，应核对其输入电压电流，防止设备发生过压过流损坏。

（四）柜内元器件校验

检修期间进行励磁整流柜内变送器、电阻的校验，确保柜内元器件正常工作，精度正确。

1．检修内容

（1）变送器校验。拆卸柜内变送器前应核对图纸，做好拍照或文字记录，确保变送器回装无误；根据变送器输入输出状态，输入对应模拟量，对输出侧进行测量，变送器输出应满足设备铭牌参数要求。

（2）电阻检查。检查柜内电阻无过热灼伤痕迹，测量并记录对应电阻值，应满足设备技术文件要求。

2．注意事项

（1）确认励磁调节器柜内交直流电源已断开，励磁整流柜内交直流刀闸已断开。

（2）如屏柜内变送器不便于拆卸或校验需利用屏柜输入电源，应做好二次安全隔离后方可恢复设备电源。

（3）校验变送器时，应核对变送器输入输出电压、防止设备发生过压损坏。

（4）变送器的绝缘电阻、输出值等参数，满足产品技术要求（如表3-4所示）。

表 3-4		基本误差的极限值		
等级指数	0.1	0.5	1.0	1.5
误差极限（%）	±0.1	±0.5	±1.0	±1.5

（五）绝缘电阻检查

检修期间对磁场断路器进行绝缘电阻测试，检查磁场断路器的绝缘水平是否具备介电强度试验的条件。

1. 检修内容

（1）回路短接。把磁场断路器直流操作回路+、-短接成一点；为避免高电压静电感应损坏弱电回路器件，所有弱电回路应退出，不可退出的弱电元件应将其短接。

（2）绝缘检查。用 500V 绝缘电阻表测量磁场断路器电气回路之间和对地之间的绝缘电阻。

2. 注意事项

检修前确认灭磁开关柜内交直流电源已断开，断开转子测量装置。绝缘电阻应不低于 20MΩ。

（六）回路电阻检查

检修期间对磁场断路器进行回路电阻测试，检查磁场断路器合闸后电气回路是否完整。

1. 检修内容

把磁场断路器合上；用直流压降法测量，电流值选取 100A。

2. 注意事项

检修前确认灭磁开关柜内交直流电源已断开，回路电阻应小于 $42\mu\Omega$。

（七）磁场断路器检查

检修期间对磁场断路器进行测试检查，确认磁场断路器外观无异常，分合闸功能良好。

1. 检修内容

（1）目视检查。检查机架、灭弧罩等设备外观是否受损或有裂纹，检查是否少了螺钉或螺帽，检查标签是否脱落，检查是否腐蚀，检查机架是否有明显的火焰或冒烟迹象，清除断路器上的污物和灰尘，清洁并去掉铜端子上的油脂。

（2）分合闸测试。手动分合断路器，检查驱动和机构；电气分合断路器，检查控制回路。

（3）灭弧罩和触头系统检验。检查电弧滚环是否磨损；检查弧前触头是否磨损；检查固定侧和活动侧的主触头是否磨损；检查灭弧罩板是否磨损；检查灭弧罩内是否有沉淀物；检查保护壁是否磨损；检查触头是否倾斜且有间隙。

2. 注意事项

（1）确认灭磁开关柜内交直流电源已断开。

（2）电弧滚环磨损不得超过其横截面的 30%，弧前触头磨损不得超过 2mm，固定侧和活动侧的主触头磨损深度不得超过 1mm；保护壁磨损度不得超过 1mm。

（八）线性电阻检查

A 修期间对线性电阻进行测试，检查电阻是否良好，确保线性电阻阻值满足现场条件。

1. 检修内容

（1）外观检查。观测线性电阻本体是否完好，是否有灼烧痕迹；检查连接螺丝是否紧固。

（2）阻值测量。测量线性电阻阻值是否与设计值一致。

2. 注意事项

（1）检修前确认灭磁开关柜内交直流电源已断开。

（2）线性电阻阻值与铭牌或最初值比较差值不应超过 10%。

（九）ZnO 电阻测量

A 修期间对 ZnO 电阻进行测试，检查电阻是否良好，确保线性电阻阻值满足现场条件。

1. 检修内容

（1）外观检查。观测各支路 ZnO 灭磁电阻是否完好，是否有灼烧痕迹；检查连接螺丝是否紧固。

（2）阻值测量。断开外回路，可进行压敏电阻的特性试验，ZnO 电阻特性测试详见励磁系统试验。

2. 注意事项

检修前确认灭磁开关柜内交直流电源已断开。

四、转子接地保护检修

调相机正常运行时，转子绕组及励磁系统对地是绝缘的，当转子绕组或励磁回路发生不同位置接地或匝间短路时，很大的短路电流会烧伤转子本体，同时由于部分转子绕组被短路，使得气隙磁场不均匀，引起电磁转矩不均匀，调相机会因剧烈振动而损坏，调相机配置转子接地保护也是必需的。转子接地保护可以实时监视转子绝缘情况，在转子绕组上任一点接地时，保护应可靠动作。调相机转子接地保护为双重化配置：注入式转子接地保护与乒乓式转子接地保护。检修期间，应对转子接地保护进行检修及校验，确保保护投运正确。

转子接地保护的 A 类检修和 C 类检修工作应包括屏柜清扫、端子紧固、熔丝检查、屏柜压板检查、二次回路检查和定值核对等。

转子接地保护检修隔离与恢复操作主要内容应包括保护功能、出口压板的投退，一次连接熔丝的分合，转子接地保护定值的恢复。

（一）屏柜清扫

检修期间进行屏柜清扫，确保转子接地保护屏柜外观整洁。转子接地保护一般装设于灭磁电阻柜内。

1. 检修内容

（1）屏柜内外清扫。在屏柜内外、柜顶柜底用吸尘器进行清灰处理，在屏柜内外用电子器件专用清洗剂进行擦拭，检查确认设备应无明显积尘。检查屏柜内风机外观，如存在灰尘积累应进行擦拭。

（2）屏柜防火封堵检查。检查屏柜底电缆封堵情况，如存在空洞或不完善应进行封堵完善。特别对于技改后新安装的屏柜以及长期运行的屏柜，应检查防火封堵完整性。

（3）屏柜加热器检查。检查加热器外观，并投入加热器电源确认其运行状态。

2. 注意事项

确认转子接地保护装置交直流电源已断开，一次回路熔丝已断开。检查应箱体无积尘，通风良好、电缆封堵良好。

（二）端子紧固

检修期间进行端子紧固，确保转子接地保护二次回路的端子及端子排外观良好，紧固。

1. 检修内容

（1）回路端子检查。屏柜内对跳闸回路、操作回路、电源回路、信号回路等端子进行紧固检查，如存在松动情况，在复紧后应对该回路进行传动测试。

（2）端子排连接片检查。屏柜内端子排进行检查，如存在连接片或螺纹损坏应进行更换，并开展相关试验对修改的二次回路进行验证。

（3）屏外端子检查。屏柜顶部有端子排的，应对端子排进行紧固检查，如存在二次电缆暴露在外的，应加装电缆槽并做好电缆防护工作。端子及端子排无松动，表面无氧化、过热现象。

2. 注意事项

检修前应确认转子接地保护装置交直流电源已断开。

（三）回路熔丝检查

检修期间进行转子接地保护连接大轴的一次回路上熔丝检查，确保励磁主回路正确。

1. 检修内容

（1）外观检查。观测熔丝外观是否完好，是否有灼烧痕迹。

（2）阻值测量。断开熔丝，测量熔丝阻值是否良好；合上熔丝，测量熔丝上下两端阻值状态。熔丝阻值应显示导通状态。

2. 注意事项

确认转子接地保护交直流电源已断开。

（四）屏柜压板检查

检修期间进行转子接地保护压板检查，确保压板表示正确，能可靠投入。

1. 检修内容

（1）压板名称检查。核对设计院竣工图纸及设备厂家图纸，检查确认现场转子接地保护屏压板名称是否正确。

（2）压板功能检查。对压板进行投退操作，确认压板投退正常。对于部分功能及跳闸压板可通过检修期间试验验证，详见试验部分。

2. 注意事项

（1）确认转子接地保护交直流电源已断开。

（2）跳闸出口压板采用红色，功能压板采用黄色，压板底座及其他压板采用浅驼色。压板投退应无卡涩现象。

（五）二次回路检查

检修期间进行转子接地保护二次回路检查，确保回路完整正确。

1. 检修内容

（1）图实一致性检查。核对设计院竣工图纸及设备厂家图纸，检查确认现场转子接地保护屏内二次回路接线位置、电缆套牌、回路号标识等是否正确。

（2）端子排及二次回路检查。检查端子排上二次回路连接是否规范，同一端子上不应接入超过两根线。

2. 注意事项

（1）确认转子接地保护屏交直流电源已断开，励磁系统内交直流刀闸已断开。

（2）保护屏（柜）端子排应遵循设计原则：一个端子每一端不应接入超过两根导线。

（六）定值核对

检修期间进行转子接地保护定值检查核对，确保整定值与定值单一致。

1. 检修内容

（1）定值打印。检查打印机状态，调取转子接地保护定值菜单并连接打印机进行定值打印。

（2）定值核对。调相机转子接地保护定值为固化，但仍应确保检查定值时，不可切换定值区和修改控制字。

2. 注意事项

（1）确认转子接地保护屏交直流电源已投入。

（2）应至少配置 2 人进行定值核对工作，整定值应与定值单一致。

（3）检查前应确认在"定值检查"或"定值打印"菜单进行核查，严禁进入"定值修改"菜单。

五、励磁变压器检修

调相机励磁系统里涉及的变压器有提供运行励磁电源的励磁变压器、启动励磁变压器和提供励磁调节器采样功能的同步变压器（见图 3-6）。励磁系统相关的变压器均为干式变压器，同步变压器和启动励磁变压器一般装设于励磁室内的屏柜中，励磁变压器一般单独装设于调相机平台上。在年度检修中应对其进行例行检修确保设备投运正常。

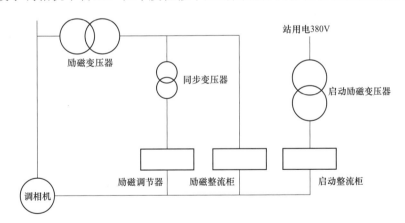

图 3-6　励磁系统内各变压器分布图

励磁变压器的 A 类检修工作应包括：变压器清扫、端子紧固、接地检查、绕组直流电阻测量、铁芯及夹件绝缘测量、绕组绝缘电阻、吸收比测量、电流互感器检修等。

励磁变压器的 C 类检修工作应包括：变压器清扫、端子紧固、接地检查、绕组直流电阻测量、电流互感器检修等。

励磁变压器检修隔离与恢复操作主要内容应包括：断开启动励磁电源、断开灭磁开关、励磁变接地线的恢复。

（一）变压器清扫

检修期间对变压器整体进行清扫、检查，确保变压器投运状态良好。

1. 检修内容

对变压器外观进行检查、清灰；对接地连接、防火封堵进行检查；对一次连接及绝缘件进行清扫、检查。

变压器外观应整洁，接地良好，防火封堵完整，一次连接及绝缘件整洁。

2. 注意事项

励磁变压器、启动励磁变压器、同步变压器高压侧开关已断开。

（二）端子紧固、接地检查

检修期间对变压器一、二次连接及端子进行检查、紧固，对励磁变压器、启动励磁变压器的接地进行检查，确保变压器投运状态良好。

1. 检修内容

（1）一次螺栓检查。对变压器一次连接螺栓进行检查、紧固。

（2）二次端子检查。对变压器二次端子（含温控箱及二次回路端子箱）进行检查、紧固。

一次螺栓紧固，力矩良好，二次端子紧固无松动。

（3）接地检查。铁芯接地标识正确，接地线紧固，接地电阻符合要求。

2. 注意事项

励磁变压器、启动励磁变压器、同步变压器高压侧开关已断开。

（三）绕组直流电阻测量

检修期间对变压器绕组连同套管进行直流电阻测量，确保变压器绕组连同套管性能良好。

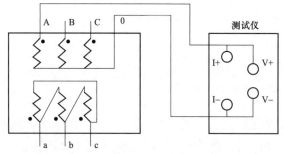

图 3-7　励磁变绕组直阻测量

1. 检修内容

用直流电阻测试仪对变压器各相绕组进行直流电阻测量；测量电流大于 20A，测量后必须去磁。可按图 3-7 参考试验接线。

相间互差小于等于 2%（警示值）；同相初值差小于等于 ±2%（警示值）；

与同温度下出厂试验值比较，差值小于等于 ±2%（警示值）。

2．注意事项

励磁变压器、启动励磁变压器、同步变压器高压侧开关已断开。

（四）铁芯及夹件绝缘测量

A 修期间对变压器铁芯及夹件进行绝缘测量，确保变压器铁芯及夹件绝缘良好。

1．检修内容

断开铁芯、夹件接地线，并做好记录；用 2500V 绝缘电阻表对变压器铁芯进行绝缘测量（如图 3-8 所示）；用 2500V 绝缘电阻表对变压器夹件进行绝缘测量；每个部位测量结束，应将该部位对地充分放电；测量结束，恢复铁芯、夹件接地线。绝缘电阻应大于等于 100MΩ。

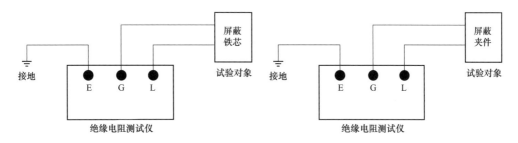

图 3-8　铁芯及夹件绝缘测量

2．注意事项

（1）励磁变压器、启动励磁变压器、同步变压器高压侧开关已断开。

（2）对老旧变压器或怀疑有缺陷的铁芯，为便于查找，可采用 1000V 绝缘电阻表或较低电压表计；除注意绝缘电阻的大小外，要特别注意绝缘电阻的变化趋势。

（五）绕组绝缘电阻、吸收比测量

A 修期间对变压器绕组连同套管进行绝缘电阻、吸收比测量，确保变压器绕组连同套管绝缘良好。

1．检修内容

（1）一次设备检查

铁芯、外壳及非测量绕组应接地，测量绕组应短路，套管表面应清洁、干燥。

（2）绝缘电阻测量

用 5000V 绝缘电阻表对变压器绕组连同套管进行绝缘测量；分别测量并记录 1min 时的绝缘电阻值与 15s 时的绝缘电阻值。

2．注意事项

（1）励磁变压器高压侧开关、同步变压器高压侧开关已断开。励磁变压器高压侧开关、同步变压器高压侧开关已断开。

（2）吸收比与初值相比应无明显差别，在常温下应大于等于1.3（注意值）。

（六）电流互感器检修

检修期间进行励磁变的电流互感器检修，确保励磁变压器TA状态良好。

1. 检修内容

记录电流互感器铭牌，检查极性、变比，并确认其安装位置及功能；采用2500V绝缘电阻表，测量电流互感器一、二次绕组的直流电阻值；测量电流互感器二次绕组之间及对地绝缘电阻。

2. 注意事项

（1）励磁变压器高压侧开关已断开。

（2）直流电阻应与初始值或出厂值作比较，应无明显差别；绝缘电阻不低于1000MΩ。

六、励磁交、直流母线检修

励磁系统交、直流母线一般是指连接励磁系统各设备一次电缆的统称。其中交流母线（母排）包含：励磁变压器高低压侧回路，启动励磁变压器高低压侧回路；直流母线（母排）包含：主机的刷架导电板至灭磁开关出口回路，灭磁开关至整流柜回路。

交、直流母线的A类、C类检修工作应包括：对上述一次回路进行清扫、检查、检修，保证母线连接良好。

励磁交、直流母线检修隔离与恢复操作主要内容应包括：交、直流母线软连接的断复引，交、直流母线绝缘套管的恢复。

（一）母线绝缘测量

检修期间对励磁系统交直流母线进行绝缘测量，确保母线绝缘良好。

1. 检修内容

（1）用2500V绝缘电阻表测量励磁变压器低压侧至整流柜间交流母线绝缘。

（2）用2500V绝缘电阻表测量启动励磁变压器低压侧至整流柜间交流母线绝缘。

（3）用2500V绝缘电阻表测量整流柜至灭磁开关间直流母线绝缘。

（4）用2500V绝缘电阻表测量灭磁开关至刷架导电板间直流母线绝缘。

额定电压为15kV及以上全连式离相封闭母线绝缘电阻值不小于50MΩ；一般母线绝缘电阻不应低于1MΩ。

2. 注意事项

（1）测量母线的两侧应做好安全隔离并断开相邻回路设备。励磁系统母线分布于屏柜内外，在屏柜内的测量检修中应特别注意与屏柜设备的安全距离，必要时应在周围设备上覆盖绝缘垫。

（2）励磁交直流母线的隐蔽工程应包括：对检修过程中断开的连接部分，应进行清扫和力矩检查，并在母线复引前向运行和监管人员交代工作情况。

（二）软连接接触电阻测量

检修期间对交直流母线的软连接进行接触电阻测量，确保软连接接触连接良好。

1. 检修内容

（1）测量励磁变压器低压侧交流母线软连接接触电阻。

（2）测量交流进线柜内交流母线软连接接触电阻。

（3）测量灭磁开关直流母线软连接接触电阻。

2. 注意事项

（1）励磁系统各软连接已恢复。

（2）接触电阻不应大于 $20\mu\Omega$。

（三）母线螺栓力矩检查

检修期间对励磁主回路上所有螺栓进行检查，确保主回路完整可靠。

1. 检修内容

（1）外观检查。检查励磁主回路上螺栓是否紧固，是否有灼烧痕迹，力矩划线是否清晰。

（2）螺栓复紧。对有异常的螺栓应做好记录，并重新进行螺栓复紧，按力矩要求紧固。

2. 注意事项

励磁系统各软连接已恢复。

（四）交、直流断路器检查

检修期间对励磁回路上各交、直流断路器进行检查，确保断路器能可靠分合。

1. 检修内容

（1）绝缘电阻检查。采用 1000V 绝缘电阻表测量断路器辅助回路和控制回路的绝缘电阻；测量操动机构合闸接触器和分、合闸电磁铁的最低动作电压；测量合闸接触器和分合闸电磁铁线圈的绝缘电阻和直流电阻。

（2）端子复紧。二次回路端子应进行紧固检查。

2. 注意事项

（1）励磁系统已退出运行，启动励磁电源已断开。

（2）绝缘电阻不应低于 2MΩ；操动机构分、合闸电磁铁或合闸接触器端子上的最低动作电压应在操作电压额定值的 30%～65%；在使用电磁机构时，合闸电磁铁线圈通流时的端电压为操作电压额定值的 80%时应可靠动作。

第三节　励磁系统试验

一、静态试验

励磁系统静态试验主要指在调相机机组停机的状态下，且励磁系统的灭磁开关在分闸位置的情况下开展的励磁系统相关检查试验。主要包括励磁系统各部件绝缘检查，操作、保护、限制及信号回路动作试验，自动电压调节器各单元特性检查等。

静态试验是励磁调节器具备带电条件，但励磁主回路未带电时进行的试验，主要目的是检查调节器的各项基本功能是否完好。

静态试验的主要项目是外观检查、主回路绝缘检查、工作电源检查、变送器检查、控制回路检查、保护功能检查、外回路检查和小电流试验等。

试验工作开始前，应做如下准备：指定试验作业指导书；配置试验人员，对试验过程中存在的主要危险点进行分析，并制定相关的对应措施；准备好检修中所需的图纸资料、工器具以及备品备件等。

试验工作完成后，应及时整理原始资料，形成试验报告。试验中若对励磁系统一、二次回路有所改动，则应及时修订相应的图纸、资料，向运行人员交代变动情况。

（一）绝缘电阻测试

1．概述

在 A、C 修中均需对励磁系统的设备和回路进行绝缘电阻测试。试验对象为励磁断路器，交、直流断路器，交、直流母线，励磁变压器低压侧电缆，启动励磁变压器高低压侧电缆，保护跳闸回路等。

2．试验内容

试验条件：对励磁设备或回路进行绝缘电阻测试时，首先应清洁设备，断开不相关的回路，区分不同电压等级分别进行，做好安全措施。非被试回路及设备应可靠短接并接地，被试电力电子元件、电容器的各电极在试验前应短接。

试验方法：根据测试设备工作电压选择符合测试电压要求的绝缘电阻表进行测试（如图 3-9 所示）：

（1）100～500V 的电气设备或回路，可选用 500V 绝缘电阻表；

（2）500～3000V 的电气设备或回路，可选用 1000V 绝缘电阻表。

3．试验标准

评判标准：与调相机绕组连接（直接或间接）的设备及回路电气回路的绝缘电阻值不小于 1MΩ。

（二）耐压试验

1．概述

在 A 修中需对励磁系统的设备和回路进行耐压试验。试验对象为：励磁变压器、启动励磁变压器、同步变压器、励磁变压器高压侧电缆等。

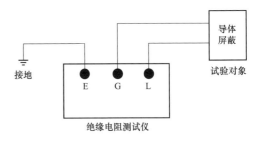

图 3-9　绝缘电阻试验接线图

2．试验内容

试验条件：对励磁变压器高压侧电缆进行耐压试验时，首先应断开励磁变压器高压侧电缆与调相机机端的软连接，并留有足够的安全距离，断开励磁变压器高压侧电气连接，并留有足够的安全距离。对励磁变压器进行耐压试验时，应确认变压器高低压侧一次回路已断开，并留有足够的安全距离，电流二次回路均已短接。交流耐压试验接线图可参考图 3-10 和图 3-11。

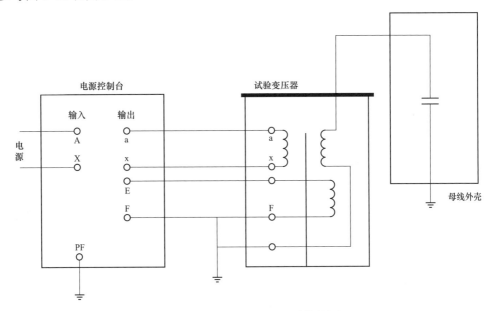

图 3-10　母线交流耐压试验接线图

试验方法：

（1）耐压前，采用 2500V 绝缘电阻表测量绝缘电阻并进行记录；

（2）试验电压 50kV，试验时间 5min，进行耐压试验；

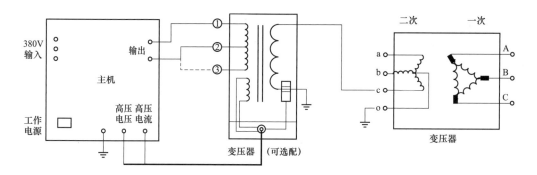

图 3-11　变压器交流耐压试验接线图

（3）耐压后，采用 2500V 绝缘电阻表测量绝缘电阻并进行记录；

（4）干式变压器的试验电压为出厂值的 85%；

（5）进行高压侧耐压时，将低压侧短接接地；进行低压侧耐压时，高压侧短接接地。

3．试验标准

比较耐压试验前、后阻值，不应有较大差异，如有差异应分析并查找原因。

（三）励磁调节器模拟量检测试验

1．概述

在励磁调节器检修中需对励磁调节器的模拟量单元进行检测试验。

2．试验内容

试验条件：采用三相标准源模拟调节器输入模拟量信号，电压源（输出 0～150V，50Hz，不低于精度 0.5 级），电流源（输出 0～10V，不低于精度 0.5 级），4-20mA 信号发生器。

试验方法：

（1）检测三相交流信号波形（相位、幅值）及有效值；

（2）电压有效值调整范围为 0～150% 额定值，电流有效值调整有效值 0～200% 额定值；

（3）设置若干测试点，测试点不少于 3 个，其中要求有 0 和最大值两点，在设计的额定值附近测试点可以密集点，不要求测试点等间距；

（4）模拟量测试通道应包含且不限于表 3-5 所示内容。

表 3-5　　　　　　　　　　　励磁系统模拟量通道

序号	测试通道	序号	测试通道
1	定子电压	5	调相机励磁电压
2	定子电流	6	系统侧电压
3	调相机无功功率	7	同步电压
4	调相机励磁电流	8	励磁变压器电流

3. 试验标准

（1）调相机机端电压相位误差不得大于 1°，误差绝对误差小于 0.5%；

（2）调相机机端电流测量精度在 0.5% 以内，有功功率、无功功率测量精度在 1% 以内；

（3）频率测量为 47.5～51.5Hz，频率测量精度为 0.1Hz；

（4）励磁电流误差应在 0.5% 以内。

（四）励磁调节器开关量检测试验

1. 概述

在励磁调节器检修中需对励磁调节器的开关量单元进行检测试验。

2. 试验内容

试验条件：采用远方模拟开入或者使用短接线，手动改变输入开关量状态。

试验方法：

（1）核对开入信号时，现场人员在远方模拟节点闭合或在屏后短接，则装置开入测量中相应开关量变为 1，模拟节点断开，则装置开入测量中相应开关量变为 0；

（2）核对开出信号时，可利用装置的出口传动功能进行相应传动，当传动某节点时，远方相应的开关量变为 1 或光字牌亮，当复归该节点时，远方开关量变为 0 或光字牌灭；

（3）开关量测试通道应包含且不限于表 3-6 所示内容。

表 3-6 励磁系统开关量通道

序号	测试通道	序号	测试通道
1	远方增磁	6	系统电压跟踪
2	远方减磁	7	系统电压调节
3	远方投励	8	无功功率调节
4	远方逆变	9	整流柜限制
5	灭磁开关位置		

3. 试验标准

开入、开出信号应一一对应。在核对开入信号时，不同地方并接过来的信号（如从 DCS 和同期屏来的远方增磁信号、远方减磁信号）需要分别核对。

（五）励磁调节器功能测试

1. 概述

励磁调节器功能测试试验包括通道切换试验、无功功率过励磁限制试验、低励限制试验、最大励磁电流限制试验、定子过流限制试验、V/Hz 过励磁限制试验、TV 断线功能试验等。

2. 试验内容

（1）电源切换试验。试验条件：确认现场 A 套、B 套励磁调节器装置运行正常。

试验方法：

1）断开 A 套第一路直流电源，A 套调节器仍可运行，报第一路电源故障；恢复第一路直流电源，A 套调节器报警消失；

2）断开 A 套第二路直流电源，A 套调节器仍可运行，报第二路电源故障；恢复第二路直流电源，A 套调节器报警消失；

3）断开 A 套第一路、第二路直流电源，A 套调节器退出运行；

4）B 套试验同 A 套。

（2）通道切换试验。试验条件：确认现场 A 套、B 套励磁调节器装置运行正常。

试验方法：

1）主从切换，选择 A 套为主通道、B 套为从通道，通过操作主从切换把手，将 A 套设为从通道、B 套为主通道，反向再次切换；

2）人工手动切换，选择 A 套为主通道、B 套为从通道，通过操作人工切换把手，将 A 套设为从通道、B 套为主通道，反向再次切换；

3）掉电切换，选择 A 套为主通道、B 套为从通道，通过断开主通道装置电源，将 A 套设为从通道、B 套为主通道，反向再次切换；

4）故障自动切换，选择 A 套为主通道、B 套为从通道，通过模拟主通道 TV 断线报主通道故障，将 A 套设为从通道、B 套为主通道，反向再次切换。

（3）无功功率过励磁限制试验。

试验方法：

1）检查励磁电流测量环节；

2）模拟调相机电压电流输入到调节器，约 1/2 额定有功功率，增加励磁电流超过过励限制启动值一定量，已尽量少超过定子电流额定值为限，确定该励磁电流后减少励磁电流到额定值以下，做好记录；

3）迅速将励磁电流调到计划值，记录过励限制动作时间，该时间应当与预期值接近；

4）过励限制动作后，励磁电流限制到设定值，此时增加励磁应无效并且稳定运行在该点；

5）再减少励磁电流检查过励限制复归值。

（4）无功功率低励磁限制试验。

试验条件：一般可按有功功率 $P = S_n$ 时，允许无功功率 $Q = -0.05Q_n$ 及 $P = 0$ 时 $Q = -0.3Q_n$ 两点来确定低励限制动作曲线，其中 S_n、Q_n 分别为额定视在功率和额定无功功率。

试验方法：

1）模拟调相机电压电流输入到调节器，检查有功功率、无功功率和电压测量值是否正确；

2）按照调节器低励限制特性设置动作线，使得在额定电压下有功功率等于零和等于额定值下的无功功率两点数值符合要求；

3）调整模拟调相机电压、电流和相角，对应不同调相机电压（如 $95\%U_n$、$100\%U_n$、$105\%U_n$）测量低励限制发信的有功功率和无功功率关系曲线，在上述两点应当与动作一致；

4）调整模拟输入信号继续进相，直至励磁保护动作。与励磁限制动作线一样，作出低励保护动作线（如图 3-12 所示）。

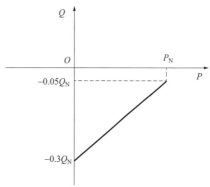

图 3-12　低励限制动作线

（5）最大励磁电流限制试验。试验目的：需检查励磁调节器装置空载最大励磁电流限制是否能正常动作。空载最大励磁电流限制主要目的是防止发调相机空载误强励情况发生，其为瞬时动作限制，励磁装置检测调相机励磁电流，当励磁电流超过最大励磁电流限制整定值时，该限制立即动作。

试验方法：

1）模拟调相机电压、励磁电流输入到调节器，检查定子电压、励磁电流测量值是否正确；

2）增加励磁电流至 210% 以上，使其达到励磁电流限制值，使最大励磁电流限制动作。

（6）定子过电流限制试验。过流限制器是否能正常动作，动作曲线及动作后的行为是否符合相关的要求。

试验方法：

1）模拟调相机电流输入到调节器，检查定子电流测量值是否正确；

2）逐步调整输出电流大小，使其达到定子电流限制值，使定子电流限制动作；

3）根据定子电流限制整定曲线，选择超过 3 个工况点验证定子电流特性曲线。

（7）V/Hz 过激磁限制试验。

试验方法：

1）模拟调相机电压输入到调节器，分别进行频率不变改变电压和电压不变改变频率的 V/Hz 比值检查，改变电压和改变频率获得的 V/Hz 比值应当相同；

2）检查调相机 V/Hz 限制特性整定值与定值单相同；

3）输入模拟调相机电压信号，测定 V/Hz 限制启动值、限制值和复归值；

4）测定 V/Hz 限制延时时间，调整模拟调相机电压和频率到 V/Hz 限制将动作的边沿，突增调相机电压，录波记录模拟调相机电压和 V/Hz 限制信号，测量 V/Hz 限制延时时间。调相机励磁系统一般采用 V/Hz 限制反时限，则可以调整电压突增量大小，测量不同 V/Hz 值下的延时，作出反时限曲线（如图 3-13 所示）。

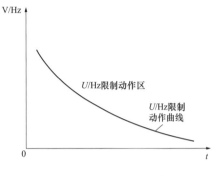

图 3-13　V/Hz 限制动作线

（8）TV 断线功能试验。

试验方法：

1）模拟调相机电压输入到调节器，检查定子电压测量值是否正确；

2）断开直流输出回路，将整流柜带电阻做负载；

3）调节器设置在电压闭环调节方式下，调整电压给定值和测量值，整流柜工作在一个整流触发角，输出整流波形；

4）模拟任意一相 TV 断线，励磁调节器将主通道切换至备用通道，保持自动方式运行，此时整流柜输出直流电压波形应基本不变，检查 TV 断线的调节通道应转换为电流闭环调节方式；

5）恢复 TV 断线后，故障调节通道的 TV 断线信号将自动复归，并继续维持从通道运行。

（六）励磁整流柜冷却系统检查

1. 概述

年度检修期间检查励磁整流柜风机操作回路、切换逻辑和故障信号回路，对其进行操作和模拟，保证整流柜风机正确工作（如图 3-14～图 3-16 所示）。

2. 试验内容

（1）检查整流柜内热继电器工作状态，其动作值应整定为风机额定电流的 2 倍。

（2）检测风机电源相序并进行风机试转，风机上电时注意 380V 必须接成正序，这需要结合风机转向来判断，合上风机电源，断开停止风机令，立即观察风机转向和风量，如果风机是正转的，风机运行的声音比较亮，风量很大；如果风机反转了，风机运行的声音较低沉，风量很小，说明风机电源的相序接反了，此时，必须马上拉断电源，然后任选 2 相的线进行调换，将相序调整为正序，再进行风机测试。

（3）检查风机切换逻辑，断开运行风机电源，此时该组风机应停下，备用风机应启动，恢复电源后，反向试验应进行再次测试。

3. 试验标准

运行风机应无异响，核对信号，模拟功率柜停风、熔丝熔断等，就地和后台报警显示应正确。

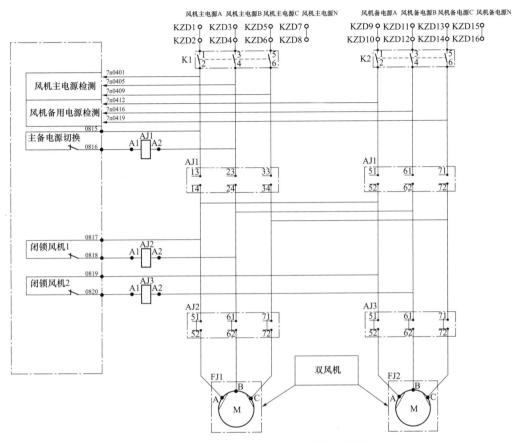

图 3-14　南瑞继保励磁风机切换回路图

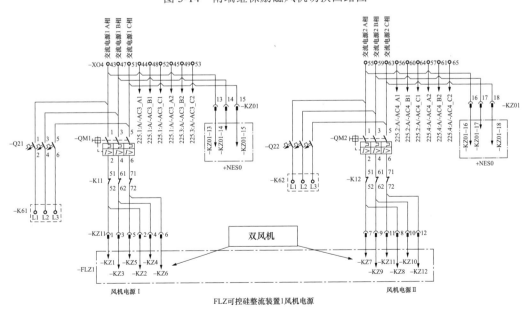

图 3-15　南瑞科技励磁风机切换回路图

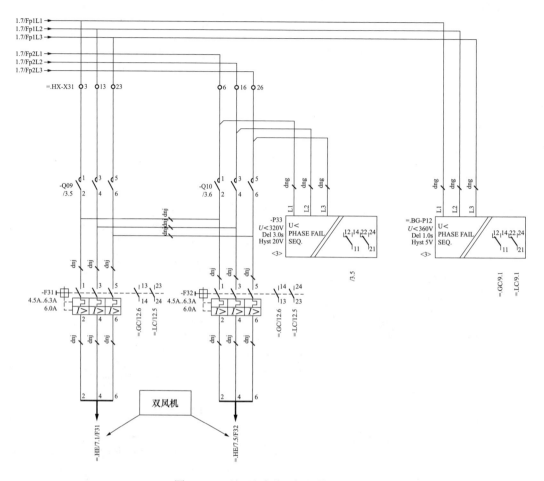

图 3-16　西门子励磁风机切换回路图

（七）励磁整流柜功率整流元件检查

1. 概述

在 A 修期间，应检查功率整流元件，应确认元件特性参数与设计要求一致，与元件标志的参数一致，确保元件无老化，保证整流柜风机正确工作。

考虑到功率柜均按照 $N-1$ 配置，一个元件退出运行不影响正常运行，且可以维持到下一个检修期，因此在 A 修期间可以不测功率整流元件特性，仅在 A 修期间确认各个元件工作正常。当有一个元件在运行中发生故障，应在年度检修期间对全部元件进行元件特性测试。测量时，应将被测元件脱离原回路，解除被测元件的阻容保护等附加元件。

2. 试验内容

（1）伏安特性测试，用伏安特性测试仪对功率整流元件进行检测，结果应与原先的测试记录进行比对，断态重复峰值电流或反向断态重复峰值电流有显著增加时应予以更换；

（2）晶闸管在 6V 主电压下应接受原触发脉冲可正常导通。图 3-17 为整流元件伏安特性曲线。

（八）励磁变压器测温装置检查

1. 概述

在检修期间，需检查励磁变压器测温装置、回路和故障信号回路，对其进行操作和模拟，保证励磁变测温装置正确工作。

2. 试验内容

（1）检查变压器三相温度及铁芯温度；

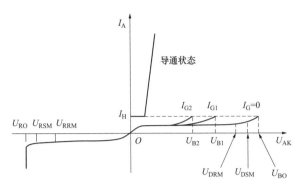

图 3-17　整流元件伏安特性曲线

U_{DRM}、U_{RRM}—正、反向断态重复峰值电压；

U_{DSM}、U_{RSM}—正、反向断态不重复峰值电压；

U_{BO}—正向转折电压；U_{RO}—反向击穿电压

（2）采用 500V 绝缘电阻表测量二次回路的绝缘电阻；

（3）检查温度控制器控制、信号接点，各接点接线应良好，显示应正确。

3. 试验标准

三相温度偏差不应过大，建议小于等于 10℃；二次回路绝缘电阻大于等于 1MΩ；远方、就地显示误差小于等于 2℃。

（九）励磁变压器冷却系统检查

1. 概述

在检修期间，需检查励磁变压器冷却风机操作回路、和故障信号回路，对其进行操作和模拟，保证励磁变冷却系统正确工作。

2. 试验内容

（1）采用 500V 绝缘电阻表测量风扇电机及二次回路的绝缘电阻；

（2）风扇转动试验，风扇转动后，转动方向正确，运转平稳，无异常声音，电动机三相电流平衡；

（3）风机启动应满足现场要求，应做到三相绕组（或铁芯）温度中任一相超过定值时，风机可靠启动。

3. 试验标准

风扇电机及二次回路绝缘电阻大于等于 1MΩ。

（十）灭磁开关空载操作特性试验

1. 概述

在检修期间，对磁场断路器进行在不同工况下的分合操作试验，确认断路器功能良好。

2．试验内容

（1）A 修、C 修期间测录合、分闸线圈的直流电阻；

（2）A 修期间在最小操作电压下磁场断路器分别进行 5 次合闸和 5 次分闸操作，在操作电压 80%时应可靠合闸，在 65%时应能可靠分闸，低于 30%时应不动作，记录动作时间；

（3）A 修期间在最大操作电压下作 5 次合闸和 5 次自由脱扣，记录动作时间；

（4）检查防跳试验，在已合闸状态下保持合闸指令和合闸电源，下达分闸指令实现分闸后，不应再次合闸；

（5）试验中应注意在短时间内灭磁开关动作次数不宜过多。

3．试验标准

磁场断路器在操作电源电压为（80%～110%）U_e 时，能可靠吸合；在（60%～75%）U_e 时，能可靠断开（U_e 为磁场断路器的额定操作电压）。

（十一）灭磁装置 ZnO 加压试验

1．概述

A 修期间对 ZnO 电阻进行加压试验，检查电阻是否良好，确保 ZnO 电阻满足现场条件。

2．试验内容

ZnO 阀片特性试验测试接线图如图 3-18 所示。

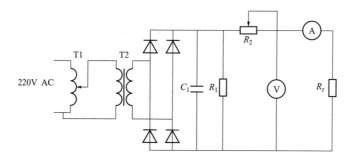

图 3-18　ZnO 阀片 V-A 特性测试接线图

T1—调压器，1kVA；T2—升压变压器，1kVA，220/2000V；C_1—滤波电容器，4.7μF/2000V；

R_1—放电电阻，100kΩ/20W，5 个串联；R_2—可调限流电阻，2kΩ/100W；—ZnO 阀片

试验方法：

（1）采用耐压仪对每个支路单独进行加压试验，记录漏电流为 10mA 时的压敏电压值 U_{10mA}；

（2）在每个支路施加 $0.5U_{10mA}$ 的电压值，记录此时的漏电流值。

3．试验标准

U_{10mA} 与出厂报告数据偏差应不大于 10%，否则视为异常；该漏电流值应该不大于

100mA，否则视为异常；异常支路数大于总支路数的 20%时，建议全部更换。

（十二）跨接器试验

1. 概述

A 修修期间对跨接器进行试验，检查电阻是否良好，确保 ZnO 电阻满足现场条件。

2. 试验内容

（1）跨接器两端接高压示波器观察波形；

（2）串接一只至少 200Ω 的限流电阻，设置好跨接器动作值；

（3）对灭磁或过电压回路单独加交流高压，直到跨接器动作，观察示波器波形，记录动作值（如图 3-19 所示）。

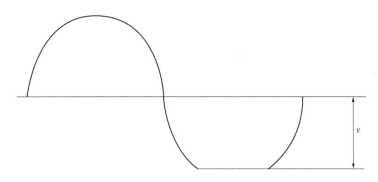

图 3-19　跨接器动作电压波形

3. 试验标准

试验值与设定值偏差应在 300V 以内。

（十三）转子接地保护

1. 概述

转子接地保护试验应包括输入/输出开关量检测、采样测量、功能测试试验。

2. 试验内容

（1）输入/输出开关量检测试验。试验条件：采用远方模拟开入或者使用短接线，手动改变输入开关量状态。

试验方法：

1）核对开入信号时，现场人员在远方模拟节点闭合或在屏后短接，则装置开入测量中相应开关量变为 1，模拟节点断开，则装置开入测量中相应开关量变为 0；

2）核对开出信号时，可利用装置的出口传动功能进行相应传动，当传动某节点时，远方相应的开关量变为 1 或光字牌亮，当复归该节点时，远方开关量变为 0 或光字牌灭；

3）转子接地保护开关量测试通道应包含且不限于表 3-7 所示内容。

表 3-7 　　　　　　　　　　　　　　转子接地保护开入开出量

开入量通道测试	
实现方式	功能
转换把手	投检修
按钮	打印
按钮	复归
开出量通道测试	
对侧设备	功能
第一套调变组保护	注入式转子接地保护跳闸
第二套调变组保护	注入式转子接地保护跳闸
第一套调变组保护	乒乓式转子接地保护跳闸
第二套调变组保护	乒乓式转子接地保护跳闸
DCS	注入式转子接地保护跳闸
DCS	注入式转子接地保护装置故障
DCS	注入式转子接地保护运行异常
DCS	注入式转子接地保护动作
DCS	乒乓式转子接地保护跳闸
DCS	乒乓式转子接地保护装置故障
DCS	乒乓式转子接地保护运行异常
DCS	乒乓式转子接地保护动作

（2）采样测量试验。试验条件：采用三相标准源模拟调节器输入模拟量信号，电压源（输出 0～220V，50Hz，不低于精度 0.5 级），4～20mA 信号发生器。

试验方法：

1）检测三相交流信号波形（相位、幅值）及有效值；

2）模拟直流电压输入装置，装置显示对应转子电压应与输入模拟量一致；

3）4～20mA 模拟量输入装置，4mA 输入应显示转子电压为 0，12mA 输入应显示转子电压为一半，20mA 输入应显示转子电压为满量程。

（3）功能测试试验。试验条件：采用三相标准源模拟调节器输入模拟量信号，电压源（输出 0～220V，50Hz，不低于精度 0.5 级），4～20mA 信号发生器。试验接线如图 3-20 所示。

试验方法：

1）合上转子电压输入开关，从相应屏端子外加直流电压，将试验端子（20kΩ）与电压正端短接，记录试验值，将试验端子与电压负端短接，记录试验值。

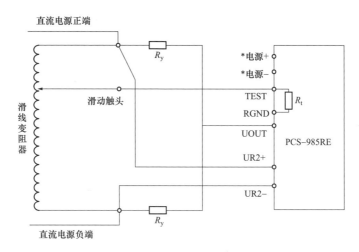

图 3-20　转子接地保护试验接线图

2）在静止状态下，将电压正端和电压负端通过一个小阻值的滑线变阻器连接，将试验端子（20kΩ）与电压正端短接，记录试验值 K1，记录接地位置；将试验端子与电压负端短接，记录测量值 K2，记录接地位置；将试验端子（20kΩ）与滑线变阻器任一点短接，记录试验值 K3，记录接地位置。

（十四）主励磁开环小电流试验

1．概述

在检修期间，通过小电流试验输出波形检查包括整流桥主回路、同步回路、脉冲回路和调节控制回路在内的整个整流回路的正确性。

2．试验内容

试验条件：试验接线可参照图 3-21。负载电阻值保证整流装置可靠导通即可。检查整流桥交直流侧外围状态：如果外围未接线，将电源和电阻直接接到母排上，合上交直流刀闸或开关，即可试验；如果外围已接线，则必须断开交直流刀闸或开关，将交流侧电源加到交流刀闸或开关的负荷侧，将同步变输入线从铜排上解开，通过试验线改接到刀闸或开关负荷侧，将电阻加到直流刀闸或开关的负荷侧，以保证试验时电压不串到外围的主回路。

试验方法：

1）调节器设定处于恒定角度控制方式；

2）输入电压，通过增、减磁命令，调整励磁调节器输出脉冲触发角度，改变整流柜直流侧输出，用示波器观察负载电阻上波形，每个周期应有六个波头，各波头对称一致，增、减磁时波形平滑无跳变。波形如图 3-22 所示。

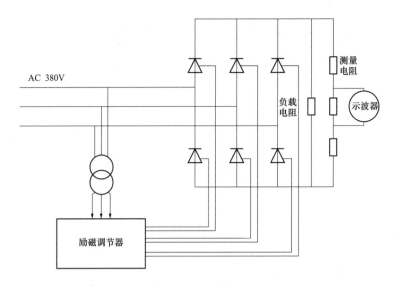

图 3-21　励磁小电流试验接线图

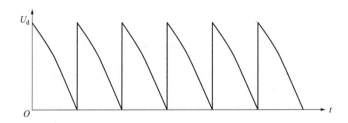

图 3-22　小电流试验波形示意图

3）测量晶闸管整流桥输出电压与晶闸管初伏角度的特性。

4）检查并确认小电流试验波形均正确后进行切换试验，做切换试验时需要保证两套装置的同步采样均正常，手动切换和故障自动切换均应模拟，观察波形和输出幅值，切换瞬间应基本无变化和波动。

5）全程用红外测温设备测量电阻温度，不超过设计值。

试验中应做好安全隔离措施：直流输出应确认断开，且留有足够的安全距离；交流输入应确认与励磁变压器断开，且留有足够的安全距离；负载电阻应做好高温监控。

3．试验标准

直流输出电压应满足

$$U_d = \begin{cases} 1.35 U_{ac}[1 + \cos(\alpha + 60°)] & \alpha > 60° \\ 1.35 U_{ac} \cos\alpha & \alpha < 60° \end{cases}$$

式中　U_d——整流装置输出直流电压，V；

　　　U_{ac}——整流装置交流侧电压，V；

　　　α——整流装置触发角度，（°）。

（十五）启动励磁开环小电流试验

1. 概述

在 A 修期间，通过小电流试验输出波形检查包括启动励磁整流桥主回路、同步回路、脉冲回路和调节控制回路在内的整个整流回路的正确性（如图 3-23 所示）。

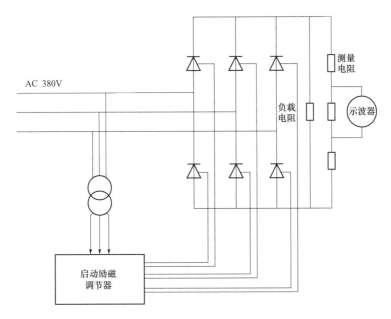

图 3-23　启动励磁小电流试验接线图

2. 试验内容

试验条件：启动励磁小电流试验中三相整流电源由启动变压器输出，直流输出电阻一般采用线性滑线变阻器，滑线变阻器的选择以触发脉冲 60°时滑线变阻器电流为 1～2A 为宜。将电阻直接接到直流刀闸上口，合上交流刀闸，即可试验。

试验方法：

（1）调整启动励磁参数，设定启动励磁系统处于开环角度控制方式并使其可以进行投励、逆变命令；

（2）启动变压器 380V 送电，测量启动变压器 200V 输出无异常，并检查启动励磁系统同步采样，确保幅值、相序、相差正确；

（3）发出投励令，利用示波器可以看到直流侧输出波形，波形应该均匀、一致，每周期 20ms 内有 6 个波头；

（4）通过改变开环角度设定值，输出不同波形，触发角度为 60°时，输出波形刚好连续；

（5）发出逆变命令，波形消失。

（十六）启动励磁与 SFC 对标试验

1. 概述

在 A 修期间，核查启动励磁从 SFC 系统接取的励磁电流参考值通道的正常性，SFC 系统从启动励磁接取的励磁电流反馈量的正确性，二次回路完整性（如图 3-24 所示）。

图 3-24　启动励磁与 SFC 对标试验

2. 试验内容

试验条件：确认并记录 SFC 给启动励磁的励磁电流参考值量程。

试验方法：

（1）通过过程校验仪从 SFC 系统输出 4～20mA 信号到启动励磁，两侧毫安量显示应一致，若存在差异应调整启动励磁装置定值"SFC 给定系数"及"SFC 给定校零"来使得通道采样正确；

（2）通过过程校验仪从启动励磁输出 4～20mA 信号到 SFC 系统，两侧毫安量显示应一致，若存在差异应调整对应通道"校零""系数""量程"等参数来使得通道采样正确。

（十七）励磁系统操作回路传动试验及信号检查

1. 概述

在检修期间，对励磁系统的操作回路以及信号回路进行检查，确保操作控制回路远方可控。

2. 试验内容

试验条件：检查并确认 DCS 系统正常运行，准备过程校验仪进行信号输出。

试验方法：

（1）通过过程校验仪从 DCS 系统输出 4～20mA 信号至励磁调节器的无功参考值和电压偏差值，装置上采样应和输入量相同，若存在差异应通过调整量程和对应通道的采样系数、校零来使得通道采样正确；

（2）通过从 DCS 系统发出 DO 指令至励磁调节器，在装置上应显示相应的开入变位；

（3）通过从励磁系统（励磁调节器、整流柜等励磁系统各屏柜）发出 DO 指令至 DCS，在 DCS 上应显示相应的状态变化；

（4）远方对励磁系统下达操作指令，检查灭磁开关及相关断路器的分合状态。

二、动态试验

详见第十三章整套启动试验。

第四章

静止变频器（SFC）检修及试验

第一节 概 述

静止变频装置，基于电机力矩控制原理，利用晶闸管换流装置将工频交流电转换成频率连续可调的变频交流电，将该变频电流输出到同步电机定子绕组，形成定子旋转磁场，同时在转子上施加励磁电流，形成转子磁场，旋转的定子磁场与转子磁场相互作用，牵引转子转动，即可实现可逆式机组的启动。

静止变频器主要由一次主回路、控制及保护部分、电源及辅助设备组成。一次主回路部分主要包括交流电抗器、断路器、变压器、晶闸管变流器等，晶闸管变流器是静止变频器实现功率变换的主要部件，由网桥、机桥和平波电抗器组成；控制部分是静止变频器的核心部件，主要由高性能控制器、模拟量及开关量采集、脉冲触发单元组成；保护部分包括控制器内置保护或者控制器内置保护+独立保护装置；电源部分指控制器用控制电源、辅助设备用动力电源、断路器及隔离开关等设备用控制电源、保护装置电源、照明与加热器电源等；辅助设备主要指冷却单元（如图 4-1 所示）。

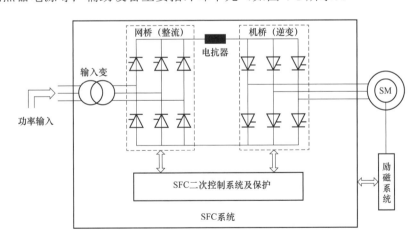

图 4-1 静止变频器系统结构图

静止变频器的检修涉及电压等级多，涵盖中压和低压、交流和直流、强电和弱电，交流电压等级上至 20kV、下至 220V，直流电压等级上至数千伏、下至 24V；检修设备的种类多，包括变压器、断路器及隔离开关等一次设备，以及控制保护装置、二次回路、表计等；静止变频器设备综合了电力电子、电力系统、电机及自动控制等多个专业。另外各个设备厂家设备的设计、制造不同，具体的检修要求也不尽相同。基于以上特点，静止变频器检修工作难度较高，在实际开展检修工作时，需要结合不同设备实际情况，严格按照相关标准、规范和各厂家设备的具体维护操作技术要求执行。

静止变频启动系统（SFC）设备检修一般分 A、C 两个类别。

SFC 系统设备 C 类检修周期与机组 C 修周期一致，A 类检修周期一般应在 5 年以上或参照制造厂要求。A 类检修主要应对设备进行全面的检查和修理，以保持、恢复或提高设备性能。C 类检修应根据设备的磨损、老化规律，有重点地进行检查、评估、修理、清扫。

在 A 类、C 类检修中，SFC 系统检修都应包括：SFC 控制系统柜、整流柜、电抗器柜、电源进线柜、逆变柜、出线柜、隔离变压器、隔离开关切换开关等设备的检修，以及 SFC 系统相关的静态试验。其中 A 类检修还应对部分设备的元器件或构件进行专项测试或试验。

检修项目及周期如表 4-1 所示。

表 4-1 检 修 项 目 及 周 期

设备	检 修 项 目	A 类检修	C 类检修
SFC 控制柜	盘柜清扫和端子排检查	◆	◆
	设备检查	◆	◆
	电源检查	◆	◆
	绝缘电阻测量	◆	◆
	继电器和接触器校验	◆	◆
	变送器校验	◆	◆
	保护装置定值检查	◆	◆
	控制器接线情况检查	◆	◆
	脉冲触发系统检查	◆	
	模拟量试验	◆	◆
	开关量试验	◆	◆
	通信接口信号检查	◆	◆
	外观检查与风机启动试验	◆	◆
	测量元件校验	◆	◆
SFC 整流器柜、逆变器柜	整流桥柜和逆变器柜清扫	◆	◆
	功率部件、桥臂电感器连接检查	◆	◆
	阻容部件紧固情况检查	◆	◆

设 备	检 修 项 目	A 类检修	C 类检修
SFC 整流器柜、逆变器柜	脉冲触发及监视光纤及连接器检查	◆	◆
	晶闸管电阻测量	◆	◆
	故障信号模拟显示	◆	◆
	绝缘电阻测量	◆	◆
	耐压试验	◆	
	功率元件试验	◆	
	脉冲触发试验	◆	
	并联电阻电容测试	◆	◆
	串联阀组均压试验	◆	
	过压保护试验	◆	
	电流、电压互感器试验	◆	
	熔断器、信号指示器	◆	◆
	避雷器预防性试验	◆	◆
SFC 系统隔离变压器	隔离变压器、温控装置、电气连接部件紧固性检查及其电气预防性试验	◆	
SFC 系统输入断路器	操作检查	◆	◆
	触头检查	◆	◆
	监控功能试验	◆	◆
	预防性试验	◆	◆
SFC 隔离开关	触头检查	◆	◆
	监控功能试验	◆	◆
	预防性试验	◆	◆
SFC 切换开关	触头检查	◆	◆
	监控功能试验	◆	◆
	预防性试验	◆	◆

第二节 静止变频器（SFC）检修

一、SFC 控制柜检修

检修概述：SFC 控制柜主要包含人机交换单元、保护单元和控制单元等设备，根据 A 修或 C 修要求，主要针对柜内端子排、二次回路、元器件功能以及保护定值等开展相应的检修工作。

（一）屏柜清扫、检查和端子紧固

1. 屏柜清扫、检查

（1）检修目的。检修期间进行屏柜清扫，确保 SFC 控制柜外观整洁、无灰尘、散热环境良好，减少设备故障率，确保设备安全可靠运行。

（2）检修条件。确认 SFC 控制柜交直流电源已断开。

（3）检修步骤：

1）屏柜内外、柜顶柜底用吸尘器进行清灰处理；

2）屏柜内外用电子器件专用清洗剂进行擦拭；

3）检查屏柜内风机外观，如存在灰尘积累应进行擦拭；

4）检查屏柜底电缆封堵情况，如存在空洞或不完善应进行封堵完善。

（4）评判标准。箱体无积尘，通风良好、电缆封堵良好。

2. 端子紧固

（1）检修目的。检修期间进行端子紧固，确保 SFC 控制柜的端子及端子排外观良好，紧固。

（2）检修条件。确认 SFC 控制柜交直流电源已断开。

（3）检修步骤：

1）屏柜内对跳闸回路、操作回路、电源回路、信号回路等端子进行紧固检查，如存在松动情况，在复紧后应对该回路进行传动测试；

2）屏柜内端子排进行检查，如存在连接片或螺纹损坏应进行更换，并开展相关试验对修改的二次回路进行验证；

3）屏柜顶部有端子排的，应对端子排进行紧固检查，如存在二次电缆暴露在外的，应加装电缆槽并做好电缆防护工作。

（4）评判标准。端子及端子排无松动，表面无氧化、过热现象。

（二）设备检查

1. 电源检查

（1）检修目的。检修期间进行设备电源检查，以确保的可靠运行。

（2）检修条件。确认控制器屏柜交直流电源已断开，各切换开关、输入输出开关断开。

（3）检修步骤：

1）合上装置电源插件上的电源开关；

2）试验直流电源由零缓慢上升至 80% 额定电压值，此时电源插件面板上的电源指示灯应亮；

3）固定直流电源为 80% 额定电压值，拉合直流开关，电源应可靠启动。

（4）评判标准。电源值误差应在合格范围内，电源相关设备安装牢固、无腐蚀。

2. 绝缘电阻测量

（1）检修目的。A 修期间对 SFC 控制柜各带电回路对地绝缘电阻测量，确保控制柜绝缘性能良好。

（2）检修条件。确认 SFC 控制柜开关交直流电源已断开，端子排已断开。

（3）检修步骤。使用绝缘电阻测试仪对各带电回路进行对地绝缘电阻测量。

（4）评判标准。各带电回路对地绝缘电阻测量，不同带电回路之间的绝缘电阻的测量符合 DL/T 596《电力设备预防性试验规程》规定。

3. 继电器和接触器校验

（1）检修目的。检修期间对 SFC 控制柜内的元器件（继电器、接触器）的校验，确保柜内的元器件精度准确，无异常。

（2）检修条件。确认 SFC 控制柜开关交直流电源已断开，各切换开关、输入输出开关断开。

（3）检修步骤：

1）拆卸继电器、接触器前应核对图纸，做好拍照或文字记录，确保元器件回装无误；

2）如屏柜内继电器、接触器不便于拆卸或校验需利用 SFC 控制柜输入电源，应做好二次安全隔离后方可恢复设备电源；

3）校验继电器、接触器时，应核对元器件输入输出电压、防止设备发生过压损坏。

（4）评判标准。继电器在 80%额定电压下应可靠动作，返回电压不超过 50%额定电压，并且检查继电器和接触器动作和复归时，常开接点、常闭接点的状态应正确。

4. 变送器校验

（1）检修目的。检修期间对变送器校验，确保变送器正常工作，精度正确。

（2）检修条件。确认 SFC 控制柜开关交直流电源已断开，各切换开关、输入输出开关断开。

（3）检修步骤：

1）拆卸变送器前应核对图纸，做好拍照或文字记录，确保变送器回装无误；

2）如屏柜内变送器不便于拆卸或校验需利用 SFC 控制柜输入电源，应做好二次安全隔离后方可恢复设备电源；

3）校验变送器时，应核对变送器输入输出电压、防止设备发生过压损坏。

（4）评判标准。变送器的绝缘电阻、输出值等参数，满足产品技术要求（如表 4-2 所示）。

表 4-2 基本误差的极限值

等级指数	0.1	0.5	1.0	1.5
误差极限（%）	±0.1	±0.5	±1.0	±1.5

5. 保护装置定值检查

（1）检修目的。检修期间进行 SFC 控制柜定值检查核对，确保整定值与定值单一致。

（2）检修条件。确认 SFC 控制柜交直流电源已投入，各切换开关、输入输出开关断开。

（3）检修步骤：

1）调取 SFC 控制柜定值菜单并连接打印机进行定值打印；

2）部分控制器参数定值检查无法通过定值打印实现的，在确认无修改参数的可能下，可通过 SFC 系统专用电脑进行参数调取；

3）至少配置 2 人进行定值核对工作。

（4）评判标准。整定值应与定值单一致，符合厂家技术要求。

6. 控制器接线情况检查

（1）检修目的。检修期间进行 SFC 控制柜控制器接线情况检查，确保接线完整正确。

（2）检修条件。确认 SFC 控制柜内交直流电源已断开。

（3）检修步骤：

1）核对设计院竣工图纸及设备厂家图纸，检查确认现场 SFC 控制柜内控制器接线位置、电缆套牌、回路号标识等是否正确；

2）检查端子排上二次回路连接是否规范，同一端子上不应接入超过两根线。

（4）评判标准。控制器接线正确，并对控制器进行通电检查，各插件功能完好。

7. 通信接口信号检查

（1）检修目的。检修期间进行 SFC 控制柜通信接口信号检查，确保信号正确。

（2）检修条件。确认 SFC 控制柜交直流电源已投入，各切换开关、输入输出开关断开。

（3）检修步骤：

1）核对设计院竣工图纸及设备厂家图纸，检查确认现场 SFC 控制柜内二次回路接线位置、电缆套牌、回路号标识等是否正确；

2）检查端子排上二次回路连接是否规范，同一端子上不应接入超过两根线。

（4）评判标准。与监控系统及励磁系统之间通信接口正常，信号传输正常。

8. 风机外观检查与启动试验

（1）检修目的。检修期间进行 SFC 控制柜风机外观检查与启动试验，确保风机外观洁净，启动无异常。

（2）检修条件。确认 SFC 控制柜交直流电源已投入，各切换开关、输入输出开关断开。

（3）检修步骤：

1）风机内外用吸尘器进行清灰处理；

2）风机内外用电子器件专用清洗剂进行擦拭；

3）用专用仪器对风机电机进行绝缘测试；

4）风机通电后，查看风机旋转方向和线缆有无发热迹象，有无异响，确保风机正常运行。

（4）评判标准。风机外观无缺陷、电机绝缘测试正常，风机工作正常，接线牢固。

9. 测量元件校验

（1）检修目的。检修期间进行 SFC 控制柜内的元器件（继电器、接触器）的校验，确保柜内的元器件精度准确，无异常。

（2）检修条件。确认 SFC 控制柜交直流电源已投入，各切换开关、输入输出开关断开。

（3）检修步骤：

1）拆卸继电器、接触器前应核对图纸，做好拍照或文字记录，确保元器件回装无误；

2）如屏柜内继电器、接触器不便于拆卸或校验需利用 SFC 控制柜输入电源，应做好二次安全隔离后方可恢复设备电源；

3）校验继电器、接触器时，应核对元器件输入输出电压、防止设备发生过压损坏。

（4）评判标准。温度测量元件校验，测量误差应在标准级差以内。

二、SFC 机桥柜、网桥柜检修

SFC 机桥柜、网桥柜主要由晶闸管组件、桥臂电感器、电容、阻尼回路等组成。SFC 机桥柜、网桥柜检修主要针对机柜内各功能单元及原部件按照相应的检修标准进行作业。

（一）整流桥柜和逆变桥柜清扫

（1）检修目的。检修期间进行屏柜清扫，确保整流桥柜和逆变桥柜外观整洁，设备安全可靠运行。

（2）检修条件。网桥柜交直流电源已断开，各切换开关、输入输出开关断开。

（3）检修步骤：

1）屏柜内外、柜顶柜底用吸尘器进行清灰处理；

2）屏柜内外用电子器件专用清洗剂进行擦拭；

3）检查屏柜内风机外观，如存在灰尘积累应进行擦拭；

4）检查屏柜底电缆封堵情况，如存在空洞或不完善应进行封堵完善。

（4）评判标准。电网侧整流桥柜、机组侧逆变桥柜柜内元件干净无尘。

（二）设备检修

1. 功率部件、桥臂电感器连接检查

（1）检修目的。检修期间对功率部件、桥臂电感器连接检查防止由于接线松动、端子螺栓损坏造成的接触不良，影响装置正常运行。

（2）检修条件。确认整流桥柜和逆变桥柜交直流电源已断开，各切换开关、输入输出开关断开。

（3）检修步骤：

1）检查功率部件、桥臂电感器安装牢固、端正，接线紧固，端子螺栓无脱扣现象，接线不应有形变现象；

2）各部件设备标号齐全、正确，连接处无裂纹和松动现象；

3）检查底座安装牢固，无裂纹。

（4）评判标准。晶闸管功率部件、桥臂电感器连接紧固。

2. 脉冲触发及监视光纤及连接器检查

（1）检修目的。检修期间脉冲触发及监视光纤及连接器检查保证光纤连通性正常，脉冲触发稳定，设备正常反馈，装置控制系统正常运行。

（2）检修条件。确认整流桥柜和逆变桥柜交直流电源已断开，各切换开关、输入输出开关断开。

（3）检修步骤：

1）检查光纤端接平整、清洁；

2）对光纤本身、端面、端口内侧、跳线等部件用电子器件专用清洗剂进行擦拭；

3）通过光功率计或装置的光衰检测确定光纤的连通性，保障通信质量稳定且不中断。

（4）评判标准。晶闸管脉冲触发监视光纤及连接器连接良好。

3. 故障信号模拟显示

（1）检修目的。检修期间通过故障信号模拟，验证装置是否正确显示并响应。

（2）检修条件。确认整流桥柜和逆变桥柜交直流电源已断开，各切换开关、输入输出开关断开。

（3）检修步骤：

1）检查、核对设备名称、编号、位置，发现有误或标识不清应立即停止操作；

2）根据设备测试参数调节相关仪表设备输出量，保证测试安全可靠；

3）记录相关模拟量数据，确保试验数据可靠、信号正确无误。

（4）评判标准。晶闸管报警和调整信号正确。

4. 绝缘电阻测量

（1）检修目的。检修期间通过测量整流桥柜和逆变桥柜各部件及主回路绝缘电阻，确认各部件及主回路绝缘性能良好，防止绝缘过低导致部件短路影响 SFC 安全运行。

（2）检修条件。确认整流桥柜和逆变桥柜交直流电源已断开，各切换开关、输入输出开关断开。

（3）检修步骤：

1）清洁各部件及主回路，断开不相关电路，防止测量过程中造成损坏，区分不同电压等级分别测量，做好安全措施；

2）选择与测试电压相适应的绝缘电阻测试仪进行试验，测量过程中如有异味、异响、高温等现象应立即停止测量，进行检查；

3）记录相关测量数据，确保测量数据可靠。

（4）评判标准。符合 DL/T 596《电力设备预防性试验规程》中规定。

5. 阻容部件紧固情况检查

（1）检修目的。检修期间对阻容部件紧固检查，防止部件在设备运行期间脱落，影响机组稳定可靠运行。

（2）检修条件。确认整流桥柜和逆变桥柜交直流电源已断开。

（3）检修步骤：

1）检查阻容部件与底座安装牢固，无裂纹，如果松动应注意连接处附近元器件，防止紧固时对周边元器件损坏；

2）检查阻容部件回路安装牢固、端正，接线紧固，端子螺栓无脱扣现象，接线不应有形变现象。

（4）评判标准。晶闸管电阻、电容、阻尼回路连接紧固。

6. 耐压试验

（1）检修目的。A 修期间检验检功率桥各设备的绝缘水平，判断功率桥是否受潮、绝缘老化受损等缺陷，为系统安全运行提供保障。

（2）检修条件。确认整流桥柜和逆变桥柜交直流电源已断开，各切换开关、输入/输出开关断开。

（3）检修步骤：

1）将功率桥内部的电气回路用导线短接成一点，如功率桥直流侧输出正负极和三相交流输入短接成一点，二次回路上的所有端子短接成一点；

2）退出弱电回路，不可退出的弱电原件应短接，严格区分一、二次回路；

3）晶闸管、半导体电力电子器件、非线性电阻和电容器等短接，防止试验不当造成损坏；

4）二次回路（包括操作电源输入回路、风机电源输入回路、控制输入回路、信号输出回路等）耐压试验，试验条件：50Hz、2000V/60s；功率桥主回路耐压试验应根据功率桥设计电压等级选取合适的试验由压，参考 GB/T 3859.1—2013《半导体变流器通用要求和电网换相变流器 第1-1部分：基本要求规范》；

5）试验结束，将柜内装置恢复原貌，清点试验所用工器具，防止工器具遗漏至柜内。

（4）评判标准。符合 DL/T 596《电力设备预防性试验规程》中规定。

7. 电流、电压互感器试验

（1）检修目的。检修期间检查电流、电压互感器是否正常，确保设备可靠运行。

（2）检修条件。确认整流桥柜和逆变桥柜交直流电源已断开，各切换开关、输入/输出开关断开。

（3）检修内容：

1）电流互感器检修内容参照 GB/T 32899《抽水蓄能机组静止变频启动装置试验规程》中表 A1 10.1～10.6 执行；

2）电压互感器检修内容参照 GB/T 32899《抽水蓄能机组静止变频启动装置试验规程》中表 A1 11.1～11.4 执行。

（4）评判标准。符合 DL/T 596《电力设备预防性试验规程》中相关规定。

8. 熔断器、信号指示器

（1）检修目的。检修期间检查熔断器、信号指示器是否符合出厂标准，功能是否正常。

（2）检修条件。确认整流桥柜和逆变桥柜交直流电源已断开。

（3）检修步骤：

1）清洁熔断器、信号指示器表面，检查设备外观有无裂纹；

2）对照装置相关设备参数检查熔断器参数是否符合现场工况要求。

（4）评判标准。熔断器外观完好、参数符合要求、信号指示正确。

9. 避雷器预防性试验

（1）检修目的。检修期间检查避雷器完整性、功能性良好，保障设备安全稳定运行。

（2）检修条件。确认整流桥柜和逆变桥柜交直流电源已断开，各切换开关、输入输出开关断开。

（3）检修步骤：

1）避雷器绝缘电阻测量；

2）直流 1mA 参考电压试验；

3）直流泄漏电流试验；

4）带并联电阻避雷器电导电流测量；

5）不带并联电阻避雷器工频放电试验；

6）氧化锌避雷器试验。

（4）评判标准。符合 DL/T 596《电力设备预防性试验规程》中相关规定。

三、SFC 电抗器柜检修

SFC 电抗器主要作用是为了抑制直流电流纹波，满足系统需要。同时，限制系统故障或者受到扰动时电流上升的速率和幅值，避免出现逆变桥继发换相失败。SFC 电抗器柜检修主要针对机柜内电抗器的本体、电气连接等按照相应的检修标准进行作业。

1. 电抗器表面清洁

（1）检修目的。检修期间进行电抗器表面清洁，确保电抗器外观整洁，设备安全可靠运行。

（2）检修条件。确认 SFC 电抗器柜交直流电源已断开，各切换开关、输入输出开关断开。

（3）检修步骤：

1）电抗器表面用吸尘器进行清灰处理；

2）电抗器表面使用专用清洗剂进行擦拭；

3）检查电抗器表面有无划痕、破损、腐蚀等问题。

（4）评判标准。带电部分应无灰尘、无氧化、无腐蚀现象，无过热痕迹。

2. 支持绝缘子的清扫检查

（1）检修目的。检修期间进行支持绝缘子清扫，确保支持绝缘子表面清洁、完整无裂痕。

（2）检修条件。确认 SFC 电抗器柜交直流电源已断开。

（3）检修步骤：

1）支持绝缘子表面用吸尘器进行清灰处理；

2）支持绝缘子表面使用专用清洗剂进行擦拭；

3）检查支持绝缘子表面有无划痕、破损、腐蚀等问题。

（4）评判标准。支持绝缘子表面清洁、完整无裂痕。

3. 电抗器的接地检查

（1）检修目的。检修期间进行电抗器的接地检查，确保电抗器接地没问题，接地端无异常。

（2）检修条件。确认 SFC 电抗器柜交直流电源已断开。

（3）检修步骤：检查电抗器的接地电缆两端，无脱落、虚接、腐蚀现象，无氧化，无发热燃烧痕迹。

（4）评判标准。电抗器接地牢固，接地线完好，接地端无氧化、腐蚀现象。

4. 电抗器的电气连接检查

（1）检修目的。检修期间进行电抗器的电气连接检查，确保电抗器的电气连接紧密、可靠连接，保障设备安全运行。

（2）检修条件。确认 SFC 电抗器柜交直流电源已断开。

（3）检修步骤：

1）检查电抗器的电气连接，确保电抗器的各部位电气连接紧密、可靠连接；

2）检查电抗器铁芯连接螺栓、内部均压线的紧固度。

（4）评判标准。电抗器电气连接紧密、可靠；铁芯连接螺栓、内部均压线的紧固度良好。

5. 电气预防性试验

（1）检修目的。A 修期间对电抗器进行电气预防性试验，可以及时消除安全隐患，保证设备安全运行。

（2）检修条件。确认 SFC 电抗器柜交直流电源已断开。

（3）检修步骤：

1）测量绕组绝缘电阻；

2）测量绕组直流电阻；

3）交流阻抗测量；

4）耐压试验。

（4）评判标准。电气预防性试验符合 DL/T 596《电力设备预防性试验规程》中相关规定。

四、SFC 隔离变压器保护检修

SFC 隔离变压器保护采用主后一体化方案，配置一台隔离变压器所需要的全部电量保护和非电量保护，以保证 SFC 隔离变能够可靠的运行。SFC 隔离变压器保护与调变组保护检修类似，A 修、C 修期间都需开展相关工作。

1. 电流互感器二次回路检查

（1）检修目的。对电流互感器二次回路检查，保证设备安全运行。

（2）检修条件。确认 SFC 隔离变电源已断开。

（3）检修步骤：

1）确认设备编号，检查二次回路内部及机械部分无灰尘、油污，否则用镊子夹缝白布或棉花蘸酒精擦拭干净；

2）检查二次绕组所有二次接线连接情况，端子排接线情况；

3）检查二次回路的接地点与接地状况。

（4）评判标准。电流互感器二次绕组所有二次接线正确，端子排引线螺钉压接可靠；电流二次回路的接地点与接地状况，符合规程及反措要求。

2. 二次回路绝缘检查

（1）检修目的。二次回路绝缘检查，保证二次回路安全可靠。

（2）检修条件。确认 SFC 隔离变电源已断开。

（3）检修步骤：

1）将信号输入回路接线从端子排断开；

2）绝缘电阻表根据二次回路参数确定试验电压等级；

3）测定电气回路和大地间的绝缘电阻；

4）绝缘检测完毕，应将回路对地进行放电；

5）填写绝缘检测报告及试验相关数据。

（4）评判标准。新安装装置验收试验时，屏柜内二次回路绝缘应大于 10MΩ；定期检验时，全二次回路绝缘应大于 1MΩ。

3. 断路器、隔离开关二次回路检查

（1）检修目的。断路器、隔离开关二次回路检查，保证设备安全、可靠运行。

（2）检修条件。确认 SFC 隔离变电源已断开。

（3）检修步骤：

1）确认设备编号，检查断路器、隔离开关二次回路内部及机械部分无灰尘、油污，否则用镊子夹缝白布或棉花蘸酒精擦拭干净；

2）检查所有回路端子排处有关电缆线连接情况、螺钉压接情况。

（4）评判标准。自保护屏柜引至断路器（包括隔离开关）二次回路端子排处有关电缆线连接正确、螺钉压接可靠。

4. 屏柜及保护装置外部检查

（1）检修目的。屏柜及保护装置外部检查，保证设备安全、可靠运行。

（2）检修条件。确认 SFC 隔离变电源已断开。

（3）检修步骤：

1）屏柜内外、柜顶柜底用吸尘器进行清灰处理；

2）屏柜及保护装置外部用电子器件专用清洗剂进行擦拭；

3）检查保护装置的小开关、拨轮及按钮，要求工艺质量良好，显示屏清晰，文字清楚；

4）检查各插件工艺质量、相互连线状况；

5）检查保护装置端子排螺丝紧固程度，屏内连线连接状态。

（4）评判标准。装置内、外部清洁无积尘；装置的小开关、拨轮及按钮良好，显示屏清晰，文字清楚；各插件工艺质量良好，连线可靠；装置横端子排螺丝紧固，屏内连线连接良好。

5. 上电试验

（1）检修目的。对保护装置进行上电试验，保证设备安全、可靠运行。

（2）检修条件。确认 SFC 隔离变压器保护电源已断开；断路器、隔离开关已断开。

（3）检修步骤：

1）打开装置电源，装置应能正常工作；

2）检查并记录装置的硬件和软件版本号、校验码等信息；

3）校对时钟。

（4）评判标准。装置应能正常工作，与 GPS 时钟一致，装置的硬件和软件版本号、校验码等信息准确无误。

6. 开关量输入回路检验

（1）检修目的。检验保护装置的可靠性及回路的正确性。

（2）检修条件。确认 SFC 系统输入、输出开关，切换开关断开，启动电源开关试验位置。

（3）检修步骤。应根据开关量输入信号总表，逐一手动改变开关量采集元件状态或在其端子上模拟每路开关量的输入，检查隔离变保护内部相应变量的变位。

（4）评判标准。新安装装置的验收检验时，开关量输入回路检验正确；全部检验时，仅对已投入使用的开关量输入回路检验正确；部分检验时，随装置整组试验一并进行，结果正确。

7. 输出触点、信号检查

（1）检修目的。检验保护装置的可靠性及回路的正确性。

（2）检修条件。确认 SFC 系统输入、输出开关，切换开关断开，启动电源开关试验位置。

（3）检修步骤。应根据开关量输出信号总表，逐一手动改变隔离变压器保护内部变量状态，模拟输出开关量，检查对应开关量的变位。

（4）评判标准。新安装装置的验收检验时，装置所有输出触点及输出信号的通断状态，结果正确；全部检验时，已投入使用的输出触点及输出信号的通断状态，结果正确；部分检验时，可随装置的整组试验一并进行，结果正确。

8. 模数变换系统检验

（1）检修目的。检验保护装置的采样的正确性。

（2）检修条件。确认保护装置出口压板断开，SFC 系统输入、输出开关，切换开关断开，启动电源开关试验位置。

（3）检修步骤。逐一在模拟量采集元件输出端子侧施加模拟量信号，检查装置测量值与实际输入值误差。

（4）评判标准。装置零点漂移、各电流、电压输入的幅值和相位精度检验、采样值满足装置技术条件的规定。

9. 整定值的整定及检验

（1）检修目的。进行整定值的整定及检验，保证设备安全运行。

（2）检修条件。确认 SFC 系统输入、输出开关，切换开关断开，启动电源开关试验位置。

（3）检修步骤：

1）每一套保护应单独进行整定检验，试验接线回路中的交、直流电源及时间测量连线均应直接接到被试装置屏柜的端子排上。交流电压、电流试验接线的相对极性关系应与实际运行接线中电压、电流互感器接到屏柜上的相对相位关系（折算到一次侧的相位关系）完全一致；

2）按照装置技术说明书或制造厂推荐的试验方法，对保护的每一功能元件进行逐一检验。

（4）评判标准。装置各有关元件的动作值及动作时间试验结果符合保护配置及动作原理要求；新安装装置的验收检验时，对保护的每一功能元件进行逐一检验，在全部检验时，对于由不同原理构成的保护元件只需任选一种进行检查，部分检验时，可结合装置的整组试验一并进行，上述所有保护试验结果与保护配置一致。

10. 控制回路或操作箱检验

（1）检修目的。进行控制回路或操作箱检验，保证设备安全运行。

（2）检修条件。确认 SFC 系统输入、输出开关，切换开关断开，启动电源开关试验位置。

（3）检修步骤：

1）检查控制回路或操作箱元件外观，要求外观整洁、无灰尘、散热环境良好；

2）检查控制回路或操作箱相关连线及螺钉压接情况，要求相关连线正确，螺钉压接可靠；

3）检查制回路或操作箱的各继电器是否可靠动作，动作电压是否满足装置所设参数及要求。

（4）评判标准。控制回路元件正常，相关连线正确及螺钉压接可靠；出口中间继电器动作电压范围应在 55%～70%额定电压；其他逻辑回路的继电器，应满足 80%额定电压下可靠动作。

11. 功能试验

（1）检修目的。进行功能试验，保证设备在故障过程中动作情况正确，各项保护措施准确无误。

（2）检修条件。确认 SFC 系统输入、输出开关，切换开关断开，启动电源开关试验位置。

（3）检修步骤：

1）模拟装置在故障过程中的动作情况，要求动作情况正确；

2）验证断路器动作行为、保护起动故障录波信号、调度自动化系统信号、中央信号、监控信息等正确无误。

（4）评判标准。装置在故障过程中动作情况正确；断路器动作行为、保护起动故障录波信号、调度自动化系统信号、中央信号、监控信息等正确无误。

五、SFC隔离变压器检修

SFC隔离变压器为整流器提供输入电压，同时，一旦出现整流器的桥臂短路时，它的漏抗也起着限制短路电流的作用。SFC隔离变压器检修主要针隔离变的本体、电气连接等按照相应的检修标准进行作业。A修、C修期间都需开展此项工作。

1. 隔离变压器检查

（1）检修目的。进行隔离变压器检查，保证隔离变压器正常运行。

（2）检修条件。确认SFC隔离变压器电源已断开，各切换开关、输入输出开关断开。

（3）检修步骤：

1）隔离变压器表面用吸尘器进行清灰处理；

2）变压器内外用专用清洗剂进行擦拭；

3）检查变压器外观无破损、烧损、过热、放电痕迹；

4）变压器TV/TA功能正常。

（4）评判标准。变压器各部整洁、外观无异常。

2. 温控装置、冷却风机、电气连接部件紧固性检查

（1）检修目的。进行温控装置、冷却风机、电气连接部件紧固性检查，确保装置、部件连接正常，保障装置安全运行。

（2）检修条件。确认SFC隔离变压器电源已断开。

（3）检修步骤：

1）电气连接部件的紧固情况；

2）检查温控装置功能完好，接地可靠，绝缘件连接正常。

（4）评判标准。电气连接部件可靠紧固，温控装置功能、接地、绝缘件正常。

3. 电气预防性试验

（1）检修目的。检修期间对隔离变压器进行电气预防性试验可以及时消除安全隐患，保证设备安全运行。

（2）检修条件。确认SFC隔离变压器电源已断开，各切换开关、输入输出开关断开。

（3）检修内容。检修内容参照GB/T 32899《抽水蓄能机组静止变频启动装置试验规程》中表A1 1.1～1.28执行。

（4）评判标准。电气预防性试验符合DL/T 596《电力设备预防性试验规程》中相关规定。

六、SFC 交直流母线检修

SFC 交直流母线作为网桥、机桥间的交直流电压传输路径，有着很重要的作用，在检修过程中，针对交直流母线，A 修、C 修期间都需开展以下工作。

1. SFC 交直流母线外观检查

（1）检修目的。检查 SFC 交直流母线外观，保证母线正常运行。

（2）检修条件。确认 SFC 装置交直流电源已断开，各切换开关、输入输出开关断开，交直流母线上没有电。

（3）检修步骤：

1）检查 SFC 交直流母线外观无破损、烧损、过热、放电痕迹；

2）检查母线各类标识清晰、齐全，确保标识与实物一一对应，如缺失、错误应立即补齐、整改。

（4）评判标准。固定良好，紧固件齐全完好；外观无破损、烧损、过热、放电痕迹；各类标识清晰、齐全。

2. 母排清扫、检查

（1）检修目的。对进行母排清扫、检查，确保母排表面清洁、完整无裂痕，保证母排正常运行。

（2）检修条件。确认 SFC 装置交直流电源已断开，各切换开关、输入输出开关断开，交直流母线上没有电。

（3）检修步骤：

1）母排用棉花蘸酒精擦拭干净；

2）观察母排表面无破损、烧损、过热、放电痕迹；

3）检查母排封堵情况，如存在空洞或不完善应进行封堵完善；

4）观察母排周边环境有无凝水现象，如存在凝水现象应查找造成原因，及时做好干燥工作。

（4）评判标准。屏内外清洁、无杂物，防火封堵完好，内部无凝水，若有滤网应进行更换。

3. 力矩检查、紧固

（1）检修目的。增强连接的可靠性和紧密性，防止受载后被连接件出现缝隙或发生相对滑移，保证紧固件可靠地连接，设备安全运行。

（2）检修条件。确认 SFC 装置交直流电源已断开，各切换开关、输入输出开关断开，交直流母线上没有电。

（3）检修步骤：

1）检查主回路上螺栓是否紧固，是否有灼烧痕迹，力矩划线是否清晰；

2）对有异常的螺栓应做好记录，并重新进行螺栓复紧，按力矩要求紧固。

（4）评判标准。按力矩要求紧固，导线、母线接触良好。

4. 电气预防性试验

（1）检修目的。A 修期间对交流母线进行电气预防性试验可以及时发现和消除交直流母线的安全隐患，保证设备安全运行。

（2）检修条件。确认 SFC 隔离变压器电源已断开，隔离开关、输入断路器及切换开关断开。

（3）检修内容：

1）交流耐压试验；

2）绝缘电阻测量。

（4）评判标准。电气预防性试验符合 DL/T 596《电力设备预防性试验规程》中相关规定。

七、SFC 输入断路器检修

1. 操作检查

（1）检修目的。确保断路器操作功能完好。A 修、C 修期间都需开展此项工作。

（2）检修条件。确认 SFC 输入断路器柜交直流电源已投入，各切换开关、输入输出开关断开。

（3）检修步骤：

1）分别进行电动操作和手动操作；

2）检查确认电机转动应灵活，无异常声响；

3）分合闸位置指示与实际位置是否一致、清晰，指示牌无松动、脱落等，计数器清晰正常。

（4）评判标准。断路器电动操作和手动操作正常。

2. 触头检查

（1）检修目的。确保断路器触头完好，功能正常。A 修、C 修期间都需开展此项工作。

（2）检修条件。确认 SFC 输入断路器柜交直流电源已投入，各切换开关、输入输出开关断开。

（3）检修步骤：

1）触头检查，弹簧完好无过热痕迹、无变形。触指无损伤，烧蚀深度小于 0.5mm 或面积小于 30%，必要时更换；

2）用百洁布及无水酒精清洁触头，有轻微烧蚀时用什锦锉修复；

3）检查确认触头固定螺栓应紧固，力矩值应符合标准；

4）柜体静触头和动触头的接触深度符合技术条件要求；

5）检查隔离动触头支架是否有位移现象，隔离触头是否发热，触指压紧弹簧是否疲劳、断裂。

（4）评判标准。断路器触头状态良好，符合厂家技术要求。

3. 监控功能试验

（1）检修目的。确保断路器与监控系统之间的信号传输正确，功能正常。A 修、C 修期间都需开展此项工作。

（2）检修条件。确认 SFC 输入断路器柜交直流电源已投入，各切换开关、输入输出开关断开。

（3）检修步骤：

1）远方操作，断路器动作正常、后台各信号显示正确；

2）就地操作，后台各信号显示正确；

3）就地/远方把手就地位，正确闭锁远方操作。

（4）评判标准。断路器信号的动作和复归应于设计的信息表相符；就地/远方控制切换和指示应正确，就地/远方控制功能应正确，连锁功能符合技术规范要求。

4. 电气预防性试验

（1）检修目的。A 修期间对断路器开展电气预防性试验可以及时消除安全隐患，保证断路器安全运行。

（2）检修条件。确认 SFC 输入断路器柜交直流电源已投入，各切换开关、输入输出开关断开。

（3）检修步骤：

1）测量导电回路的直流电阻；

2）测量绝缘电阻；

3）测量分闸时间、合闸时间、弹跳时间及同期性；

4）交流耐压试验；

5）测量分、合闸线圈的绝缘电阻和直流电阻；

6）分、合闸线圈最低动作电压试验。

（4）评判标准。电气预防性试验符合 DL/T 596《电力设备预防性试验规程》中相关规定。

八、SFC 隔离开关检修

1. 触头检查

（1）检修目的。确保断路器触头完好，功能正常。A 修、C 修期间都需开展此项工作。

（2）检修条件。确认 SFC 隔离开关柜交直流电源已投入，各切换开关、输入输出开关断开。

（3）检修步骤：

1）触头检查，弹簧完好无过热痕迹、无变形。触指无损伤，烧蚀深度小于 0.5mm 或面积小于 30%，必要时更换；

2）用百洁布及无水酒精清洁触头，有轻微烧蚀时用什锦锉修复；

3）检查确认触头固定螺栓应紧固，力矩值应符合标准；

4）柜体静触头和动触头的接触深度符合技术条件要求；

5）检查隔离动触头支架是否有位移现象，隔离触头是否发热，触指压紧弹簧是否疲劳、断裂。

（4）评判标准。隔离开关动、静触头符合厂家技术要求。

2. 监控功能试验

（1）检修目的。确保隔离开关与监控系统之间的信号传输正确，功能正常。A 修、C 修期间都需开展此项工作。

（2）检修条件。确认 SFC 隔离开关柜交直流电源已投入，各切换开关、输入输出开关断开。

（3）检修步骤：

1）远方操作，隔离开关动作正常、后台各信号显示正确；

2）就地操作，后台各信号显示正确；

3）就地/远方把手就地位，正确闭锁远方操作。

（4）评判标准。隔离开关信号的动作和复归应于设计的信息表相符；就地/远方控制切换和指示应正确，就地/远方控制功能应正确，连锁功能符合技术规范要求。

3. 电气预防性试验

（1）检修目的。检修期间对隔离开关进行电气预防性试验可以及时发现和消除 SFC 隔离开关的安全隐患，保证设备安全运行。

（2）检修条件。确认 SFC 隔离开关柜交直流电源已投入，各切换开关、输入输出开关断开。

（3）检修步骤：

1）测量导电回路电阻；

2）测量绝缘电阻；

3）交流耐压试验。

（4）评判标准。电气预防性试验符合 DL/T 596《电力设备预防性试验规程》中相关规定。

九、SFC 切换开关检修

1. 触头检查

（1）检修目的。确保切换开关触头完好，功能正常。A 修、C 修期间都需开展此项工作。

（2）检修条件。确认 SFC 切换开关柜交直流电源已投入，其他隔离开关、输入输出开关断开。

（3）检修步骤：

1）触头检查，弹簧完好无过热痕迹、无变形。触指无损伤，烧蚀深度小于 0.5mm 或面积小于 30%，必要时更换；

2）用百洁布及无水酒精清洁触头，有轻微烧蚀时用什锦锉修复；

3）检查确认触头固定螺栓应紧固，力矩值应符合标准；

4）柜体静触头和动触头的接触深度符合技术条件要求；

5）检查隔离动触头支架是否有位移现象，隔离触头是否发热，触指压紧弹簧是否疲劳、断裂。

（4）评判标准。切换开关动、静触头符合厂家技术要求。

2. 监控功能试验

（1）检修目的。确保切换开关与监控系统之间的信号传输正确，功能正常。

（2）检修条件。确认 SFC 切换开关柜交直流电源已投入，其他切换开关、输入输出开关断开。

（3）检修步骤：

1）远方操作，切换开关动作正常、后台各信号显示正确；

2）就地操作，后台各信号显示正确；

3）就地/远方把手就地位，正确闭锁远方操作。

（4）评判标准。切换开关信号的动作和复归应于设计的信息表相符；就地/远方控制切换和指示应正确，就地/远方控制功能应正确，连锁功能符合技术规范要求。

3. 电气预防性试验

（1）检修目的。A 修期间对切换开关进行电气预防性试验可以及时发现和消除切换开关安全隐患，保证设备安全运行。

（2）检修条件。确认 SFC 切换开关柜交直流电源已投入，其他切换开关、输入输出开关断开。

（3）检修步骤：

1）测量导电回路的直流电阻；

2）测量绝缘电阻；

3）测量分闸时间、合闸时间、弹跳时间及同期性；

4）交流耐压试验；

5）测量分、合闸线圈的绝缘电阻和直流电阻；

6）分、合闸线圈最低动作电压试验。

（4）评判标准。电气预防性试验符合 DL/T 596《电力设备预防性试验规程》中相关规定。

第三节　静止变频器（SFC）试验

本节所列试验，是运行维护范围内的试验，一般在机组检修期间进行，对已投入运行的静止变频器按照规定周期进行试验，以检测运行设备的健康水平，对设备的总体性能进行评估。

一、静态试验

静止变频器（SFC）拖动机组前，通过对控制柜各单元、控制系统功能、隔离变及其保护等进行相应的静态测试，以保证静止变频器（SFC）功能正常，满足设计要求。

（一）机桥柜、网桥柜、电抗器柜风机启动试验

（1）试验目的。验证风机运行是否正常，以及辅助电源实际供电电压对风机风压的影响。A 修、C 修期间都需开展此项工作。

（2）试验步骤：

1）380V 三相电通电以后，通过主控程序开启风机，观察网桥柜、电抗柜、机桥柜的风机应旋转方向正常，无震动、无异响；

2）模拟 SFC 系统停机，风机自动关闭正常；

3）模拟 SFC 系统运行过程中，风机故障，信号发出正确，SFC 系统动作应正确。

（二）静止变频启动装置故障联动试验

（1）试验目的。检查验证静止变频器的功能以及相关回路的正确性。A 修后需开展此项工作。

（2）试验步骤：

1）静止变频启动装置拖动机组至 5%额定转速，按下静止变频器紧急停机按钮，静止变频器和机组应紧急停机；

2）静止变频启动装置拖动机组至 5%额定转速，按下机组紧急停机按钮，静止变频器和机组应紧急停机。

（三）功率桥低压小电流试验

（1）试验目的。该试验可以对控制器网桥和机桥同步信号的测试以及脉冲输出回路的检查。

（2）试验步骤（此试验方式只做参考，不同厂家做法不同。只要达到检查回路连通性目的即可）。

功率桥小电流试验可分为机桥小电流试验和网桥小电流试验（试验步骤类似，此处不分别说明），试验前需断开两侧输入输出开关、网桥和直流回路、直流回路和机桥间的连接。

1）搭建小电流试验回路，如图4-2所示，待试功率桥输入侧接入三相交流试验电源，功率桥的直流输出侧接入纯电阻负载，电阻阻值按照触发角 $\alpha=60°$ 时，直流电压经电阻产生的电流不小于 2A 来选择；

2）操作静止变频器控制器，控制器脉冲解锁；

3）逐渐增大待试功率桥的导通角（即减小触发角），使得试验回路电流大于晶闸管擎住电流；

4）用示波器观察直流侧输出电压波形、波头宽度、数量。直流侧输出电压为 $U_d=1.35U_{ab}\cos\alpha$，$\alpha\leq60°$；$U_d=1.35U_{ab}[1+\cos(\alpha+60°)]$，$60°<\alpha\leq120°$。

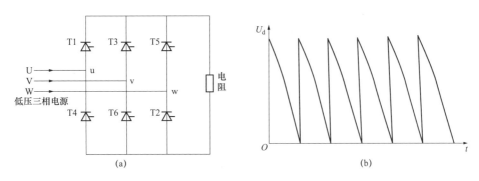

图 4-2　低压小电流试验接线示意图及整流波形图（$\alpha=60°$）

（a）小电流试验接线；（b）整流波形图

（四）脉冲触发试验

（1）试验目的。晶闸管脉冲触发试验是为了检查触发脉冲回路是否正常。A 修、C 修期间都需开展此项工作。

（2）试验步骤：

1）在被测晶闸管的阳极和阴极接入 AC 220V 的试验电源，并串联试验电阻；

2）在控制器中选择相应的试验功能，对被测晶闸管进行触发，用示波器观测被测晶闸管门极触发电流波形（如图4-3所示），检查脉冲宽度、上升沿时间和电流幅值等参数。

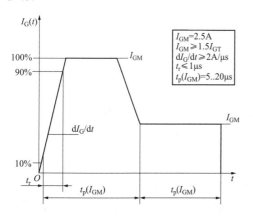

图4-3 ABB晶闸管要求的典型门极
触发信号电流波形

闸管的阻抗特性，保证晶闸管触发的一致性。A修期间需开展此项工作。

（2）试验步骤：

1）在晶闸管串联阀组两端施加试验电压；

2）测量每只晶闸管的电压值；

3）计算阀组静态均压系数，均压系数应不低于0.9。

（五）晶闸管并联电阻电容试验

（1）试验目的。通过测量确认电阻电容的正常，确保并联阻容回路的功能正常。A修、C修期间都需开展此项工作。

（2）试验步骤。用万用表测量晶闸管并联电阻的电阻值和并联电容的电容值测量值应符合制造厂出厂的相关规定。

（六）串联阀组均压试验

（1）试验目的。验证同一桥臂上串联的晶

（七）过电压保护功能试验

（1）试验目的。验证过电压保护功能的可靠性。A修期间需开展此项工作。

（2）试验步骤：

1）在晶闸管过电压保护模块输入端施加试验电压；

2）逐步升高试验电压至模块正确动作，记录模块动作电压值。

（八）控制器模拟量输入/输出试验试验

（1）试验目的。通过校验输入、输出的精度与准确性，确保静止变频器系统运行的稳定及可靠，以及保证拖动期间与励磁系统间的配合正常。A修、C修期间都需开展此项工作。

（2）试验步骤：

1）应根据模拟量输入信号总表，逐一在模拟量采集元件输出端子侧施加模拟量信号，检查控制器测量值与实际输入值误差；

2）应根据模拟量输出信号总表，逐一在控制器中输出模拟量信号，检查模拟量输出值与控制器输出值误差。

（九）控制器开关量输入/输出试验试验

（1）试验目的。通过该试验确保系统运行的可靠性。A 修、C 修期间都需开展此项工作。

（2）试验步骤：

1）应根据开关量输入信号总表，逐一手动改变开关量采集元件状态或在其端子上模拟每路开关量的输入，检查控制器内部相应变量的变位；

2）应根据开关量输出信号总表，逐一手动改变控制器内部变量状态，模拟输出开关量，检查对应开关量的变位。

（十）SFC 与 DCS 通信试验

（1）试验目的。确保两系统之间的通信功能正常，信号正确。A 修、C 修期间都需开展此项工作。

（2）试验步骤：

1）应根据 SFC 通信接口输入信号总表，在电站 DCS 系统侧逐一手动逐一手动改变通信输出信号状态，检查 SFC 控制器内部相应变量的变位；

2）应根据 SFC 通信接口输出信号总表，在电 SFC 控制器侧逐一手动逐一手动改变通信输出信号状态，检查 DCS 系统内部相应变量的变位。

二、动态试验

（一）故障联动试验

（1）试验目的。在所有 SFC 单体检修完成后，为保证故障情况下系统能正确响应并停机，需在首次拖动前完成故障联动试验，以确保 SFC 系统以及回路的正确性。

（2）试验步骤：

1）静止变频启动装置拖动机组至 5%额定转速，按下静止变频器紧急停机按钮，静止变频器和机组应紧急停机；

2）静止变频启动装置拖动机组至 5%额定转速，按下机组紧急停机按钮，静止变频器和机组应紧急停机。

（二）转子初始位置检测

（1）试验目的。检测机组静止状态下 SFC 系统转子位置测量算法的精度，验证转子位置测量功能，确保进行电机定子通流试验时，机侧晶闸管可以正确触发。A 修期间需开展此项工作。

（2）试验步骤：

1）机组转动前应标记转子初始位置，检查确认机组励磁系统电流给定值为0，启动励磁系统；

2）启动静止变频器，静止变频启动系统给定的励磁电流不超过空载额定励磁电流，通流时间不超过10s。检查记录系统显示的转子位置角度。试验重复3次；

3）3次试验得到的转子初始位置角度偏差不大于5°。

（三）SFC转子通流试验

（1）试验目的。检查励磁回路，励磁装置及励磁主回路连接是否正确。A修期间需开展此项工作。

（2）试验步骤：

1）启动静止变频系统，连接SFC到励磁通道；

2）按设定频率设置机桥侧输出频率，逐步增大机桥侧电流至目标值，一般不超过10%额定启动电流；

3）记录调相机定子电压、定子电流，网侧电压、网侧电流。

注意：转子通流试验前，确保故障跳SFC正常。

（四）SFC定子通流试验

（1）试验目的。检查SFC本体到机组一次回路的连接情况，通过试验对控制器装置内部的相关参数进行整定，保证后续拖动试验的顺利进行。A修期间需开展此项工作。

（2）试验步骤：

1）减小控制器中整流桥和逆变桥的电流限制值、过电流保护值；

2）控制器脉冲解锁；

3）逆变桥输出频率控制在2~20Hz，逐步增大整流桥电流，输出电流宜控制在静止变频启动装置额定电流的20%以下，通流时间不宜超过10min；

4）应检查整流桥输入电压和电流、逆变桥输出电流波形、机组定子温升。图4-4为定子通流试验现场试验波形。

（五）机组转向试验

（1）试验目的。验证系统功能、一次回路的正确性，并判断初始转矩是否合适。A修期间需开展此项工作。

（2）试验步骤：

1）监控系统执行正常启动流程，静止变频器拖动机组转动；

2）观察到机组转动后，检查机组转动方向是否正确并立即停机；

3）转向错误时，首先应检查控制器输出是否正常，其次应着重检查静止变频器机桥输出至机端一次电缆连接相序是否满足拖动的要求，即拖动工况下机桥输出到机端一次电缆连接应为负序接法；

4）除检查机组转向是否正确外，首次拖动机组时还应观察机组由静止态转为转动态时转速上升是否平缓稳定，以此反映静止变频器初始输出转矩的大小是否合适。若机组初始转动加速过快，需对静止变频器输出电流大小和励磁电流大小进行调整。

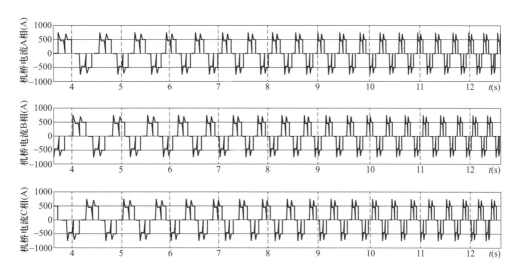

图4-4 定子通流试验现场试验波形

（六）机组转速控制试验

（1）试验目的。确保系统控制器转速调节功能的正确性和可靠性。A 修、C 修期间都需开展此项工作。

（2）试验步骤：

1）将静止变频器切至就地模式，拖动机组至 15%额定转速；

2）手动设定速度参考值，逐步提高发电机转速，直至额定转速；

3）检查静止变频器在各速度参考值下的相应；

4）配合机组动平衡试验时，按照发电机动平衡试验要求执行。

第五章

继电保护及自动装置检修及试验

第一节 概　　述

继电保护是对电力系统中发生的故障或异常情况进行检测，从而发出报警信号，或直接将故障部分隔离、切除的一种重要措施。调相机相关的继电保护装置主要有调变组保护、并网开关保护、静止变频器（SFC）隔离变压器保护等。调相机相关的自动装置包括自动准同期装置、故障录波器、同步相量采集装置、电能采集装置、对时装置、AVC装置等。

调相机继电保护及自动装置 A、C 类检修推荐项目如表 5-1 所示。

表 5-1 　　　　　　　　　　　　继电保护及自动装置检修项目

设备	检 修 项 目	A 类检修	C 类检修
二次回路	二次回路绝缘检查	◆	◆
	电流互感器二次回路接线检查	◆	◆
	电压互感器二次回路接线检查	◆	◆
	二次回路检查	◆	◆
屏柜、装置及定值	外观检查	◆	◆
	上电检查	◆	◆
	工作电源检查	◆	◆
	采样值检查	◆	◆
	开关量输入回路检验	◆	◆
	开关量输出触点及输出信号检查	◆	◆
	整定值的整定检验	◆	
控制回路	控制回路检验	◆	◆
通流及加压试验	二次通流及加压试验	◆	◆
整组试验	整组试验	◆	◆
与其他系统配合	与监控后台、继电保护及故障信息管理系统的配合检验	◆	◆

调相机继电保护及自动装置检修周期与调相机组检修周期一致，按照总体要求的周

期和工期开展检修工作，其检修工期安排不应影响机组的整体计划检修工期。

第二节　继电保护及自动装置检修

一、二次回路检修

（一）二次回路绝缘检查

（1）检修目的。二次回路绝缘检查，保证二次回路安全可靠。

（2）检修质量要求。用 1000V 绝缘电阻表测量回路对地绝缘电阻，其绝缘电阻应大于 $1M\Omega$。

（3）注意事项。被测二次回路与相关装置、接地点均断开；试验线连接牢固；每进行一项绝缘试验后，须将试验回路对地放电；断开位置需可靠恢复。

（二）电流互感器二次回路接线检查

（1）检修目的。电流互感器二次回路接线检查，保证电流互感器二次回路安全可靠。

（2）检修质量要求。二次接线正确，端子排引线压接可靠；有且仅有一点接地。

（3）注意事项。二次回路应无开路及多点接地现象。

（三）电压互感器二次回路接线检查

（1）检修目的。电压互感器二次回路接线检查，保证电压互感器二次回路安全可靠。

（2）检修质量要求。二次接线正确，端子排引线压接可靠；有且仅有一点接地；测量每相电压回路的直流电阻，计算电压互感器在额定容量下的压降，其值不应超过额定电压的 3%，串联在电压回路中的所有空气开关（熔断器）的触点接触可靠。

（3）注意事项。二次回路应无短路及多点接地现象。

（四）二次回路检查

（1）检修目的。按图开展二次回路正确性检查。

（2）检修质量要求。二次回路接线正确，端子排引线压接可靠。

（3）注意事项。二次回路无漏接、错接、虚接情况。

二、继电保护及自动装置检修

继电保护及自动装置屏柜包括：调变组电量保护屏柜、调变组非电量保护及三取二出口装置屏柜、并网开关保护屏柜、静止变频器（SFC）隔离变压器保护屏柜、同期装置屏柜、故障录波器屏柜、同步相量采集装置屏柜、电能采集装置屏柜、对时装置及 AVC 装置屏柜。

（一）外观检查

1. 屏柜及装置清扫

在屏柜内外、柜顶柜底用吸尘器进行清灰处理，在屏柜内外用电子器件专用清洗剂进行擦拭，检查确认设备应无明显积尘。

2. 装置及压板检查

（1）按键正常、显示屏显示正常。

（2）各插件无松动、外观检查无异常。

（3）压板外观正常、接线压接良好。

3. 端子排及接线检查

（1）端子排应无损坏，固定牢固，绝缘良好。

（2）各短接片要压接良好，使用合理，工艺美观，无毛刺。

（3）接线紧固检查，导线与电气元件间采用螺栓连接、插接、焊接或压接等，均应牢固可靠。

（4）导线芯线应无损伤；备用芯预留长度至屏内最远端子处并安装线帽；芯线与屏柜外壳绝缘可靠，标识齐全。

（5）光纤检查及清理。检查光纤端接平整、清洁；对光纤本身、端面、端口内侧、跳线等部件用电子器件专用清洗剂进行擦拭。通过光功率计或装置的光衰检测，确定光纤的连通性和查找故障点，保障通信质量稳定且不中断。

4. 屏蔽接地检查

（1）检查保护引入、引出电缆是否为屏蔽电缆。

（2）检查全部屏蔽电缆的屏蔽层是否两端接地。

（3）检查各接地端子的连接处连接是否可靠。

5. 标识检查

屏柜的正面及背面各元件、端子牌等应标明编号、名称、用途及操作位置，其标明的字迹应清晰、工整，且不易脱色。

6. 防火密封检查

电缆沟进线处和屏柜内底部应安装防火板，电缆缝隙、空洞应使用防火堵料进行封堵，要求密封良好，工艺美观。

（二）上电检查

（1）装置上电后能正常工作，显示屏清晰，文字清楚。

（2）检查并记录装置的硬件和软件版本号、校验码等信息，确认无误。

（3）装置时钟与卫星时钟一致。

第三节　继电保护及自动装置试验

一、调变组保护试验

（一）工作电源检查

（1）保护装置在 80%额定工作电压下应稳定工作。

（2）电源自启动试验。

（3）直流电源拉合试验。

（4）保护装置断电恢复过程中无异常，通电后工作稳定正常。

（5）在保护装置上电掉电瞬间，保护装置不应发异常数据，继电器不应误动作。

（6）两套保护的装置电源应分别取自不同段的直流电源母线。

（二）零漂及采样精度检查（模数变换系统检验）

（1）检验零点漂移。保护装置不输入交流电流、电压量时，观察装置在一定时间零漂误差不大于 2%或满足装置技术条件要求。

（2）各交流电流、电压输入的幅值和相位精度检验。分别输入不同幅值和相位的电流、电压量，要求电流、电压采样误差不超过 2.5%，相位误差不超过 3°。

（三）开关量检查

模拟保护压板投退、外部开入，各功能应正确。

（四）保护装置定值试验

1. 调相机差动保护

（1）定值整定。按定值单核对保护定值，投入调相机主保护，其余保护退出。

（2）平衡电流测试。因为保护装置调相机中性点与机端电流极性一致，所以所加电流相位差为 0 时无差流，相位差为 180°时有差流。按调相机差动保护逻辑图验证逻辑，所有逻辑条件均正确。

（3）启动值校验。试验方法：在相应端子排上加 A 相电流，逐步增加，直到差动保护动作，记录下动作值。在 2 倍启动值下记录动作时间。B、C 两相试验方法同 A 相。保护启动值与理论值误差在 5%之内，动作时间在 30ms 以内。

（4）比率制动校验。试验方法：按照比率制动曲线，选取若干个点验证。

（5）差动速断保护校验。试验方法：在相应端子排上加 A 相电流，逐步增加，直到差动速断保护动作，记录下动作值。在 2 倍启动值下记录动作时间。B、C 两相试验方法同 A 相。

（6）差流告警校验。试验方法：在相应端子排上加 A 相电流，逐步增加，直到差流告警，记录下告警值。B、C 两相试验方法同 A 相。

（7）TA 断线闭锁校验。"调相机比率差动""调相机 TA 断线闭锁比率差动"均置 1。两侧三相均加上额定电流，断开任意一相电流，装置发"调相机差动 TA 断线"信号并闭锁调相机比率差动，但不闭锁差动速断。校验正确。

"调相机比率差动"置 1、"调相机 TA 断线闭锁比率差动"置 0。两侧三相均加上额定电流，断开任意一相电流，调相机比率差动动作并发"调相机差动 TA 断线"信号。校验正确。

2. 调相机定子匝间保护

（1）定值整定。按定值单核对保护定值，投入调相机主保护，其余保护退出。

（2）试验方法。调相机定子匝间保护电压取机端专用 TV 开口三角电压，为基波电压。断路器分位时，零序电压高于定值，保护动作。断路器合位时，零序电压高于定值且判负序功率方向。在 1.5 倍的动作值下记录动作时间，误差不超过 70ms。按调相机定子匝间保护逻辑图验证逻辑，所有逻辑条件均正确。

（3）调相机定子匝间保护校验。纵向零序电压保护定值、纵向零序电压保护延时定值正常。断路器合位时，负序功率方向闭锁功能正确；TV 断线闭锁功能正确。

3. 调相机复压过流保护

（1）定值整定。按定值单核对保护定值，投入调相机其他保护，其余保护退出。

（2）试验方法。在相应端子排上加电压、电流（保护取调相机机端或中性点 TA 最大相电流），先使电压满足复压闭锁开放条件，逐步增加电流使调相机复压电压过流保护动作，动作后电压、电流均返回；再次加入电压、电流，电压加三相对称额定电压，电流满足保护动作条件，逐步改变电压使调相机复压电压过流保护动作，动作后记录此时的复合电压值。电流整定值误差不超过 2.5%，低电压整定值误差不超过 2.5%，负序电压整定值误差不超过 5%。在电压满足复合电压条件的情况下，加 1.5 倍启动电流下记录动作时间，误差不超过 40ms。让电压和电流同时满足动作条件，在延时时间内将电压恢复，记录保护动作情况。按调相机复合电压过流保护逻辑图验证逻辑，所有逻辑条件均正确。

（3）电流记忆功能校验。"电流记忆功能"控制字置 1，复压过流保护启动后，电流带记忆功能（电流记忆时间固定 10s），过流保护必须经复合电压闭锁。

（4）TV 断线功能校验。"调相机 TV 断线退出复压过流"控制字置 0，TV 断线时，不判复压，变为纯过流保护。"调相机 TV 断线退出复压过流"控制字置 1，TV 断线时，闭锁复压过流保护。

4．注入式定子接地保护

（1）定值整定。按定值单核对保护定值，投入注入式定子接地保护，其余保护退出。

（2）试验方法。通过外加电源向调相机定子绕组注入 20Hz 的低频交流信号，信号约占额定电压的 1%～2%。此保护采集注入的 20Hz 电压信号和反馈回来的 20Hz 电流信号，计算出调相机定子绕组对地绝缘电阻。当测量电阻值低于定值后保护动作，高定值段发信，低定值段跳闸。

（3）注入式定子接地保护校验。短路接地试验：在调相机中性点侧直接电缆接地，用此时直接接地测得的数据作为装置归零调整的基数。

经电阻接地试验：根据直接接地修正的装置参数，通过加不同大小的电阻值接地，根据实测数据继续调整装置参数。

跳闸测试试验：验证报警段、跳闸段、动作时间定值。

5．零序电压定子接地保护

（1）定值整定。按定值单核对保护定值，投入基波、三次谐波定子接地保护，其余保护退出。

（2）试验方法。加入中性点基波电压，使基波零压式定子接地保护动作，分别记录下高值与低值动作值；模拟并网后状态，加入机端和中性点电压三次谐波，保护动作后记录电压的比值。其中电压比值的最终定值须在启动时根据实际参数整定。按调相机定子接地保护逻辑图验证逻辑，所有逻辑条件均正确。

6．调相机定子过负荷保护

（1）定时限：

1）定值整定。按定值单核对保护定值，投入调相机其他保护，其余保护退出。

2）试验方法。在相应端子排上加电流，逐步增加电流使调相机定子过负荷保护动作（保护取调相机机端、中性点最大相电流），记录下动作值，误差不大于 2.5%。在 1.5 倍启动值下记录动作时间，误差不大于 40ms。按调相机定子过负荷保护逻辑图验证逻辑，所有逻辑条件均正确。

（2）反时限：

1）定值整定。按定值单核对保护定值，投入调相机其他保护，其余保护退出。

2）试验方法。在相应端子排上加定值电流，等待调相机定子过负荷反时限保护动作（保护取调相机机端、中性点最大相电流），记录下动作时间。按调相机定子过负荷反时限保护逻辑图验证逻辑，所有逻辑条件均正确。

南瑞继保：由于热积累效应，在热积累未清零情况下，可重新投退一次功能压板清除热积累，再次做试验。

北京四方：在电流消失后热积累即刻返回，无需投退压板消除热积累。

南瑞科技：电流返回或者投退一次压板都可以消除热积累。

7. 调相机负序过负荷保护

（1）定值整定。按定值单核对保护定值，投入调相机其他保护，其余保护退出。

（2）试验方法。在相应端子排上加负序电流，逐步增加电流使调相机负序过流保护动作（保护取调相机机端、中性点负序电流小值），记录下动作值，误差不大于5%。在1.5倍启动值下记录动作时间，误差不大于40ms。按调相机负序过流保护逻辑图验证逻辑，所有逻辑条件均正确。

8. 调相机失磁保护

（1）定值整定。按定值单核对保护定值，投入调相机其他保护，其余保护退出。

（2）试验方法。

1）失磁保护Ⅰ段：逆无功、机端低电压、母线低电压满足定值要求，使失磁保护Ⅰ段动作，记录下逆无功、机端低电压、母线低电压的动作值，逆无功时取电流0.5A，阻抗角−90°，改变机端电压使得满足逆无功判据（下同）；1.5倍的逆无功动作值、0.7倍的机端低电压、0.7母线低电压时记录动作时间，误差不大于40ms。

2）失磁保护Ⅱ段：逆无功、励磁电压、母线高电压满足定值要求，使失磁保护Ⅱ段动作，记录下逆无功、励磁电压、母线高电压的动作值。母线电压（三相加量）高于定值报警，低于定值跳闸。1.5倍的逆无功动作值、0.7倍的励磁低电压时记录动作时间，误差不大于40ms。

9. 调相机过电压保护

（1）定值整定。按定值单核对保护定值，投入调相机电压保护，其余保护退出。

（2）试验方法。在相应端子排上加入电压，逐步增加电压，使调相机过电压保护动作（保护取调相机机端相间电压），记录下动作值，误差不大于2.5%。在1.5倍动作值下记录动作时间，误差不大于40ms。按调相机过电压保护逻辑图验证逻辑，所有逻辑条件均正确。

10. 调相机过励磁保护

（1）定值整定。按定值单核对保护定值，投入调相机电压保护，其余保护退出。

（2）试验方法。在相应端子排上加入电压，逐步改变电压或频率，使调相机过励磁保护动作（保护取调相机机端电压及其频率计算），记录下 U/F（U/F 采用标幺值计算）的动作值及对应的动作时间，动作值误差不大于2.5%，动作时间误差不大于140ms。按调相机过励磁保护逻辑图验证逻辑，所有逻辑条件均正确。

11. 调相机误上电保护

（1）定值整定。按定值单核对保护定值，投入调相机误上电保护，其余保护退出。

（2）试验方法。模拟调变组并网前、解列后运行状态，首先在调相机机端电压回路加入频率低于定值的电压或小于低电压定值的正序电压，然后从变压器高压侧电流回路、机端电流回路、中性点电流回路突加入电流。动作值误差不超过 5%，在 1.5 倍的定值下记录动作时间，误差不超过 40ms。按调相机误上电保护逻辑图验证逻辑，所有逻辑条件均正确。

12．调相机启机保护

（1）定值整定。按定值单核对保护定值，投入调相机启机保护，其余保护退出。

（2）开放逻辑。

南瑞继保：当高压侧开关位于合位时，闭锁调相机启机保护；当 SFC 合闸信号开入且低频小信号同时开入（模拟 SFC 初始拖动状态），此时闭锁调相机启机零压保护，调相机启机过流保护定值加倍，调相机差动保护定值加倍。

北京四方：当高压侧开关跳位开入且 SFC 合闸位置开入时，开放调相机启机保护，否则闭锁保护。

南瑞科技：任一并网断路器处于合位并且 SFC 位置处于分位或满足主变高压侧有流条件，闭锁调相机启机保护。

（3）试验方法。首先校验调相机启机过流保护，调相机机端电压满足频率定值要求，在调相机中性点侧加入电流，逐步增大电流，使调相机启机过流保护动作，记录下动作值，误差不大于 5%，在 1.5 倍电流启动值下测得动作时间，误差不大于 2 倍电气周期；加电流，使电流满足定值要求，改变机端电压频率，使调相机启机过流保护动作，记录下频率动作值。同理校验调相机启机差动保护、调相机启机零压保护。按调相机起停机保护逻辑图验证逻辑，所有逻辑条件均正确。

13．调相机低压解列保护

（1）定值整定。按定值单核对保护定值，投入调相机电压保护，其余保护退出。

（2）试验方法。在相应端子排上加入额定电压，逐步改变电压幅值，使调相机低压解列保护动作（保护取调相机机端相间电压），记录下动作值，误差不超过 2.5%，在 0.8 倍低压解列定值下测得动作时间，误差不超过 40ms。按调相机低压解列保护逻辑图验证逻辑，所有逻辑条件均正确。

（3）一组机端 TV 失压防误动校验。当两组机端 TV 均加入额定电压，此时拉开其中任意一组 TV 小空开，模拟一组 TV 失压，低压解列保护未误动。

14．励磁变压器差动保护

（1）定值整定。按定值单核对保护定值，投入励磁变保护，其余保护退出。

（2）试验方法。因为励磁变压器差动保护所取励磁变高压侧及励磁低压侧电流极性相反且为 Yd11 联结方式，相角相差 30°，所以所加电流相位差为 210°时无差流，相位差为 30°时有差流。按励磁变差动保护逻辑图验证逻辑，所有逻辑条件均正确。

（3）启动值校验。在相应端子排上加 A 相电流，逐步增加，直到差动保护动作，记录下动作值，误差不超过 5%。在 2 倍启动值下记录动作时间，误差不超过 70ms。B、C 两相试验方法同 A 相。

（4）比率制动。固定低压侧电流，逐步增加高压侧电流，直到动作，记录电流值，误差不超过 5%。

（5）差动速断。在相应端子排上加 A 相电流，逐步增加，直到差动速断保护动作，记录下动作值，误差不超过 5%。在 2 倍启动值下记录动作时间，误差不超过 70ms。B、C 两相试验方法同 A 相。如果电流值太大，高压侧可以相间电流测试，分别为 AB、BC、CA 进行测试。

（6）二次谐波制动。在相应端子排上加入基波及二次谐波电流，使基波电流满足差动动作值，二次谐波制动分量大于定值，逐步减小二次谐波制动分量，使差动保护动作，记录下二次谐波制动分量，误差不大于 5%。

（7）差流告警校验。试验方法：在相应端子排上加 A 相电流，逐步增加，直到差流告警，记录下告警值，误差不大于 5%。B、C 两相试验方法同 A 相。

（8）TA 断线闭锁校验。"励磁变比率差动""励磁变 TA 断线闭锁比率差动"均置 1。两侧三相均加上额定电流，断开任意一相电流，装置发"励磁变差动 TA 断线"信号并闭锁励磁变比率差动，但不闭锁差动速断。校验正确。

"励磁变比率差动"置 1、"励磁变 TA 断线闭锁比率差动"置 0。两侧三相均加上额定电流，断开任意一相电流，励磁变比率差动动作并发"励磁变差动 TA 断线"信号。校验正确。

15. **励磁绕组过负荷保护**

（1）定值整定。按定值单核对保护定值，投入调相机其他保护，其余保护退出。

（2）试验方法。相应端子排上加入电流，使励磁绕组过负荷保护动作（保护取励磁变低压侧最大相电流），记录相应动作值，误差不超过 2.5%。在 1.5 倍启动值下记录动作时间，误差不超过 40ms。按励磁变压器过负荷保护逻辑图验证逻辑，所有逻辑条件均正确。

16. **励磁变压器过流保护**

（1）定值整定。按定值单核对保护定值，投入励磁变压器保护，其余保护退出。

（2）试验方法。相应端子排上加入电流，使励磁变压器过流保护动作（保护取励磁变压器高压侧电流），记录相应动作值，误差不超过 2.5%。在 2 倍启动值下记录动作时间，误差不超过 40ms。按励磁变压器过流保护逻辑图验证逻辑，所有逻辑条件均正确。

17. **主变压器差动保护**

（1）定值整定。按定值单核对保护定值，投入主变压器差动保护，其余保护退出。

（2）启动值校验。试验方法：在相应端子排上加 A 相电流，逐步增加，直到差动保护动作，记录下动作值，误差不超过 5%。在 2 倍启动值下记录动作时间，误差不超过 35ms。B、C 两相试验方法同 A 相。

（3）比率制动校验。试验方法：在变压器高低侧二次电流相应端子排上加电流，使差流满足启动条件，制动电流不满足动作条件，固定高压侧电流，改变机端侧电流，使制动电流满足条件差动保护动作，记录下两侧电流幅值，误差不超过 5%。

（4）差动速断保护校验。在相应端子排上加 A 相电流，逐步增加，直到差动速断保护动作，记录下动作值，误差不超过 5%。在 2 倍启动值下记录动作时间，误差不超过 35ms。B、C 两相试验方法同 A 相。

（5）二次谐波制动。在相应端子排上加入基波及二次谐波电流，使基波电流满足差动动作值，二次谐波制动分量大于定值，逐步减小二次谐波制动分量，使差动保护动作，记录下二次谐波制动分量，误差不超过 5%。

（6）差流告警校验。试验方法：在相应端子排上加 A 相电流，逐步增加，直到差流告警，记录下告警值，误差不超过 5%。B、C 两相试验方法同 A 相。

（7）TA 断线闭锁校验。"主变比率差动""主变 TA 断线闭锁比率差动"均置 1。两侧三相均加上额定电流，断开任意一相电流，装置发"主变差动 TA 断线"信号并闭锁主变比率差动，但不闭锁差动速断。校验正确。

"主变比率差动"置 1、"主变 TA 断线闭锁比率差动"置 0。两侧三相均加上额定电流，断开任意一相电流，主变压器比率差动动作并发"主变差动 TA 断线"信号。校验正确。

18. 主变压器相间后备保护

（1）定值整定。按定值单核对保护定值，投入主变压器后备保护，其余保护退出。

（2）试验方法。在相应端子排上加电压、电流，先使电压满足复合电压条件，逐步增加电流使主变压器相间后备保护动作，动作后电压、电流均返回，记录电流动作值，误差不大于 2.5%。

再次加入电压、电流，电压加三相对称额定电压，电流满足保护动作条件，逐步降低电压使主变压器相间后备保护动作，动作后记录此时的低电压值，误差不大于 2.5%。

再次加入电压、电流，电压加三相对称负序电压，电流满足保护动作条件，逐步增加负序电压使主变压器相间后备保护动作，动作后记录此时的负序电压值，误差不大于 5%。

在 0.8 倍的低压定值，1.5 倍动作电流下记录动作时间，误差不大于 40ms。

（3）TA 选择校验。"主变高过流保护取开关 TA"控制字置 1 时，过流保护电流取自主变压器高压侧开关和电流。"主变高过流保护取开关 TA"控制字置 0 时，过流保护电流取自主变压器高压侧套管。"主变高过负荷保护取开关 TA"控制字置 1 时，过负荷保护电流取自主变压器高压侧开关和电流。"主变高过负荷保护取开关 TA"控制字置 0 时，过负荷保护电流取自主变压器高压侧套管。校验正确。

（4）主变压器相间后备保护校验。复合电压过流Ⅰ段保护校验及过负荷保护校验。

（5）TV 断线功能校验。"主变高 TV 断线退出复压过流"控制字置 0，TV 断线时，不判复压，变为纯过流保护。"主变高 TV 断线退出复压过流"控制字置 1，TV 断线时，闭锁复压过流保护。校验正确。

19. 主变压器中性点零序电流保护

（1）定值整定。按定值单核对保护定值，投入主变压器后备保护，其余保护退出。

（2）试验方法。在相应端子排上加入主变压器零序电流，使主变压器接地过流保护动作，记录下动作值，误差不大于 2.5%。在 1.5 倍动作电流下记录动作时间，误差不大于 40ms。

（3）接地后备保护校验。

（4）TV 断线功能校验。

20. 主变压器过励磁保护

（1）定值整定。按定值单核对保护定值，投入主变压器后备保护，其余保护退出。

（2）试验方法。在相应端子排上加入电压，逐步改变电压或频率，使主变压器过励磁保护动作（保护取主变压器高压侧电压及其频率计算），记录下 U/F（U/F 采用标幺值计算)的动作值及对应的动作时间,动作值误差不大于 2.5%,动作时间误差不大于 140ms。按主变压器过励磁保护逻辑图验证逻辑，所有逻辑条件均正确。

21. 断路器断口闪络保护

（1）定值整定。按定值单核对保护定值，投入断路器断口闪络保护，其余保护退出。

（2）试验方法。主变压器系统参数中高压侧接线方式整定为 1，模拟高压 1 侧断路器跳位，从主变压器高压 1 侧电流回路加入单相电流，使断路器断口闪络保护动作，记录下负序电流动作值，误差不超过 2.5%。在 1.5 倍动作电流下记录动作时间，误差不超过 40ms。

22. 断路器非全相保护

（1）定值整定。按定值单核对保护定值，投入非全相保护，其余保护退出。

（2）试验方法。保护固定取高压侧套管电流，模拟三相不一致开入，加入电流，使非全相保护动作，记录下负序电流和零序电流动作值，误差不超过 2.5%。在 1.5 倍动作电流下记录动作时间，误差不超过 40ms。

23. 开关量保护

（1）定值整定。按定值单核对保护定值，投入对应开关量保护，其余保护退出。

（2）试验方法。模拟开关量保护开入，记录动作时间。

开入回路继电器的启动电压值不应大于 0.7 倍额定电压值，且不应小于 0.55 倍额定电压值，同时继电器驱动功率应不小于 5W。

（五）整组试验

模拟故障，验证跳闸出口等回路正确。

（六）投运前定值及开入量状态核查

核对定值及开关量状态，防止异常情况发生。

二、调变组非电量保护及三取二出口装置试验

（一）工作电源检查

（1）保护装置在80%额定工作电压下应稳定工作。

（2）电源自启动试验。

（3）直流电源拉合试验。

（4）保护装置断电恢复过程中无异常，通电后工作稳定正常。

（5）在保护装置上电掉电瞬间，保护装置不应发异常数据，继电器不应误动作。

（6）装置有两路电源供电，取自不同段的直流电源母线。

（二）开入量检查

模拟各开入量，各功能应正确。

（三）非电量继电器动作校验

测量继电器动作电压、返回电压、动作电流及功率，功率应大于5W。

（四）三取二逻辑校验

（1）3台非电量保护装置均正常运行，此时逻辑为三取二。

（2）某1台非电量保护装置由于故障退出正常运行（或者非电量保护装置正常运行，但是与三取二出口装置通信中断），导致只有2台非电量保护正常运行。此时逻辑为二取一。

（3）某2台非电量保护装置同时由于故障退出正常运行（或者非电量保护装置正常运行，但是与三取二出口装置通信中断），导致只有1台非电量保护正常运行。此时逻辑为一取一。

（五）整组传动

模拟故障带实际断路器进行整组试验，动作行为正确；装置面板显示、故障录波信

号、监控后台信息等正确无误。

（六）投运前定值及开入量状态核查

核对定值及开关量状态，防止异常情况发生。

三、并网开关保护试验

（一）工作电源检查

（1）保护装置在80%额定工作电压下应稳定工作。

（2）电源自启动试验。

（3）直流电源拉合试验。

（4）保护装置断电恢复过程中无异常，通电后工作稳定正常。

（5）在保护装置上电掉电瞬间，保护装置不应发异常数据，继电器不应误动作。

（6）两路控制电源应取自不同段的直流电源母线。

（二）零漂及采样精度检查（模数变换系统检验）

（1）检验零点漂移。保护装置不输入交流电流、电压量时，观察装置在一定时间零漂误差不大于2%或满足装置技术条件要求。

（2）各交流电流、电压输入的幅值和相位精度检验。分别输入不同幅值和相位的电流、电压量，要求电流、电压采样误差不超过2.5%，相位误差不超过3°。

（三）开关量检查

模拟保护压板投退、外部开入，各功能应正确。

（四）保护装置定值试验

失灵保护投入，通入单相电流，电流值需大于定值单中失灵启动相电流值，同时模拟该相跳闸开入，1.05倍定值可靠动作，0.95倍定值可靠不动，1.2倍测试动作时间。

（五）整组传动

模拟故障带实际断路器进行整组试验，动作行为正确；装置面板显示、故障录波信号、监控后台信息等正确无误。

（六）投运前定值及开入量状态核查

核对定值及开关量状态，防止异常情况发生。

四、静止变频器（SFC）隔离变压器保护屏柜

（一）工作电源检查

（1）保护装置在 80%额定工作电压下应稳定工作。

（2）电源自启动试验。

（3）直流电源拉合试验。

（4）保护装置断电恢复过程中无异常，通电后工作稳定正常。

（5）在保护装置上电掉电瞬间，保护装置不应发异常数据，继电器不应误动作。

（二）零漂及采样精度检查（模数变换系统检验）

（1）检验零点漂移。保护装置不输入交流电流时，观察装置在一定时间零漂误差不大于 2%或满足装置技术条件要求。

（2）各交流电流输入的幅值和相位精度检验。分别输入不同幅值和相位的电流量，要求电流采样误差不超过 2.5%，相位误差不超过 3°。

（三）开关量检查

模拟保护压板投退、外部开入，各功能应正确。

（四）保护装置定值试验

1. 差动保护

（1）定值整定。按定值单核对保护定值，投入调相机主保护，其余保护退出。

（2）启动值校验。试验方法：在相应端子排上加 A 相电流，逐步增加，直到差动保护动作，记录下动作值。在 2 倍启动值下记录动作时间。B、C 两相试验方法同 A 相。保护启动值与理论值误差在 5%之内，动作时间在 30ms 以内。

（3）比率制动校验。试验方法：按照比率制动曲线，选取若干个点验证。

（4）差动速断保护校验.试验方法：在相应端子排上加 A 相电流，逐步增加，直到差动速断保护动作，记录下动作值。在 2 倍启动值下记录动作时间。B、C 两相试验方法同 A 相。

（5）TA 断线闭锁校验。"隔离变比率差动""隔离变 TA 断线闭锁比率差动"均置 1。两侧三相均加上额定电流，断开任意一相电流，装置发"隔离变差动 TA 断线"信号并闭锁隔离变比率差动，但不闭锁差动速断。校验正确。

"隔离变比率差动"置 1、"隔离变 TA 断线闭锁比率差动"置 0。两侧三相均加上额定电流，断开任意一相电流，隔离变压器比率差动动作并发"隔离变差动 TA 断线"信号。校验正确。

2. 隔离变压器相间后备保护校验

（1）定值整定。按定值单核对保护定值，整定跳闸矩阵定值。

（2）试验方法。在相应端子排上电流，逐步增加电流使隔离变压器相间后备保护动作，记录动作值；在 1.2 倍动作电流下记录动作时间。

（五）整组传动

模拟故障带实际断路器进行整组试验，动作行为正确；装置面板显示、故障录波信号、监控后台信息等正确无误。

（六）投运前定值及开入量状态核查

核对定值及开关量状态，防止异常情况发生。

五、同期装置试验

（一）工作电源检查

（1）装置在 80%额定工作电压下应稳定工作。

（2）电源自启动试验。

（3）直流电源拉合试验。

（4）装置断电恢复过程中无异常，通电后工作稳定正常。

（5）在装置上电掉电瞬间，保护装置不应发异常数据，继电器不应误动作。

（二）零漂及采样精度检查（模数变换系统检验）

（1）检验零点漂移。保护装置不输入交流电压量时，观察装置在一定时间零漂误差不大于 2%或满足装置技术条件要求。

（2）交流电压输入的幅值、相位、频率精度检验。分别输入不同幅值和相位的电压量，要求电压采样误差不超过 5%，相位误差不超过 1°，频率误差不超过 0.01Hz。

（三）自动准同期功能校验

1. 装置同期点检验

当待并侧电压 U_g 与系统电压 U_s 相位一致时，装置指示在同期点。

当待并侧电压 U_g 与系统电压 U_s 相位差为 180°时，装置指示两侧电压相位差为 180°。

2. 调压功能测试（固定系统侧为额定电压、额定频率）

（1）使待并侧电压频率 F_g 略高于系统电压频率，且频差 ΔF 小于频差整定值，使待并侧电压 $U_g < U_s$，同时压差 ΔU 大于压差整定值，则装置应间歇性的发出升压指令，随

着 ΔU 的增大，升压脉冲的宽度有变宽的趋势。当 ΔU 小于压差整定值时，装置不再发升压指令，同时在相位一致时将发合闸脉冲。

（2）使待并侧电压频率 F_g 略高于系统电压频率，且频差 ΔF 小于频差整定值，使待并侧电压 $U_g > U_s$，同时压差 ΔU 大于压差整定值，则装置应间歇性的发出降压指令，随着 ΔU 的增大，升压脉冲的宽度有变宽的趋势。当 ΔU 小于压差整定值时，装置不再发降压指令，同时在相位一致时将发合闸脉冲。

3. 调频功能测试（固定系统侧为额定电压、额定频率）

（1）保持待并侧电压为额定电压，系统电压频率 F_s=50Hz，使待并侧电压频率 $F_g <$ F_s，并且频差 ΔF 大于频差整定值，不发合闸脉冲。当 ΔF 小于频差整定值时，同时在相位一致时将发合闸脉冲。

（2）保持待并侧电压为额定电压，系统电压频率 F_s=50Hz，使待并侧电压频率 F_g 大于 F_s，并且频差 ΔF 大于频差整定值，不发合闸脉冲。当 ΔF 小于频差整定值时，同时在相位一致时将发合闸脉冲。

4. 负序电压闭锁

使系统电压额定电压，机端电压 U_g 额定电压且负序，启动同期，同期装置报电压异常，闭锁装置。恢复正序电压，重新发启动同期指令，系统正常运行。

5. 同步继电器校验

加入机端电压及系统电压，经校验，同步继电器动作定值正确，动作行为正确，有闭锁合闸功能。

（四）回路检查

（1）同期装置至 DCS 的信号回路检查。

（2）同期升降压回路检查。

（3）同期电压回路检查。

（4）合闸回路检查。

（五）整组试验

（1）模拟加入机端电压及系统电压，使其压差和频差满足并网条件。

（2）由 DCS 启动同期装置，同期装置将发合闸脉冲，将并网开关合上。

（3）根据装置显示的时间记录开关合闸导前时间。

（4）装置面板显示、监控后台信息等正确无误。

（六）投运前定值及开入量状态核查

核对定值及开关量状态，防止异常情况发生。

六、故障录波器试验

（一）工作电源检查

（1）装置在 80%额定工作电压下应稳定工作。

（2）电源自启动试验。

（3）直流电源拉合试验。

（4）装置断电恢复过程中无异常，通电后工作稳定正常。

（5）在装置上电掉电瞬间，保护装置不应发异常数据，继电器不应误动作。

（二）零漂及采样精度检查（模数变换系统检验）

（1）检验零点漂移。保护装置不输入交流电流、电压量时，观察装置在一定时间零漂误差不大于2%或满足装置技术条件要求。

（2）各交流电流、电压输入的幅值和相位精度检验。分别输入不同幅值和相位的电流、电压量，要求电流、电压采样误差不超过 5%，相位误差不超过 3°。

（三）启动值校验

（1）电压启动值校验。

（2）电流启动值校验。

（四）开关量校验

模拟各开关量动作，装置信号及启动正常。

（五）其他功能检查

（1）联锁启动正常（若有）。

（2）关闭录波器直流电源，直流消失告警信号应正确。

（3）关闭录波器交流电源，交流消失告警信号应正确。

（4）使录波器录波触发，触发告警信号应正确。

（六）投运前定值及开入量状态核查

核对定值及开关量状态，防止异常情况发生。

七、同步相量采集装置试验

（一）工作电源检查

（1）装置在 80%额定工作电压下应稳定工作。

（2）电源自启动试验。

（3）直流电源拉合试验。

（4）装置断电恢复过程中无异常，通电后工作稳定正常。

（5）在装置上电掉电瞬间，保护装置不应发异常数据，继电器不应误动作。

（二）零漂及采样精度检查（模数变换系统检验）

（1）检验零点漂移。保护装置不输入交流电流、电压量时，观察装置在一定时间零漂误差不大于 2%或满足装置技术条件要求。

（2）各交流电流、电压输入的幅值和相位精度检验。分别输入不同幅值和相位的电流、电压量，要求电流、电压采样误差不超过 5%，相位误差不超过 3°。

（三）开关量校验

模拟各开关量动作，装置信号及启动正常。

（四）投运前定值及开入量状态核查

核对定值及开关量状态，防止异常情况发生。

八、对时装置及 AVC 装置试验

（一）工作电源检查

（1）装置在 80%额定工作电压下应稳定工作。

（2）电源自启动试验。

（3）直流电源拉合试验。

（4）装置断电恢复过程中无异常，通电后工作稳定正常。

（5）在装置上电掉电瞬间，装置不应发异常数据，继电器不应误动作。

（二）屏柜对时检查

（1）对时装置运行状态指示正常。

（2）检查调相机各保护屏柜及自动装置自动对时状态无异常。

九、二次回路通流试验

（1）在 TA 端子箱或者保护屏柜处注入 1A/5A 电流（根据 TA 变比二次侧电流大小），测量 TA 根部电流是否为 1A/5A，验证回路正确，并测量此时回路电压并计算其交流阻抗，确保回路伏安数低于 TA 额定伏安数。

（2）试验前确保电流二次回路接地正常，试验过程中防止二次回路开路。

十、二次回路通压试验

（1）在 TV 端子箱断开二次侧空开，防止二次电压向一次系统反送。

（2）用继保试验仪在 TV 端子箱加入 A、B、C 三相不同幅值、相角相差 120°的电压，根据电缆走向，在保护屏、励磁柜、PMU 等处测量电压是否正确。

第六章

润滑油系统检修及试验

第一节 概　　述

一、润滑油系统介绍

润滑油系统作为润滑油液供给的动力源，包括主油箱底座、布置在主油箱上的润滑油泵、顶轴油泵、排油烟风机及相关管道、阀门、仪表和电气系统。各系统通过合理的布置，精确的设计，满足调相机在工作条件下、故障情况下的润滑用油，通过带走机组运转中产生的热量和烟雾，减少了摩擦对机组的轴承和易磨损元件的损害，提高机组的使用寿命。

润滑油系统检修包含设备主要有：润滑油泵、顶轴油泵、输送油泵、润滑油箱、储油箱、润滑油检查、蓄能器检查（如有）、冷油器检查、过滤器检查、排烟风机检查、油净化装置、仪表检查、顶轴油泵阀组功能检查、三冗余阀组、阀门、管道及支架、交、直流控制柜、端子箱。

二、润滑油系统检修项目

调相机每隔 5～8 年进行一次 A 类检修，在无 A、B 类检修的年份，机组每年安排 1 次 C 类检修。调相机润滑油系统 A、C 类检修项目如表 6-1 所示。

表 6-1　　　　　　　　　　润滑油系统设备检修项目及周期

设备	检 修 项 目	A 类检修	C 类检修
润滑油泵、顶轴油泵、输送油泵	1）外观检查	◆	◆
	2）地脚螺栓检查	◆	◆
	3）运行工况检查	◆	◆
	4）密封情况检查	◆	◆
	5）驱动电机检查	◆	◆
	6）联轴器同心度检查	◆	
	7）润滑情况检查	◆	◆

设备	检 修 项 目	A类检修	C类检修
润滑油泵、顶轴油泵、输送油泵	8）电机轴承检查	◆	
	9）换向器及电刷检查（如有）	◆	
	10）出口止回阀检查	◆	◆
润滑油箱、贮油箱	1）外观检查	◆	◆
	2）油箱内部清理	◆	
	3）螺栓紧固检查	◆	◆
	4）磁性滤网更换	◆	◆
	5）油箱油位检查	◆	◆
	6）油箱密封检查	◆	◆
	7）加热器功能检查	◆	◆
	8）油混水信号器检查（如有）	◆	◆
	9）贮油箱阻火器检查	◆	
润滑油检查	润滑油油质检查	◆	◆
蓄能器检查（如有）	1）外观检查	◆	◆
	2）螺栓紧固检查	◆	◆
	3）密封及压力检查	◆	◆
冷油器检查	1）设备功能检查	◆	◆
	2）外观及连接螺栓检查	◆	◆
	3）密封情况检查	◆	◆
过滤器检查	1）滤芯检查	◆	◆
	2）壳体内部清理	◆	◆
	3）密封情况检查	◆	◆
排烟风机检查	1）外观检查	◆	◆
	2）运行工况检查	◆	◆
	3）驱动电机检查	◆	◆
	4）联轴器同心度检查	◆	◆
	5）润滑情况检查	◆	◆
	6）电机轴承检查	◆	
	7）油烟分离器检查	◆	◆
	8）排烟管道及放油阀门检查	◆	◆
油净化装置	1）设备功能检查	◆	◆
	2）真空泵检查	◆	◆
	3）滤芯检查	◆	◆
	4）排放泵/注充泵风扇清洁	◆	◆

设备	检 修 项 目	A类检修	C类检修
油净化装置	5）流体过滤器滤芯检查	◆	◆
	6）管道及支架检查	◆	◆
	7）驱动电机检查	◆	◆
仪表检查	1）报警值整定	◆	◆
	2）热工仪表校验	◆	◆
	3）运行工况检查	◆	◆
顶轴油泵阀组功能检查	1）阀组功能检查	◆	
	2）溢流阀压力检查	◆	
	3）分配阀检查	◆	
三冗余阀组	功能检查	◆	◆
阀门	1）阀门检查	◆	◆
	2）执行机构检查	◆	◆
	3）事故排油阀检查	◆	◆
管道及支架	1）外观检查	◆	◆
	2）管路焊缝无损检测	◆	
	3）支吊架检查	◆	◆
交、直流控制柜，端子箱	1）控制柜检查	◆	◆
	2）端子箱检查	◆	◆

第二节 润滑油系统检修

一、润滑油泵泵体检修

（一）检修准备

（1）检修开始前应完成对泵装置的状态评估，汇总运行过程中关于泵装置的缺陷。

（2）检修开始前应完成泵装置检修方案及标准作业卡的编制，检修过程中严格按照方案及标准作业卡执行。

（3）检修开始前应确保现场临时用电已申请，检修使用的工器具及劳动防护用品充足。

（二）检修工序

（1）A修：

1）卸下对轮螺栓，吊走电机。

2）卸开与泵连接的油管和油箱盖连接的螺栓，把泵吊到检修场地，进行分解测量，分解前做好各结合面相对位置记号。

3）卸下对轮侧螺母，用专用工具将对轮拔出。

4）卸下轴承压盖，旋下锁紧螺母。

5）卸下上法兰，拆下密封压盖，掏出填料，连同轴承一起吊出。

6）将滤网同锥形吸入室一同拆下，取出密封环压盖，测量叶轮的瓢偏及轴端跳动，做好记录。

7）旋下叶轮锁紧螺母，抽出叶轮，卸下圆柱头螺钉，取出支承盘推力轴承、轴套、推力盘。

8）卸下泵壳和出油管，将结合面分开，吊出转子叶轮。

9）测量轴弯曲、密封环间隙，检查有无磨损、锈蚀，检查轴承的磨损情况，分解的各部件用煤油进行清洗。

10）组装时按与分解相反的顺序进行，组装按解体前标记做到原拆原装；更换泵体密封，检查联轴器缓冲垫，必要时更换；密封填料压板紧度适度，防止电机过载。

11）在组装过程中，对叶轮的瓢偏、晃动度进行测量，应符合质量标准。

12）检查泵出口逆止阀功能正常。

（2）C修：

1）检查泵螺栓有无松动。

2）检查有无漏油现象。

3）配管部位泄漏变形、碰伤、破损等。

（三）工艺标准（以厂家说明书为准）

（1）轴弯曲不大于 0.05mm。

（2）轴窜动为 0.2～0.35mm。

（3）密封环间隙为 0.2～0.23mm。

（4）下部导轴承与轴套的总间隙为 0.075～0.142mm。

（5）推力轴承与轴套的总间隙为 0.3～0.4mm。

（6）各轴承应转动灵活，无卡涩、锈蚀。

（7）叶轮瓢偏值不大于 0.10mm。

（8）叶轮晃度不大于 0.20mm。

（9）找中心圆差和面差均不大于 0.05mm。

（10）叶轮应无磨损、裂纹。

（四）风险及预控措施

（1）工器具破损伤人风险：使用合格的工器具。

（2）高处坠落及高空坠物风险：

1）高处作业使用安全帽，高处作业传递工器具使用工具袋。

2）地面工作人员必须戴好安全帽，并尽量减少在高处作业面下方行走和逗留。

二、顶轴油泵泵体检修

（一）检修准备

（1）检修开始前应完成对泵装置的状态评估，汇总运行过程中关于泵装置的缺陷。

（2）检修开始前应完成泵装置检修方案及标准作业卡的编制，检修过程中严格按照方案及标准作业卡执行。

（3）检修开始前应确保现场临时用电已申请，检修使用的工器具及劳动防护用品充足。

（二）检修工序

（1）转动调节螺杆上的手轮，检查刻度盘位置是否有足够的行程，旋出泵壳与变量机构壳体的螺栓，将两者分开，同时在柱塞与缸体相对应的位置上做好记号。

（2）将柱塞联通回程盘一起取出，同时拆下定心弹子、内套、弹簧、外套等进行清洗检查，并测量柱塞与缸体径向间隙及内、外套筒的径向间隙。

（3）拆开泵体与泵壳连接螺栓，取下配油盘，从另一端退出缸体清洗检查，测量缸体套与滚柱轴承的径向间隙。

（4）测量传动轴两端晃度。从联轴器侧将传动轴连同滚珠轴承一起取出。拆下滚柱轴承外侧弹簧挡圈，从花键侧拆出滚柱轴承进行检查。

（5）解体变量机构，取出变量头。拆出刻度盘，上下移动活塞测量行程。拆出变量活塞进行清理。

（6）检查泵出口逆止阀功能正常。

（三）工艺标准

（1）柱塞表面光洁，无磨损、拉痕，缸体或滑阀配合无松旷，中间油孔无堵塞。

（2）回转盘与滑阀之间无摩擦，接触面无毛刺、拉痕，定心弹子表面光滑，无锈蚀、变形。

（3）内、外套筒接触光滑无毛刺、磨损，内外套径向间隙为 0.02～0.105mm。

（4）弹簧无歪斜、变形、锈蚀，弹性良好。

（5）配油盘两平面光洁，无锈蚀、毛刺，壳体固定可靠。

（6）缸体和套配合紧密，无松动；与传动花键槽配合无松旷；与配油盘接触面平整严密，无毛刺、拉痕，油孔畅通无杂物；缸体套与轴承内孔径向间隙为 0.06～0.095mm。

（7）弹簧油封无变形、老化；轴承弹簧卡圈弹性良好、无裂纹。轴承完好无损，无锈蚀；传动轴光滑，无弯曲。

（8）变量头平面与回程盘平面光滑，无毛刺、拉痕，球面光洁，支点与变量活塞连接孔接触良好，转动灵活。

（四）风险及预控措施

（1）工器具破损伤人风险：使用合格的工器具，不准使用不合格的工具。

（2）高处坠落及高空坠物风险：

1）高处作业使用安全帽，高处作业传递工器具使用工具袋。

2）地面工作人员必须戴好安全帽，并尽量减少在高处作业面下方行走和逗留。

三、电机检修

（一）检修准备

（1）检修开始前应完成对电机的状态评估，汇总运行过程中关于电机的缺陷。

（2）检修开始前应完成电机检修方案及标准作业卡的编制，检修过程中严格按照方案及标准作业卡执行。

（3）检修开始前应确保现场临时用电已申请，检修使用的工器具及劳动防护用品充足。

（二）检修工序

（1）检查电机的对地绝缘：①断开对应电机的断路器；②分别用相应表计测量电机的三相对地绝缘。

图 6-1　电机风扇清理

（2）检查三相阻值是否平衡：①断开对应电机的断路器；②分别用相应表计测量电机的三相阻值是否平衡。

（3）交流电机加润滑脂：按厂家说明书加注相应型号润滑脂。

（4）检修完毕后，应检查电机外壳对地绝缘，确保电机外壳可靠接地。图 6-1 为电机风扇清理。

（三）工艺标准

（1）对于已运行的电机，要求对地绝缘大于等于 1MΩ。

（2）三相阻值平衡要求：任意一相的电阻与三个相的电阻的平均值相比，相差不超过 1%～2.5%。

（3）润滑脂 6～12 个月更换，一般为电机运行 4000h。

（四）风险及预控措施

（1）人身触电风险：

1）就地控制柜的电源在分闸位，并悬挂在此工作，禁止合闸挂牌。

2）做好工作人员间的相互配合，拉、合电源开关发出相适应的口令。

3）检查接地线是否接触好。

（2）高处坠落及高空坠物风险：

1）高处作业使用安全帽，高处作业传递工器具使用工具袋。

2）地面工作人员必须戴好安全帽，并尽量减少在高处作业面下方行走和逗留。

四、润滑油箱、贮油箱

润滑油系统油箱包含主油箱和贮油箱。油箱检修包含油箱表面、油箱内部。

（一）检修准备

（1）检修开始前应完成对油箱的状态评估，汇总运行过程中关于油箱的缺陷。

（2）检修开始前应完成油箱检修方案及标准作业卡的编制，检修过程中严格按照方案及标准作业卡执行。

（3）确认所有润滑油泵、顶轴油泵以及排烟风机电源全部断开。

（4）检修开始前应确保现场临时用电已申请，检修使用的工器具及劳动防护用品充足。

（二）检修工序

（1）打开油箱放油门，通过输送泵将主油箱内剩油输送至贮油箱，底部油可通过滤油机导入临时存储油桶。

（2）在将油箱顶部清扫干净后，揭开磁性回油滤网上部盖及人孔盖，将滤网吊出检查清理，若有破损应补焊或更换。

（3）对油箱进行通风，测量氧气含量合格，具备人员进入条件。

（4）检修人员从人孔门进入油箱内部清理。首先关闭放油门，分别用棉白布、面团清理干净，锈蚀部分需防腐处理，经验收合格后复装。

（5）检查油箱内部管道、法兰、螺栓无松动。

（6）检查油箱内无遗物，放进滤网更换垫片，扣上盖板及人孔门盖板。

（7）通过输送泵将贮油箱内润滑油注入主油箱至规定值液位。

（8）通过外置滤油机对主油箱润滑油进行滤油，直至取样检测油质合格。

（三）工艺标准

（1）清理油箱内壁：干净无锈蚀、油污，经化学监督合格（如图6-2所示）。

（2）检查清理滤网：干净无破损（如图6-3所示）。

（3）检查油箱内管道、螺栓：无磨损、无松动。

图6-2　油箱内部清理

图6-3　回油滤网清理

（四）风险及预控措施

（1）工器具破损伤人风险：使用合格的工器具。

（2）人身触电风险：

1）使用前必须检查电气工具和用具是否贴有合格证且在有效期内；电线是否完好，有无接地线；坏的或绝缘不良的不准使用。

2）工作现场所用的临时电源盘及电缆线绝缘应良好，电源盘应装设合格的剩余电流动作保护器，电源接线牢固。临时电源线应架空或加防护罩。

3）在油箱内进行工作时，行灯电压不得大于12V。

（3）油箱内部空间窒息风险：

1）作业前，有限空间作业应当严格遵守"先通风、再检测、后作业"的原则。检测指标包括氧浓度、易燃易爆物质（可燃性气体、爆炸性粉尘）浓度、有毒有害气体浓度。检测应当符合相关国家标准或者行业标准的规定，并做好记录。未经通风和检测合格，任何人员不得进入有限空间作业。检测的时间不得早于作业开始前30min。

2）保持有限空间出入口畅通，并设置遮栏（围栏）和明显的安全警示标志及警示说明，夜间应设警示灯。

3）作业过程中，应对有限空间作业面进行实时监测，防止缺氧窒息。监测方式主要有：监护人员在有限空间外使用泵吸式气体检测报警仪对作业面进行监护检测；作业人员自行佩戴便携式气体检测报警仪对作业面进行个体检测。

4）有限空间作业过程中，应当始终采取通风措施，保持空气流通，禁止采用纯氧通风换气。

5）在有限空间作业过程中，应当对作业场所中的危险有害因素进行连续监测。作业中断超过 30min，作业人员再次进入有限空间作业前，应当重新通风、检测合格后方可进入。

6）监护人员应在有限空间外持续监护，不得擅离职守，全程跟踪作业人员作业过程，保持信息沟通，发现有限空间气体环境发生不良变化、安全防护措施失效和其他异常情况时，应立即向作业人员发出撤离警报，并采取措施协助人员撤离。

7）作业完成后，现场工作负责人应清点人员及设备数量，确保有限空间内无人员和设备遗留后，方可解除作业区域封闭、隔离及安全措施，履行作业终结手续。

（4）高处坠落及人员滑跌风险：

1）高处作业使用安全带，严格执行高挂低用。

2）及时清理地面油迹。

五、蓄能器检修

（一）检修准备

（1）检修开始前应完成对蓄能器的状态评估，汇总运行过程中关于蓄能器的缺陷。

（2）检修开始前应完成蓄能器检修方案及标准作业卡的编制，检修过程中严格按照方案及标准作业卡执行。

（3）检修开始前应确保现场临时用电已申请，检修使用的工器具及劳动防护用品充足。

（二）检修工序

（1）利用肥皂水检查蓄能器气囊、仪表接头位置有无泄漏。

（2）检查蓄能器内氮气压力是否在规定压力范围内，必要时补充氮气。

（3）若有泄漏现象，先将蓄能器进油阀门关闭，打开放油阀门，蓄能器油排尽后，进行蓄能器气侧检查和检修。

（三）工艺标准

（1）蓄能器无泄漏。

（2）在润滑油系统停运时，蓄能器储罐氮气压力 0.23～0.25MPa。

（四）风险及预控措施

（1）在充装氮气时，应缓慢进行，以防冲破胶囊。

（2）蓄能器不得充氧气、压缩空气或其他易燃、易爆气体。

六、冷却器检修

（一）检修准备

（1）检修开始前应完成对冷却器的状态评估，汇总运行过程中关于冷却器的缺陷。

（2）检修开始前应完成冷却器检修方案及标准作业卡的编制，检修过程中严格按照方案及标准作业卡执行。

（3）检修开始前应确保现场临时用电已申请，检修使用的工器具及劳动防护用品充足。

（二）检修工序

（1）A 修：

1）排空冷却器水侧外冷水和油侧润滑油。

2）将冷却器外冷水侧法兰打开，检查内部清洁程度，根据不同污垢选择清洗剂。

3）将冷油器拆卸，对拆下板片按照顺序编号。

4）对板片进行手动清洗，如果污垢层比较厚，或有一定比例的有机物时，应当将板片放入装满有效清洗剂的大桶中清洗。

5）板片清洁、干燥后进行回装，必须确保它们重新组装时的顺序与原顺序是一致的，同时更换密封垫。

6）将冷却器组装好后，在进出口水管上加堵板，进行水侧水压试验，油侧采用气压试验，试验参数根据厂家说明书确定，检查无渗漏。

7）恢复管道，冷却器投入运行后检查冷却器的冷却效果。

（2）C 修：

1）排空冷却器水侧外冷水和油侧润滑油。

2）将冷却器外冷水侧法兰打开，检查内部清洁程度（如图 6-4 所示），有轻微泥垢时用高压水枪清洗。

3）恢复管道，更换密封垫，冷却器投入运行后检查冷却器的冷却效果。

（三）工艺标准

（1）冷却器内部经过清理后应干净、无杂物。

（2）冷却器投入运行后应无渗漏，法兰处螺栓力矩应符合厂家要求。

（3）冷却器投入运行后应冷却效果良好。

（四）风险及预控措施

（1）工器具破损伤人风险：使用合格的工器具，不准使用不合格的工具。

（2）高处坠落及人员滑跌风险：

1）高处作业使用安全带，严格执行高挂低用。

2）及时清理地面油迹。

图 6-4　冷却器进口清洁度检查

（3）高压工具伤人风险：

1）使用经过检验合格的高压水枪及水压泵，进行清洗及水压试验前检查高压水管路，保证管路完好无破损。

2）使用高压工具作业时严禁将高压水出口对准作业人员。

（4）化学伤害风险：使用清洁剂时，应佩戴手套和护目镜。

七、过滤器检修

（一）检修准备

（1）检修开始前应完成对过滤器的状态评估，汇总运行过程中关于油箱的缺陷。

（2）检修开始前应完成油箱检修方案及标准作业卡的编制，检修过程中严格按照方案及标准作业卡执行。

（3）检修开始前应确保现场临时用电已申请，检修使用的工器具及劳动防护用品充足。

（二）检修工序

（1）打开过滤器上盖，抽出滤芯，如滤芯污染程度较高应更换新的滤芯。

（2）清理过滤器壳体内部。

（3）更换密封垫片，复装过滤器。

（4）检查过滤器法兰和连接件的密封情况。

（5）过滤器投入运行后检查过滤器压降。

（三）工艺标准

（1）过滤器滤芯应清洁无颗粒杂质，如滤芯污染程度较高应及时更换新的滤芯（如图 6-5 所示）。

（2）过滤器内部应清洁、无异物。

（3）过滤器应无渗漏，法兰螺栓紧固均匀，连接紧固，力矩满足制造厂家要求。

（4）过滤器投入运行后压降应符合设计标准。

（四）风险及预控措施

（1）工器具破损伤人风险：使用合格的工器具，不准使用不合格的工具。

（2）高处坠落及人员滑跌风险：高处作业使用安全带，严格执行高挂低用；及时清理地面油迹。

图 6-5　润滑油主过滤器滤芯更换

（3）润滑油污染风险：确保滤筒内上腔的润滑油完全排放回油箱后，方可进行下一步操作，避免润滑油在更换过程中发生油污染。

八、排烟装置检修

（一）检修准备

（1）检修开始前应完成对排烟装置的状态评估，汇总运行过程中关于排烟装置的缺陷。

（2）检修开始前应完成排烟装置检修方案及标准作业卡的编制，检修过程中严格按照方案及标准作业卡执行。

（3）检修开始前应确保现场临时用电已申请，检修使用的工器具及劳动防护用品充足。

（4）排烟装置已断电，断开电机的断路器。

（二）检修工序（以上电机组为例）

（1）检查排烟风机电机的对地绝缘。分别用相应表计测量电机的三相对地绝缘。对于运行过的电机要求对地绝缘大于等于 $1M\Omega$。

（2）检查排烟风机电机三相阻值是否平衡。分别用相应表计测量电机的三相阻值是否平衡。要求任意一相的电阻与三个相的电阻的平均值相比，相差不超过 1%～2.5%。

（3）排烟风机设备外表清扫：使用白布等擦拭排烟风机外表污垢。

（4）构架及基础的检查、连接螺栓紧力检查。

（5）排烟风机解体维护、清理。打开排烟风机罩壳，观察风机叶片上有无油污，若有附着的油污，使用干净的布擦拭。

（6）打开油烟分离器端盖，检查清洁度并更换滤芯。

（7）检修完毕后，排烟风机运行时，排烟风机振动正常、轴承温度正常，油箱负压正常。若负压过大或过小，可通过调节排烟装置旁通阀调节压力。

（三）工艺标准

（1）电机要求对地绝缘大于等于 $1M\Omega$。

（2）任意一相的电阻与三个相的电阻的平均值相比，相差不超过 1%～2.5%。

（四）风险及预控措施

（1）人身触电风险：

1）就地控制柜的电源在分闸位，并悬挂"在此工作，禁止合闸"标示牌。

2）做好工作人员间的相互配合，拉、合电源开关发出正确的口令。

3）检查接地线是否接触良好。

（2）高处坠落及高空坠物风险：

1）高处作业使用安全帽，高处作业传递工器具使用工具袋。

2）地面工作人员必须戴好安全帽，并尽量减少在高处作业面下方行走和逗留。

九、润滑油净化装置及输送泵检修

（一）检修准备

（1）检修开始前应完成对润滑油净化装置及贮油箱的状态评估，汇总运行过程中关于润滑油净化装置及贮油箱的缺陷。

（2）检修开始前应完成润滑油净化装置检修方案及标准作业卡的编制，检修过程中严格按照方案及标准作业卡执行。

（3）检修开始前应确保现场临时用电已申请，检修使用的工器具及劳动防护用品充足。

（二）检修工序

（1）更换真空泵润滑油。

（2）更换油净化装置空气滤芯、入口滤芯、出口滤芯、油雾分离滤芯、真空泵滤芯

（如图 6-6 所示）。

图 6-6　油净化装置滤芯更换

（3）测量油净化装置油泵电机的对地绝缘合格。

（4）测量油净化装置油泵电机三相阻值是否平衡。

（5）检查油净化装置进出口橡胶管有无老化，必要时进行更换。

（6）测量润滑油输送泵电机的对地绝缘合格。

（7）测量润滑油输送泵电机三相阻值是否平衡。

（三）工艺标准

（1）润滑油输送泵功能正常，运行参数正常。

（2）油净化装置运行正常。

（四）风险及预控措施

（1）工器具破损伤人风险：使用合格的工器具。

（2）人身触电风险：

1）使用前必须检查电气工具和用具是否贴有合格证且在有效期内；电线是否完好，有无接地线；坏的或绝缘不良的不准使用。

2）工作现场所用的临时电源盘及电缆线绝缘应良好，电源盘应装设合格的漏电保护器，电源接线牢固。临时电源线应架空或加防护罩。

3）在油箱内进行工作时，行灯电压不得大于 12V。

（3）贮油箱内部空间窒息风险：

1）作业前应使用鼓风机加强通风。

2）作业过程中使用鼓风机通风。

3）交代检修人员进入主油箱和贮油箱箱前执行"先通风、再检测、后作业"。

4）工作人员应轮换工作和休息；油箱内工作时，监护人应站在能看到或听到工作人员的地方，以便随时进行监护，监护人不得同时担任其他工作。并且每隔 5～10min 监护人员要呼叫工作人员，确认工作人员可以正常应答。

（4）高处坠落及人员滑跌风险：

1）高处作业使用安全带，严格执行高挂低用。

2）及时清理地面油迹。

十、加热器检修

（一）检修准备

（1）检修开始前应完成对加热器的状态评估，汇总运行过程中关于加热器的缺陷。

（2）检修开始前应完成加热器检修方案及标准作业卡的编制，检修过程中严格按照方案及标准作业卡执行。

（3）检修开始前应确保现场临时用电已申请，检修使用的工器具及劳动防护用品充足。

（二）检修工序

（1）断开电加热器的断路器。

（2）打开电加热器本体接线盖。

（3）分别用500V摇表测量加热器直阻和绝缘。

（4）测量完成后检查紧固各接线端子，检查加热器接地线连接情况。

（三）工艺标准

对于运行过的电加热器要求对地绝缘大于等于1MΩ。加热器绝缘测量如图6-7所示。

（四）风险及预控措施

（1）人身触电风险：

1）就地控制柜的电源在分闸位，并悬挂在此工作，禁止合闸挂牌。

2）做好工作人员间的相互配合，拉、合电源开关发出相适应的口令。

图6-7　加热器绝缘测量

3）检查接地线是否接触好。

（2）高处坠落及高空坠物风险：

1）高处作业使用安全帽，高处作业传递工器具使用工具袋。

2）地面工作人员必须戴好安全帽，并尽量减少在高处作业面下方行走和逗留。

十一、润滑油、顶轴油阀组检查

（一）检修准备

（1）检修开始前应完成对阀组的状态评估，汇总运行过程中关于阀组的缺陷。

（2）检修开始前应完成阀组检修标准作业卡的编制，检修过程中严格按照方案及标准作业卡执行。

（3）检修开始前应确保现场临时用电已申请，检修使用的工器具及劳动防护用品充足。

（二）检修工序

（1）润滑油母管减压阀（如有）：检查减压阀无渗漏；润滑油系统启动后，母管压力满足设计要求，若有偏差，调整减压阀至合格位置。

（2）顶轴油溢流阀（如有）：检查溢流阀无渗漏；顶轴油系统启动后，检查顶轴油母管压力是否正常，若需要调低压力时，逆时针旋松溢流阀的调节手柄，需要调高压力时，顺时针旋紧溢流阀的调节手柄，调整完成后锁紧固定螺母。

（3）顶轴油分配阀（如有）：检查调速阀无渗漏；顶轴油系统启动后，需要增大大轴顶起高度时，顺时针旋紧调速阀的调节手柄，需要降低大轴顶起高度时，逆时针旋松调速阀的调节手柄。调整完成后，用钥匙锁定位置。

（4）润滑油温控阀（如有）：检查温控阀无渗漏；温控阀档位在自动位置；润滑油系统运行后，温控阀温度调节功能正常。

（三）工艺标准

阀组在调整时，应缓慢进行，任何时候不应有压力、温度突变。

（四）风险及预控措施

阀组检查处理过程中，若和其他检修工作交叉进行，需协调好检修工作，交叉的工作暂停，保证安全。

十二、管道阀门检修

（一）检修准备

（1）检修开始前应完成对管道阀门的状态评估，汇总运行过程中关于管道阀门的缺陷。

（2）检修开始前应完成管道阀门检修方案及标准作业卡的编制，检修过程中严格按照方案及标准作业卡执行。

（3）检修开始前应确保现场临时用电已申请，检修使用的工器具及劳动防护用品充足。

（二）检修工序

（1）检查管道焊缝有无漏油、漏水点，若有，需要处理。

（2）若新增管道焊接，进行焊缝探伤。

（3）检查阀门有无漏油、漏水点，若有，需要处理。

（4）检查阀门是否生锈，若生锈，进行除锈工序。

（5）检查阀门开关是否正常，若发现阀门卡涩，无法开关，处理。

（三）工艺标准

（1）管道无漏油、漏水点。

（2）新增管道焊缝质量合格。

（3）阀门无漏油、漏水点。

（4）阀门除锈完成。

（5）阀门开关正常，阀门无卡涩。

（四）风险及预控措施

阀门管道检查处理过程中，若和其他检修工作交叉进行，需协调好检修工作，交叉的工作暂停，保证安全。

十三、控制柜检修

（一）安全准备

开工前对被测设备进行必要的验电，并布置好自我保护相关安全措施。

（二）设备检查

（1）检查润滑油系统设备已全部停运，相关联锁已全部退出。

（2）检查控制柜电源已断开，验明却无电压。

（三）检修项目

（1）核查控制柜内各空开、继电器定值是否正确。

（2）柜内仪表校验。

（3）对控制柜内端子紧固。

（4）屏柜清灰。

（5）检查控制柜封堵是否正常。

（四）风险辨识

作业前确认屏柜电源已断开，防止低压触电。

第三节　润滑油系统试验

一、单体试验

（一）冷却器水压试验

润滑油系统冷却器一般采用板式冷却器，板式冷却器由一块头板、一块尾板、上导杆、下导杆和立柱组成。

1. 试验准备

（1）板式冷却器水压试验介质一般采用水，奥氏体不锈钢板片组装的板式热交换器，用水进行水压试验后应将水渍擦除干净，当无法达到这一要求时，应控制水的氯离子含量不超过 25mg/L。

（2）试验压力按照厂家说明书要求，若无说明按照 NB/T 47004.1《板式热交换器　第1 部分：可拆卸板式热交换器》规定。

（3）应用两个精度等级不低于 1.6 级、量程相同并经过检定的压力表。压力表的量程应为设计压力的 1.5～3 倍，表盘直径应不小于 100mm。

（4）板式冷却器一侧进行水压试验时，另一侧应同时处于无压力状态。

（5）试验时应在适当位置设置排气口，充满水时应将板式热交换器内的空气排尽。试验过程中应保持板式热交换器观察面的干燥。

2. 试验步骤

（1）打开冷油器下部放油门，将冷油器内部积油放净，并打开放水门，将积水放尽。

（2）拆下冷油器进出口冷却水管法兰螺栓及水侧放空气管法兰螺栓。

（3）用高压水进行冲洗，如果有堵塞专用工具，应用专用工具疏通。

（4）由化学验收合格，钛管表面光洁、无裂纹、无腐蚀，钛管内表面无结垢。

（5）更换冷油器下水室油、水侧 O 形密封圈，验收合格后，加装堵板，回装管道。

（6）缓慢注水排气，直至排气口均匀出水。

（7）试验时应缓慢升压，达到规定的试验压力后，保压时间不少于 30min，并对所有密封面和受压焊接部位进行检查。检查期间压力应保持不变，不得采用连续加压或拧紧夹紧螺柱（或顶杆）以维持压力不变的做法，试验过程中不得带压紧固或向受压元件施加外力。

（8）试验合格后抽出堵板，恢复管道。

3. 试验标准

（1）水压试验过程中，板式冷却器应无渗漏，无异常响声和可见变形。

（2）板式冷却器水压试验合格后，应排放流道内的积水。

（二）电机绝缘测量

1．试验准备

（1）润滑油泵电机断开对应开关停电、验电。

（2）打开电机接线盒，拆掉所有导线接线，拆线之前要特别注意牢记接线相序，以便测量完恢复接线时能保证接线的相序的正确性。

2．试验步骤

（1）用绝缘电阻表测量三相对地的绝缘电阻，绝缘电阻表两个接线一个接电机绕组的接线柱，另一个接地线（或电机外壳），进行测量（UVW 三相都要测量）。

（2）用绝缘电阻表测量三相相间绝缘电阻，绝缘电阻表两个接线一个接电机绕组 U 相接线柱，另一个接电机绕组 V 相接线柱，此时测量的就是 UV 两相间的绝缘电阻，同理再测量 UW 相间绝缘电阻和 VW 相间绝缘电阻。

（3）绕组放电、恢复接线。

3．试验标准

绝缘电阻不小于 1MΩ。

（三）润滑油取样

1．取样点及取样容器

（1）取样点应支持重复性及代表性取样，测定结果与采样位置有关。

（2）常规试验取样容器宜为 500～1000mL 磨口具塞玻璃瓶，参照 GB/T 7597《电力用油（变压器油、汽轮机油）取样方法》要求准备。

（3）颗粒污染等级取样容器应使用 250mL 专用取样瓶，参照 DL/T 432《电力用油中颗粒度测定方法》要求准备。

（4）非玻璃的容器应使用耐油的材料（包括衬垫，铝箔制成的瓶盖衬垫）。

2．新油交货时的取样

（1）新油以桶装形式交货时，取样桶数和方法应按 GB/T 7597 方法进行。应从可能污染最严重的底部取样，必要时可抽取上部油样；如怀疑大部分桶装油有不均匀现象时，应对每桶油逐一取样，并应核对每桶的牌号、标志，同时对每桶油进行外观检查。

（2）用外接软管取样或从油箱底部的阀门导管处取样，应在取样前将这些管道用油冲洗后才能进行，同时取样时应维持一定的流速。

（3）新油验收，一般应取两份以上样品，除试验所需用量外，应保留存放一份以上样品，以备复核或仲裁用。

（4）用于颗粒污染等级测试的样品不得进行混合，应对单一油样分别进行测试。

3. 运行油的取样

系统试运前，应开展取油分析工作。

（1）用于监督试验的运行油应从冷油器出口取样；检查油中杂质和水分时，应从油箱底部取样；当系统进行冲洗时，应增设管道取样点。

（2）从回油母管中取样时，管道中的油应能自由流动而没有死角。取样前，取样口应用油进行冲洗，冲洗用的油量取决于取样管道的长度和直径，应不低于取样管道容积的两倍。冲洗油应收集到废油桶中统一处置。

（3）若发现所取样品有异常情况时，应从不同的取样位置再次取样，以跟踪污染物的来源或查找其他原因。出现下述几种情况的样品不具有代表性：

1）所取样品与系统中油温度相差较大；

2）油液颜色与所取油样颜色不一致或差异较大；

3）取自贮油箱的样品，在同一温度下黏度差异较大。

（四）混油试验

（1）需要补充油时，应补加经检验合格与原设备中相同黏度等级及同一添加剂类型的润滑油。补油前应对运行油、补充油和混合油样进行油泥析出试验，混合油无油泥析出或混合油样的油泥不多于运行油的油泥方可补加。

（2）不同品牌、不同质量等级或不同添加剂类型的润滑油不宜混用，当不得不补加时，应满足下列条件才能混用：

1）应对运行油、补充油和混合油进行质量全分析，试验结果合格，混合油样的质量应不低于未混合油中质量最差的一种油；

2）应对运行油、补充油和混合油样进行开口杯老化试验，混合油样无油泥析出或混合油样的油泥不多于运行油的油泥，酸值不高于未混合油中质量最差的一种油。

（3）油泥析出试验应按照 DL/T 429.7《电力用油油泥析出测定方法》或 GB/T 8926《在用的润滑油不溶物测定法》（方法 A）进行测试。当无法用 DL/T 429.7 方法对比不同油样油泥析出量时，应按照 GB/T 8926（方法 A）进行油泥含量的测试。

（4）试验时，油样的混合比例应与实际的比例相同；如果无法确定混合比例时，则试验时宜采用 1:1 比例进行混油。

（5）不同黏度等级的油不应混合使用。

（6）矿物润滑油与用作润滑、调速的合成液体（如磷酸酯抗燃油）有本质上的区别，不应将两者混合使用。

（五）润滑油系统冲洗

（1）运行机组润滑油系统则应重视在运行和检修过程中产生或进入的污染物的清除。

（2）冲洗油应具有较高的流速，在系统回路的所有区段内冲洗油流都应达到紊流状态。应提高冲洗油的温度，并适当采用升温与降温的变温操作方式。在大流量冲洗过程中，应按一定时间间隔从系统取油样进行油的颗粒污染等级分析，直到系统冲洗油的颗粒污染度达到 SAE 分级标准的 7 级。

（3）对于油系统内某些装置，系统在出厂前已进行组装、清洁和密封的则不参与冲洗，冲洗前应将其隔离或旁路，直到其他系统部分达到清洁为止。

（4）检修工作完成后油系统是否进行全系统冲洗，应根据对油系统检查和油质分析后综合考虑而定。如油系统内存在一般清理方法不能除去的油溶性污染物及油或添加剂的降解产物时，宜采用全系统大流量冲洗。冲洗时，还应考虑污染物种类，更换部件自身的清洁程度以及检修中可能带入的某些杂质等。如果没有条件进行全系统冲洗，应采用热的干净运行油对检修过的部件及其连接管道进行冲洗，直至油的颗粒污染等级合格为止。

二、系统试验

试验前，润滑油系统单体设备检修完成，试验合格，设备试运正常，系统参数在合格范围内，系统运行满足试验要求。

（一）过滤器切换试验

1. 试验准备
（1）检查润滑油系统润滑油泵出口压力、电流、母管压力、进油温度等参数正常。
（2）确认备用过滤器桶内润滑油滤芯安装正确。
（3）检查润滑油过滤器无渗漏。

2. 试验步骤（以滤筒左切换至滤筒右为例）
（1）观察切换阀流向指示，确认阀位指针指向滤筒左。
（2）打开平衡阀。
（3）打开过滤筒右上的排气阀，待确定滤筒右内有流体从排气阀处流出时，关闭排气阀。
（4）缓慢扳动切换阀手柄，切换阀工作状态由"左侧滤筒在线"转换到"右侧滤筒在线"，注意观察润滑油母管压力。
（5）待切换阀阀位指针已经指向右侧滤筒。
（6）关闭平衡阀。

3. 试验标准
（1）切换过程中，润滑油系统母管压力等参数无大幅波动，备用润滑油泵和直流润滑油泵无联启。
（2）切换后，润滑油过滤器差压正常，无报警。

（二）冷却器切换试验

1. 试验准备

（1）试验人员应掌握本站调相机润滑油系统的运行方式、相关装置分布等知识。

（2）试验人员应熟悉调相机润滑油系统备用冷却器定期切换工作流程、操作要领，以及作业风险。

（3）检查调相机润滑油系统运行参数正常；确认调相机润滑油冷却器运行及备用状态。

2. 试验步骤（以上电机组 1 号冷却器切换至 2 号冷却器为例）

（1）打开 2 号润滑油冷却器水侧排气阀。

（2）打开 2 号润滑油冷却器循环水进水电动阀。

（3）观察 2 号润滑油冷却器水侧排气阀连续出水。

（4）关闭 2 号润滑油冷却器水侧排气阀。

（5）打开 2 号润滑油冷却器循环水出水电动阀。

（6）打开 2 号润滑油冷却器油侧排气阀。

（7）打开润滑油冷却器油侧旁通阀。

（8）检查 2 号润滑油冷却器油侧排气管道温度上升。

（9）检查 2 号润滑油冷却器进油管道和出油管道温度上升。

（10）缓慢旋转润滑油冷却器切换阀，直至切换阀指针指到 2 号润滑油冷却器。

（11）关闭 2 号润滑油冷却器油侧排气阀。

（12）保持润滑油冷却器油侧旁通阀常开。

（13）检查润滑油系统运行正常。

（14）关闭 1 号润滑油冷却器循环水出水电动阀。

（15）关闭 1 号润滑油冷却器循环水进水电动阀。

（16）检查润滑油系统运行正常。

3. 试验标准

（1）润滑油系统油压无大幅波动，压力开关无动作情况，备用润滑油泵未发生联启情况。

（2）润滑油温度稳定，油温无上升趋势。

（三）油泵切换试验

润滑油油泵切换试验是模拟事故工况下润滑油泵动作及系统参数变化情况的试验，由于三大主机厂润滑油系统有差异，以带蓄能器润滑油系统为例。

1. 试验准备

（1）分系统调试满足润滑油油质合格，润滑油系统、顶轴油系统的联锁、保护动作正确、可靠，定值正确，设备启、停和运行正常、可靠，润滑油温度达到启动条件。

（2）直流蓄电池组单独供电（断开直流系统交流电源和直流充电装置电源）的情况下满足直流润滑油泵和直流顶轴油泵能运行正常。

（3）调相机本体和辅助系统已经过试运确认正常。

（4）每次试验油泵电机再次启动的间隔时间不得少于 15min。

（5）试验记录仪：JH-SY-01（需现场提供 AC220V/200W 不间断电源）从就地控制柜接入下列信号：交流润滑油泵 A 运行信号（油泵 A 交流接触器辅助触点）、交流润滑油泵 B 运行信号（油泵 B 交流接触器辅助触点）、直流润滑油泵运行信号（直流润滑触器辅助触点）、润滑油泵出口总管压力低（0.5MPa）启备用油泵信号、供油母管压力低（0.24MPa）启直流油泵信号。

为了快速测量压力变化，增加压力变送器及附件 2 套，一套布置在交流泵出口（0.5MPa）压力开关位置，另一套布置在供油口（0.24MPa）压力开关位置。

2. 试验步骤

（1）调相机 0r/min 工况下油泵切换试验（不带蓄能器）：

1）关闭蓄能器入口截止阀，润滑油系统正常运行中，DCS 联锁投入，就地停运运行中的 A 交流润滑油泵，备用 B 交流泵能正常切换；润滑油泵切换过程中润滑油压力能保持稳定，不会触发低油压跳机保护。

2）润滑油系统正常运行中，DCS 联锁投入，通过拉开运行中的 B 交流润滑油泵就地开关柜电源，备用 A 交流润滑油泵能正常切换；润滑油泵切换过程中润滑油压力能保持稳定，不会触发低油压跳机保护。

3）润滑油系统正常运行中，DCS 联锁投入，进行交流油泵周期切换试验。A 交流润滑泵切 B 交流润滑泵。

4）润滑油系统正常运行中，DCS 联锁投入，进行交流油泵周期切换试验。B 交流润滑泵切 A 交流润滑泵。

5）润滑油系统正常运行中，DCS 联锁退出，就地停运运行中的 A 交流润滑油泵。

（2）调相机 0r/min 工况下油泵切换试验（带蓄能器）：

1）打开蓄能器入口截止阀，润滑油系统正常运行中，DCS 联锁投入，就地停运运行中的 A 交流润滑油泵，备用 B 交流泵能正常切换；润滑油泵切换过程中润滑油压力能保持稳定，不会触发低油压跳机保护。

2）润滑油系统正常运行中，DCS 联锁投入，通过拉开运行中的 B 交流润滑油泵就地开关柜电源，备用 A 交流润滑油泵能正常切换；润滑油泵切换过程中润滑油压力能保持稳定，不会触发低油压跳机保护。

3）润滑油系统正常运行中，DCS 联锁投入，进行交流油泵周期切换试验。A 交流润滑泵切 B 交流润滑泵。

4）润滑油系统正常运行中，DCS联锁投入，进行交流油泵周期切换试验。B交流润滑泵切A交流润滑泵。

5）润滑油系统正常运行中，DCS联锁退出，就地停运运行中的A交流润滑油泵。

3. 试验标准

（1）事故工况油泵切换过程不会触发重故障报警。

（2）模拟交流泵周期切换时不触发交流泵出口压力低启交流备用泵油压（0.5MPa）压力开关动作。

（3）模拟周期切换试验时不触发直流油泵启动压力低压力开关动作（0.24MPa）。

第七章

外冷水系统检修及试验

第一节 概　　述

调相机运行时，各系统、设备会产生热量，而外冷系统的作用是将调相机冷却器内热量带走，为调相机提供良好的运行环境，保证调相机安全稳定运行。外冷却水系统根据外冷却水是否与空气直接接触，可分为开式外冷却水系统和闭式外冷却水系统。

开式外冷却水系统主要由机力通风冷却塔、电动滤水器、循环水泵、循环水泵房内电动蝶阀、工业水池补水泵、循环水管及工业补充水管及附件、阀门、电缆及附件等组成。其工作原理为：开式外冷水系统的冷却水循环为开放式，冷却水流入机力通风冷却塔后，通过回水管喷嘴喷淋，风机加强空气流动，冷却水蒸发散热后流入底部冷却塔水池，完成开放式外冷却散热。开式外冷水系统主要通过蒸发散热，耗水量较大。

闭式外冷却水系统分为内冷却回路和外冷却回路，内冷却回路主要组成部分有主循环泵、主过滤器、电加热器、脱气罐、缓冲罐、去离子回路、补给水回路、主管道及连接件等主要设备。外冷却回路包括空气冷却器、闭式冷却塔。其工作原理为：闭式水经循环水泵、调相机换热器、空气冷却器、闭式冷却塔密闭式循环，不与空气接触。当环境温度较低时，闭式水仅通过空气冷却器向空气散热；当夏季高温时，空气冷却器和闭式冷却塔同时投入运行，闭式冷却塔通过喷淋吸热冷却换热盘管，使闭式水冷却。因此，闭式外冷水系统主要通过空冷和蒸发散热，耗水量较小。

调相机外冷水系统 A、C 类设备检修项目如表 7-1 所示。

表 7-1　　　　　　　　调相机外冷水系统 A、C 类设备检修项目

设备	检 修 项 目	A 类检修	C 类检修
水泵和驱动电机	联轴器检查、校正	◆	◆
	润滑情况检查	◆	◆
	机械密封性检查	◆	
	地脚螺栓检查	◆	
	电机检查	◆	◆
	运行压力及流量检查	◆	◆

设备	检 修 项 目	A类检修	C类检修
水泵和驱动电机	泵体及轴承温度、噪声检查	◆	◆
	动力控制柜清扫、检查	◆	◆
	耦合装置检查（如有）	◆	◆
	振动检查	◆	◆
	拦污栅检查	◆	◆
电动滤水器/过滤器	滤网检查	◆	◆
	壳体内部清理	◆	◆
	压差表检查	◆	◆
	密封情况检查	◆	◆
	电动滤水器减速机检查	◆	◆
	电动滤水器功能检查	◆	◆
软化装置（如有）	外观检查	◆	◆
	密封情况检查	◆	◆
	再生阀组	◆	◆
	盐箱	◆	◆
	性能检查	◆	◆
离子交换器（如有）	去离子树脂活性检测	◆	◆
管道加热器（如有）	绝缘检查	◆	◆
	密封检查	◆	◆
	保护功能检查	◆	
空气冷却塔（如有）	外观检查	◆	◆
	管束清洗	◆	
	密封情况检查	◆	◆
	电机检查	◆	◆
	运行情况检查	◆	◆
机力通风冷却塔（如有）	外观检查	◆	◆
	电机检查	◆	
	电机润滑情况检查	◆	◆
	扇叶检查	◆	◆
	喷嘴检查	◆	◆
	填料检查	◆	
	水池洁净度检查	◆	◆
	风机皮带检查	◆	
	降噪材料检查（如有）	◆	

设备	检 修 项 目	A类检修	C类检修
机力通风冷却塔（如有）	加热器（如有）	◆	
	收水装置（如有）	◆	
	齿轮箱齿轮油更换	◆	◆
	抱箍螺栓外观检查	◆	◆
	风机运行测试	◆	◆
蒸发冷却器（如有）	外观检查	◆	◆
	电机检查	◆	◆
	水箱清理	◆	◆
	收水装置	◆	◆
	运行测试	◆	◆
控制柜（包括接线盒）	外观及功能检查	◆	◆
阀门	阀门检查	◆	◆
	减压阀复核（如有）	◆	
	安全阀复核（如有）	◆	
	泄漏情况检查	◆	◆
	复装后检查	◆	◆
管路和支架	管道外观检查	◆	◆
	支吊架检查	◆	◆
	新增焊缝无损检测	◆	◆
仪器仪表	报警值整定	◆	◆
	热工仪表校验	◆	◆
	在线化学仪表维护和校验	◆	◆
加药装置	密封情况检查	◆	◆
	加药箱检查	◆	◆
	计量泵检查	◆	◆
	管路检查	◆	◆
	整体性能检查	◆	◆
	药剂性能检查	◆	◆
工业水池	工业水池检查	◆	
循环水池	水池、滤网检查和清理	◆	◆
潜水泵（如有）	运行情况检查	◆	◆
系统试运行	检修后试运行	◆	◆

第二节 外冷水系统检修

一、水泵和驱动电机检修

（一）检修概述

泵在外冷水系统中起到至关重要的作用，是外冷水系统稳定运行的动力所在。开式和闭式外冷水系统都有循环水泵和补水泵，闭式外冷水系统还独有喷淋泵。循环水泵和补水泵一般为离心泵，检修期间需要检查泵的同心度、渗漏和润滑情况，如有必要需调整同心度、更换机械密封、联轴器、轴承和更换润滑油及润滑脂等。检修结束后确保所有法兰螺栓已全部拧紧，在泵启动前应先测量电机绝缘，绝缘合格后，方可进行泵体注水和排气工作，最后才能启动泵。因喷淋泵一般为免维修式泵，检修时注意检查下润滑情况，不对泵进行解体检查和检修，如有损坏应予以成套更换。下面主要介绍离心泵的检修。

（二）联轴器找中心及调整

如果水泵和与电机联轴器中心不正或断面平行度不好，就会因泵与电机结合状态不平衡而产生振动异常，振动异常会造成部件磨损，严重时会造成轴承断裂、泵和电机受损。每年检修都应对水泵和与电机的同心度进行测量，必要时加以调整。水泵和电机联轴器中心找正后，应将弹性柱销和内卡环安装好，防止弹性柱销脱落，随之联轴器护罩安装到位，防止转动期间机械伤害。

1. 检查步骤

开始时先在联轴器的四周用平尺比较一下电动机和水泵的两个联轴器的相对位置，找出偏差的方向后，再粗略地调整使联轴器的中心接近对准，两个端面接平行。通常应以调整电动机地脚的垫片为主来调整联轴器中心。下面分步介绍：

（1）测量前的准备。利用百分表直接测量圆周间隙和端面间隙前，还应将两联轴器用找中心专用螺栓连接固定。若是固定式联轴器，应将两者插好。测量过程中，转子的轴向位置应始终不变，以免因盘动转子时前后窜动引起误差。测量前应将地脚螺栓都拧紧，找正时一定要在冷态下进行，热态时不能找中心。

（2）测量过程。将联轴器做上记号并对准，有记号处置于零位（垂直或水平位置）。装上百分表，沿转子回转方向自零位起依次转动90°、180°、270°，同时测量每个位置时的圆周间隙和端面间隙，并记录。

根据测量结果，将两端面内的各点数值取平均数，并记录。

2. 处理步骤

泵为固定端，电机为调整端。拆除电机地脚螺栓时，应注意联轴器百分表的变化，分别在前后、左右地脚螺栓处增减不锈钢垫片（如有铜垫片，进行更换不锈钢垫片）。紧固电机地脚螺栓时，应注意联轴器百分表的变化，联轴器按照旋转方向从 0°依次旋转 90°、180°、270°，并记录圆周间隙和端面间隙数据。

3. 验收标准

联轴器找中心的允许误差如表 7-2 所示。

表 7-2 联轴器找中心的允许误差

联轴器类别	允许误差（mm）	
	周距	面距
刚性与刚性	0.04	0.03
刚性与半扰挠性	0.05	0.04
挠性与挠性	0.06	0.05
齿轮式	0.10	0.05
弹簧式	0.08	0.06

（三）解体检查

1. 解体步骤

（1）松开电机地脚螺栓，移动电机（确保泵组能直接由泵壳内取出）。

（2）拆开排水丝堵，放尽泵体内部存液。

（3）松开轴承座室支架紧固螺栓，松开泵盖与泵壳紧固螺栓，用手拉葫芦将泵组搬运至检修场地；松开叶轮紧固螺母。

（4）用撬棍将叶轮由泵轴上拆下。

（5）松开机械密封静环端盖螺栓。

（6）拆下水泵联轴器。

（7）拆开轴承室放油螺栓。

（8）松开轴承盖紧固螺栓，再用铜棒与手锤配合，将泵轴连同轴承一起从轴承室取出。

（9）用铜棒与手锤配合，将轴承从泵轴上拆下。

2. 机械密封检查及处理

机械密封是一种限制工作流体沿转轴泄漏的、无填料的端面密封装置，主要由静环、动环、弹性（或磁性）元件、转动元件和辅助密封圈等组成。

机械密封工作时是靠固定在轴上的动环和固定在泵壳上的静环，利用弹性元件的弹力和密封流体的压力，促使动、静环端面的紧密贴合来实现密封功能的。在机械密封装置中，压力轴封水一方面阻止高压泄出水，另一方面挤入动、静环之间维持一层流动的润滑液膜，使动、静环端面不接触。由于流动膜很薄且被高压水作用着，因此泄漏水量很少。采用机械密封之后可以有效地解决动环与静环端面之间、静环与密封压盖之间、动环与旋转轴之间及密封压盖与壳体之间等泄漏渠道的密封问题。机械密封更换步骤如下：

（1）关闭吸入管路和排出管路的截止阀，让泵冷却到室温。拆除冷却水管，机械密封水管和润滑油管等管路。

（2）卸下联轴器护罩，卸开联轴器，核对泵的对中，并把测量结果做好记录。

（3）拆卸两端轴承、轴承室等部件，检查所有的部件看是否有磨损及缺陷。

（4）拆卸轴封把密封盖和机械密封静止部件一起松开，松开轴套，把动环座包括动环轴套一起从轴上拆出，拆下密封体。

3．轴承检查及处理

在机构运转时，应关注轴承温度、电机温度等，如温度异常应做相应的检查处理。

轴承温度过高的原因有：

（1）油杯油位过低

（2）密封垫渗油。

（3）润滑油变质。

（4）机构装配过紧（间隙不足），轴承装配过紧。

（5）轴承座圈在轴上或壳内转动，负荷过大，轴承保持架或滚动体碎裂等。

（6）轴承振动异常。

轴承处理注意事项：

（1）轴承安装时，应保持轴承及其周围环境的清洁，防止异物进入轴承，增加轴承的磨损，导致振动、温度异常。

（2）轴承安装时要认真仔细，不允许强力冲压，不允许用锤直接敲击轴承，不允许通过滚动体传递压力。

（3）使用专用的安装工具，避免使用布类和短纤维之类的物品。

（4）安装轴承前，应先将轴承表面涂抹均匀清洁的润滑油。

（5）轴承和轴承室安装完成后，轴承室应添加专用轴承润滑油，添加量为轴承室或油杯的1/3（或按照厂家要求）。

4．法兰、螺栓检查及处理

外冷水系统检修期间需对法兰和螺栓进行检查。法兰端面倾斜度小于0.5mm，若法兰端面倾斜度大于0.5mm，需要紧固法兰面螺栓。螺栓检查应按照厂家要求，按对应的力矩检查，紧固螺栓需要注意事项：

（1）使用正确的工具。

（2）使用经过校准的扭力扳手，或其他能控制功能的旋紧工具。

（3）向厂家技术部门咨询关于扭矩要求及规定。

（4）旋紧螺母时按照"十字对称"原则，旋紧螺母按照如下步骤：

1）初始旋紧所有的螺母时以手动进行，较大的螺母可采用小型手动扳手辅助旋紧。

2）旋紧每个螺母达到所需扭矩的 30%。

3）旋紧每个螺母达到所需扭矩的 60%。

4）再次采用"十字对称原则"旋紧每个螺母，达到所需扭矩的 100%。

注意： 大口径法兰可采用更多次数进行上述步骤。

5）至少进行一次以顺时针方向逐一旋紧所有的螺母达到所需要的全部扭矩。再次旋紧螺栓。

注意： 1. 应向厂家咨询关于旋紧螺栓的指南和建议。

2. 地脚螺栓检查及处理应在联轴器找中心之后进行。

5. 电机绝缘测量

（1）核对测量设备的编号是否正确。

（2）电动机的电源已全部断开，并用合格的验电器验明无电压。

（3）对被测电动机和电缆进行放电。

（4）选择合适的测量工具，检查确认回路无人工作。

（5）确定接地点良好，断开影响测量准确性的回路。

（6）测量绝缘的时间不得小于 1min。

（7）测量完毕对被测量设备放电，恢复好断开的回路。

二、空气冷却器检修

空气冷却器是闭式循环水系统中冷却循环水的重要设备之一，主要包括换热管束和风机。其换热管束的换热能力是否满足要求与换热管束的洁净度有很大的关系，检修期间需对管束进行除尘、除污。保持设备的清洁，增加空气冷却器的换热能力。空气冷却器的检修期间还需对风机进行检查，检查风机各紧固件是否有松动，如发现松动重新紧固。由于风机一般为免维护风机，当风机叶片或电机严重损坏时，应予以更换。

空气冷却器检修前应排干管束和所有暴露于冰点温度以下的管路中的水，并遮盖风机排风口以阻挡灰尘杂质进入。

（一）换热管束的检修

1. 检修概述

换热管束的换热能力是否满足要求，与换热管束的洁净度有很大的关系，当管束翅片管上积聚大量污物时，污物必须从翅片上去除，设备周围也应保护清洁，否则将大大降低空冷器的换热性能。

2. 检修内容

（1）管束除尘。断开该组换热管束电源，风机就地安全开关置于关位。当在大量尘土时，按气流的相反方向，使用压缩空气或热蒸汽吹向翅片管，清除翅片管表面的污垢，最大气压不超过 3bar。

（2）管束除污。

1）潮湿或油腻的污物必须用高压水枪进行清洗，年检期间对管束进行清洗。

2）断开该组风机电源，风机就地安全开关置于关位。

3）距离设备 200～300mm 处，用天然清洗剂（如需要），只能按气流的相反方向进行清洗。清洗时尽量从中间开始，再扩散至四周。

4）清洗时，喷头尽可能与翅片垂直，最大角度不超为±5°，以防止翅片弯曲。

5）如需用水进行在线清洗，必须停运换热管束风机，屏蔽冷却系统泄漏保护，冲洗过程应缓冲进行，防止由于快速降温导致压力波动较大。

6）清洗完成后需稳定 1h，再解除冷却系统泄漏屏蔽保护。

（二）风机的检修

1. 检修概述

风机首次运转 48h 后，检查风机各部件紧固件是否有松动，如发现松动重新拧紧。每年检修一次风机。风机一般为免维护风机，当风机叶片或电机严重损坏时，应予以更换，如果风机和电机设计为一体式设计，需整体更换。

2. 检修内容

（1）将风机就地安全开关置于关位，并保证电源不会被意外接通。

（2）拧松电机座紧固螺栓及位置调节螺栓。

（3）拆除风机。

（4）安装新风机。

（5）手动试运行，风机启前，风机周围不要放任何物品，检查风机转向是否正确。

（三）安全开关维护

1. 检修概述

检修时对风机就地安全开关的防护能力及性能进行检查。

2. 检修内容

（1）检查就地安全开关接线是否牢固。

（2）开关是否正常无灼烧痕迹。

（3）关闭就地安全开关，用万用表检查出口电缆，应无电压；如有电压，确认接线是否符合要求，必要时更换就地安全开关。

三、过滤器检修

为防止有杂物进入调相机换热设备，外冷水系统在调相机换热设备进水管路上设置了过滤器，其中开式冷却水系统设置了电动滤水器，闭式冷却水系统一般设置了主过滤器、精密过滤器和水处理装置的碟片式过滤器。每次检修均需检查过滤器清洁度，进行滤网冲洗。对于碟片式过滤器需将碟片拆除，放入特定清洁液中，清洗后用清水冲洗干净才能回装。

（一）碟片式过滤器

1. 检修概述

碟片式过滤器检修期间需进行清洗和检查。

2. 检修内容

（1）拧开过滤芯上蝴蝶盘。

（2）拆去芯上压盖。

（3）撤去叠片组，放在清洗液中清洗，建议用绳子把每组叠片拴起来，防止混乱。

（4）清水冲洗叠片，然后重新安装在过滤芯支撑架上。

（二）主过滤器

1. 检修概述

主过滤器每年检修需进行拆装和清洗。

2. 检修内容

（1）屏蔽冷却系统泄漏保护。

（2）关闭过滤器入口和出口门，连接排放排污门泄空软管，依次打开排污门、排空门，排空过滤器内介质。

（3）拆出主过滤器进水端管段，取出滤芯。

（4）清理并检查滤芯上的异物，可通过 0.5MPa 的高压水枪对滤芯从内至外进行冲洗，如果滤芯污垢严重或破损，无法清理干净，则需更换备用滤芯。

（5）将安装滤芯的管道内部冲洗干净，然后再安装已清理的过滤器及拆出的管段，需要注意法兰和滤芯密封面间的密封圈，紧固螺栓，保证各连接处严密无渗漏。

（6）关闭排放阀门排污门，保持排空门开启。

（7）缓慢开启入口门至 15°，直到阀门排空门有水溢出时，关闭入口门。

（8）关闭排空门，接着打开入口门。

（9）待系统稳定运行 30min 后，解除冷却系统泄漏屏蔽。如果冷却系统停机检修维护时，可省略上述步骤（1）、（9）。

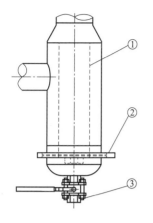

图 7-1　精密过滤器

（三）精密过滤器

1. 检修概述

精密过滤器每年检修需进行拆装和清洗。

2. 检修内容

精密滤器拆装和清洗步骤如下（如图 7-1 所示）：

（1）屏蔽外冷泄漏保护。

（2）关闭精密过滤器进出口门，连接排放阀门泄空软管，然后打开排放阀，排空过滤器内介质。

（3）松开件②连接卡箍，拆卸件③封头部分，用套筒扳手拆下件①滤芯。

（4）清理并检查件①外部的异物，可以通过 0.5MPa 的高压水枪对件①从内至外进行冲洗，如果滤芯的滤网污垢严重或破损，无法清理干净，则需更换新的备用滤芯。

（5）安装清理好的或更新的滤芯，用套筒扳手进行紧固，过程中注意安装滤芯螺纹部分的密封圈，如有损坏也应更换。

（6）安装件③和件②，紧固好件②，保证连接处严密无渗漏正常阀位。

（7）关闭排放阀门，缓慢恢复进出口门。

（8）使检修后的过滤器在运行状态，观察接口处是否有渗漏。

（9）待系统稳定运行 30min 后，解除冷却系统泄漏屏蔽。如果冷却系统停机检修维护时，可省略上述步骤（1）、（9）。

（四）电动滤水器检修

1. 检修概述

为了保证外冷水系统的清洁度，防止外冷水系统出现堵塞或异物，开式外冷水系统一配有电动滤水器。电动滤水器一般安装在单台机组外冷水进水的母管上，电动滤水器通过差压控制或定时自启减速机进行正反转冲洗，具有清污效果强、排污耗水量少的特点。

2. 检修内容

（1）检修前应确保电动滤水器动力断路器、控制断路器处于断开位置，并将被检修的电动滤水器进出口电动阀门进行关闭，打开底部放水阀进行放水、泄压，待无压后开始工作。

（2）对电动滤水器滤筒进行拆除检查，确保滤筒无破损（如有破损需更换滤筒），并对拆下的滤筒用高压水枪进行冲洗，冲洗后确保滤筒内无异物。

（3）滤筒清理完毕后进行回装，滤筒应固定牢固。

（4）回装完成后检查电动滤水器电机对地绝缘，确保电机对地绝缘电阻值无减小，有异常应查明原因，并进行处理。

（5）检查电动滤水器就地压差表计应显示正常，并在校验周期内。

（6）对电动滤水器所有的法兰进行检查，保证密封垫应完好，无破损现象。

（7）对电动滤水器减速机本体及油位进行检查，确保减速机运转应正常，无渗油和渗水，在必要时需对减速机增补润滑油，如有渗油更换相应垫片和紧固。减速机渗水一般从盘根处渗出，如有渗水应紧固盘根，如盘根磨损严重，应予以更换。

（8）检修完毕后还需对电动滤水器功能进行验证，确保差压控制或定时自启功能正常，减速机转动，排污阀自动开启：

1）拆除差压变送器至DCS的回路接线，根据差压启动值，给DCS回路输入对应模拟量信号，电动滤水器应正常运行。

2）对于有定时启动的电动滤水器，一般就地为PLC控制，根据自启时间，到时观察电动滤水器是否正常启动。

四、加药装置检修

（一）检修概述

为防止管路的结垢和腐蚀，保证系统长期稳定的运行，需添加缓蚀阻垢剂和杀菌灭藻剂。闭式外冷水系统是添加在喷淋水中，开式外冷水系统添加在循泵前池中。检修时需检查加药泵的运行可靠性以及加药回路的严密性，必要时紧固和更换配件。当加药罐（桶）中有沉淀物或杂质时还需清理加药罐（桶）。

（二）检修内容

1. 标准泵头维护

（1）检查计量用隔膜的磨损情况。

（2）在排气口处检查化学药液渗出的量。

（3）检查排液线与泵头连接是否牢固。

（4）检查排液阀和吸液阀连接是否牢固。

（5）检查整个泵头是否泄漏（特别是排气孔处）。

（6）检查输液流量：在起动方式下让泵运行一段时间（同时下按两个尖头键）。

（7）检查电气连接的损坏情况。

（8）检查泵头螺丝的紧固情况，现场工作24 h后，应再次紧固螺丝（对粗/细排气型，先取下旋钮和帽）。

2. 螺丝紧固力矩

（1）直径70mm的泵头：2.5～3N·m。

（2）直径 90～100mm 的泵头：4.5～5N·m。

五、脱气罐检修

（一）检修概述

闭式外冷水系统在循泵前设立了脱气罐，脱气罐置于内冷却回路主循环泵的入口处，罐顶设自动排气阀，完成冷却水中排气功能。脱气罐中设有电加热器，用于冬天温度极低或调相机停运时的循环水温度调节，避免水温度过低。检修时需对脱气罐的严密性、排气阀和电加热器进行检查，出现渗漏时应予以处理，电加热器损坏时应进行更换。

（二）检修内容

加热器检修步骤为：

（1）屏蔽冷却系统泄漏保护。

（2）打开旁路阀门，关闭脱气罐进出水门。

（3）缓慢开启泄空阀，排空脱气罐内冷却水，注意回收。

（4）用扳手对角线拆下故障电加热器接线盒盖，拆出连接电缆，将线头包好。

（5）用扳手对角线拆下连接电加热器的法兰螺栓。

（6）取出电加热器，并检查电加热器是否烧毁；如已烧毁，则更换电加热器。

（7）安装加热器前先把密封圈套在加热器上。

（8）连接电加热器法兰与罐体上的法兰螺栓，并对角线紧固，接好连接电缆。

（9）缓慢打开入口阀门至 15°～20°，使冷却水慢慢流入脱气罐，如系统压力、液位下降过快，则关闭一段时间后再打开。

（10）待顶部排气阀无气体排出时，脱气罐内介质已充满。

（11）打开入口和出口阀门，关闭旁路阀，合上电加热器电源。

（12）待系统稳定运行 30min 后，解除冷却系统泄漏保护。

说明：如果冷却系统停机检修护时，可省略上述步骤（1）、（12）。

六、水质处理装置检修

（一）检修概述

闭式外冷水系统特有水质处理装置，包括离子罐和缓冲罐等相关附件，主要是吸附冷却水的阴阳离子，通过离子罐不断脱除冷却水中的离子，从而抑制在长期运行条件下金属接液材料的电解腐蚀或电气击穿等不良后果。检修期间需进行：①离子罐内树脂失效检查，必要时予以更换；②回路是否堵塞；③缓冲罐与氮气稳压装置的严密性检查，必要时紧固或更换配件处理。

（二）检修内容

1. 离子交换树脂的添加

向离子交换器内添加树脂的操作程序为：

（1）准备树脂。

（2）关闭排水阀。

（3）拆开顶部的法兰连接管路。

（4）拆卸下顶部法兰封头。

（5）在内倒入占罐体 1/10（约 50L）的纯净水，再缓慢倒入树脂至距离顶盖 300mm。

（6）恢复并安装好法兰封头和管道法兰等，注意螺栓的紧固（对角紧固），保证法兰密封处严密无渗漏。

2. 软水器树脂的添加

（1）先确认操作的软水器进出口球阀关闭，再将失效树脂排掉。

（2）将树脂罐顶法兰盖（带阀体）拆卸下来，同时将中心管（带上、下布水器）从阀体上拔出。

（3）用胶带将中心管口封住，防止树脂进入中心管随随水流堵塞活塞。

（4）将处理好的树脂按照规定的装填量沿升降管周围投入树脂罐。

（5）上述操作应使升降管始终保持在树脂罐口的中央位置。

（6）取下中心管的封口胶带，将法兰盖（带阀体）承插口对正中心管，缓慢垂直下落；旋转法兰盖使螺纹孔对正后拧紧即可。

七、水池检修

（一）检修概述

开式外冷水系统一般有 3 个水池：工业水池、冷却塔水池和循泵前池。每次检修时需将水池排空，对水池内壁面和底部清理，确保水池的清洁度。由于水池较深，如属于密闭空间作业时，人员进入水池前应提前做好水池通风措施，并检测水池气体含量，确认合格后方可下池工作。

（二）检修内容

水池检修步骤为：

（1）关闭水池补水阀。

（2）打开水池排水阀排水。

（3）对于无排水阀的水池或者有必要的可以加装潜水泵排水。

（4）将潜水泵置于水池底部，连接排水管至雨水井（外冷水水质需满足直接排放标准，不满足的应排至废水池中交给相关具备废水处理资质的单位处理）。

（5）水池排空后对水池进行通风处理，通风一段时间后用含氧量检测仪对水池内空气进行检测，含氧量在 19%～23%时方可下池工作。

（6）进入水池底部打扫，清理水池内杂质。

（7）水池壁如有藻类附着应适当增加运行时的杀菌剂使用量。

（8）水池清理干净后安排专人验收，水池内壁和底部应洁净，无异物或者藻类附着。

（9）水池滤网应清理干净，确保滤网无破损，必要时修复或者更换，清理干净后滤网应进行防腐处理。

八、冷却塔检修

（一）检修概述

冷却塔分开式冷却塔和闭式冷却塔。两种冷却塔均有风机、填料和喷嘴等，检修时应检查：风机相关紧固件是否有松动，如发现松动重新紧固；叶片是否完好，转动是否平衡；检查风机和电机润滑情况，必要时添加或更换风机润滑油和电机润滑脂；对于变频类风机，还需检查变频器功能是否正常；风机电机绝缘测试合格后方可启动风机。冷却塔填料是否完好；滤网是否清理干净；喷嘴是否正常无堵塞。对于闭式冷却塔还需检查并清理盘管、积水盘。检查冷却塔钢制部分腐蚀防护装置的完整性，必要时添加腐蚀防护；冷却塔外表面应进行清理，保证抗腐蚀性。

（二）检修内容

（1）检修前应确保冷却塔风机电机动力断路器、控制断路器、就地安全开关处于断开位置，并在上述位置处悬挂"禁止合闸有人工作"标示牌。

（2）对冷却塔风机电机绝缘进行检查，确保冷却塔风机电机绝缘和绕组电阻测试符合厂家要求，必要时进行解体检查。风机联轴器中心应满足要求，必要时调整。

（3）对冷却塔风机驱动电机润滑进行检查，必要时对电机轴承加注锂脂基（标准每运行 8500h 注油一次，加注量为 25g）。

（4）建议检修时或者达到厂家推荐使用时间后更换冷却塔风机减速机齿轮油。

（5）对冷却塔风机减速机油位进行检查，确保减速机油位符合厂家标准要求，必要时进行补油，加注 GB 5903—2011《工业闭式齿轮油》标准的工业闭式齿轮油 L-CKD220

（或厂家推荐的同类型齿轮油）。

（6）检查各易损件如轴承、传动皮带和齿轮等，更换磨损严重的零件。

（7）对冷却塔风机扇叶进行检查，保证风机扇叶无变形，各扇叶角度满足要求，扇叶距离筒壁距离满足要求，各固定螺栓无松动、力矩满足要求，能可靠运行。

（8）对冷却塔喷嘴进行检查，应确保喷嘴无破损、无堵塞现象，必要时更换喷嘴。

（9）对冷却塔填料进行检查，应确保填料无堵塞、破损及老化现象，运行时注意观察有无偏流，必要时更换填料。

（10）对冷却塔塔体进行检查，应无漏水，各固定部件牢固，如有必要进行补焊、紧固处理。

（11）对收水器进行检查，如出现破损、老化、脱落等，应予以更换。

（12）对冷却塔进风导叶板进行检查，应无损坏、安装和紧固到位。

（13）建议检修期间对冷却塔支架进行检查，防止有裂纹、变形等现象，如有应进行补焊、加固甚至更换。

九、管道检修

（一）检修概述

检修期间需对管道严密性、支吊架等进行检查。如遇到渗漏的应排查原因后再处理，管道渗漏一般在法兰连接处、焊缝处。对于法兰处的渗漏可以通过紧固、更换密封垫等方式消除；焊缝处的渗漏必要时对焊口进行返焊处理，焊接时要做好相关措施尽量减少杂质进入管道，焊接完成后要对管道进行多次冲洗，并对处理过的焊口进行相关检测，满足相关要求后方可结束检修。

（二）检修内容

1. 检修工序
（1）检查管道焊缝有无漏油、漏水点，若有，需要处理。
（2）检查阀门有无漏油、漏水点，若有，需要处理。
（3）检查阀门是否生锈，若生锈，进行除锈工序。
（4）检查阀门开关是否正常，若发现阀门卡涩，无法开关，处理。
2. 工艺标准
（1）管道无漏油、漏水点。
（2）阀门无漏油、漏水点。
（3）阀门除锈完成。
（4）阀门开关正常，阀门无卡涩。

3. 风险及预控措施

阀门管道检查处理过程中，若有其他检修工作交叉进行的，需协调好检修工作，交叉的工作暂停，保证安全。

十、阀门检修

（一）检修概述

外冷水阀门一般分为手动阀和电动阀，检修期间需进行阀门内外漏的检查，存在渗漏时应进行处理。有条件的还需对外冷水阀门进行抽检，检查结垢和锈蚀情况，如有必要进行清理和更换。对于电动阀门，还需对执行机构进行检查，确保开关到位。

（二）检修内容

1. 蝶阀更换

（1）蝶阀的更换在系统停运时进行。

（2）排空需要检修蝶阀管段内的冷却介质，注意回收介质。

（3）置蝶阀为全关状态。

（4）对角线松开蝶阀法。

（5）松开蝶阀管道管段的管码。

（6）向外移动管道，松开蝶阀法兰密封环，水平或垂直取出蝶阀。

（7）更换并安装新蝶阀，调节蝶阀中心轴线与管中心轴线一致，最大偏差不得大于 3mm。

（8）对角线紧固好蝶阀法兰螺栓，保证法兰密封处无渗漏。

（9）恢复蝶阀正常运行。

2. 法兰密封圈更换

（1）法兰密封圈的更换需在冷却系统停运时进行。

（2）关闭法兰两端最近的阀门，并排空该管段介质，注意回收。

（3）用扳手沿对角线拆下连接夹持密封圈的法兰螺栓。

（4）松开一段与法兰相连的管道管码，无须完全拆下螺栓。

（5）错开两法兰，取出法兰密封圈。

（6）将新密封圈清洁干净，放入两法兰间，边缘均匀。

（7）安装连接夹夹持密封圈的法兰螺栓，注意活套法兰距离管道的距离均匀，并沿对角线紧固。

（8）恢复阀门阀位，补充冷却介质，排除气体。

3. 止回阀检修

主循环泵出口止回阀维护每台主循环泵出口设置一件止回阀，防止介质回流。止回阀采用机械密封，当阀板或弹簧损坏时会导致运行泵的介质回流，造成当前工作泵流量、压力无法满足要求。

止回阀可以在线进行更换：

（1）屏蔽冷却系统泄漏保护（如有）。

（2）断开故障止回阀对应的主循环水泵电源，如该主循环泵正在运行，则切换至备用泵。

（3）关闭循泵出入口蝶阀，关闭前对阀位做好标记。

（4）连接好循泵出口管道排污阀至回收桶间的软管，打开排污阀排水。

（5）待排水管无水出时拆出止回阀两端法兰螺栓，取出故障止回阀，关闭排污阀。

（6）清理并检查止回阀内部，看弹簧是否完好，双瓣轴磨损是否严重，如出现异常现象，需更新为新的备件。

（7）按顺序安装新的止回阀，注意止回阀的安装方向，止回阀两端均需加装密封圈。

（8）缓慢打开循泵入口阀，再打开循泵出口管道排气阀进行排气，有水溢出时关闭排气阀。

（9）更换完成后，止回阀两端法兰应无水渗漏，工作泵的压力和流量应正常，合上对应的主循环水泵电源，可手动切换至该止回阀对应的水泵，检查阀门开闭是否正常。

（10）待系统稳定运行 30min 后，解除冷却系统泄漏屏蔽。

说明：如果冷却系统停机检修时，可省略上述步骤（1）、（10）。

十一、控制柜检修

（一）检修概述

冷却系统由 DCS 控制，在熟悉电气图纸后方可进行控制柜检修。

（二）检修内容

1. 控制柜清灰

检修时应清理控制柜内、机柜散热风扇、机柜通风格栅的灰尘，防止电气元件因积灰造成相间、相对地短路情况；对控制柜内元器件进行检查，有损坏时进行更换。

2. 控制柜内设备更换

（1）交流进线断路器更换：先断开其对应 400V 室内的上级开关，用万用表测量进线端确认无电，同时断开相应的进行控制开关，之后方可对断路器进行拆除更换，更换时注意避免接触周围带电器件；更换完成后恢复断路器上接线，按照定值表上定值设定其整定值，确认接线和整定值无误后，方可上电；上电后闭合进线断路器和其控制开关，确认断路器正常工作，同时 DCS 相应的报警消失。

（2）交流进线接触器更换：

1）交流电源柜内进线接触器更换：将进线接触器对应的进线断路器、隔离开关和控制开关断开，用万用表测量确认接触器接线端子上无电后，方可进行操作。操作时注意避免接触周围带电器件，首先拆除接触器上辅助触点，辅助触点上接线保持不动，再拆除接触器上接线，然后对接触器进行更换。更换完成后恢复接线和安装好辅助触点，确认接线正确后，可闭合进线断路器、隔离开关和控制开关，可操作使该接触器投入，确认其正常工作，同时 DCS 相应的报警消失。

2）冷却塔柜内进线接触器更换：先将该冷却塔柜内运行的喷淋泵和风机都切换到另一面冷却塔屏柜内互为备用的喷淋泵和风机运行。断开该面冷却塔柜内的 2 路进线断路器，同时断开进线控制开关；用万用表测量确认接触器上不带电后，方可对接触器进行操作。操作时注意避免接触周围带电器件，首先拆除接触器上辅助触点，辅助触点上接线保持不动，再拆除接触器上接线，然后对接触器进行更换。更换完成后恢复接线和安装好辅助触点，确认接线正确后，可闭合进线断路器和控制开关，可操作使该接触器投入，确认其正常工作，同时 DCS 相应的报警消失。

3）主泵软起动器更换：先断开主泵进线断路器，用万用表测量确认软起动器上不带电后，方可对其进行操作。首先将软起动器控制接线端子从软起上拆下，再对拆除软起动器上的连接铜排，然后对软起动器进行更换。更换完成后安装好铜排和接线端子。确认接线无误后，闭合进线断路器，按照定值表中定值对软起进行参数设定，确认参数设定正确后，可启动软起，确认软起动器正常工作，同时 DCS 相应的报警消失。

4）风机变频器更换：先断开变频器对应的电源开关和控制开关，用万用表测量确认变频器上不带电后，方可对其进行操作。操作前需先记录好变频器的接线，再对接线拆除和对变频器进行更换，拆除的每根导线间需保持绝缘，操作时注意避免接触周围带电器件。更换完成后恢复变频器上接线，确认无误后，闭合电源开关和控制开关，安装定值表中定值对变频器进行参数设定，确认参数设定正确后，可启动变频器，确认变频器正常工作，同时 DCS 相应的报警消失。

5）风机和泵的接触器更换：先断开接触器对应的电源开关和控制开关，用万用表测量确认接触器上不带电后，方可对其进行操作。操作前需先记录好接触器上接线，再拆除接线和更换接触器。更换完成后恢复接触器上接线，确认无误后，闭合闭合电源开关和控制开关，确认接触器能正常工作，同时 DCS 相应的报警消失。

6）电源模块更换：先断开电源模块对应的电源开关，拆下电源模块上的接线，且拆除导线间彼此隔离，之后更换电源模块，将其上接线恢复。合上其电源开关，电源模块运行指示灯点亮，调整电源模块输出值旋钮，使其输出电压为 24.5V，则电源模块正常运行，同时 DCS 相应的报警消失。

第三节 外冷水系统试验

一、循环水泵切换试验

（一）试验概述

为了验证循泵事故切换以及周期切换的准确性，设备检修后需进行循环水泵切换试验，从而保障外冷水系统可靠稳定的运行。

（二）试验步骤

假设循环水泵是 2 用 1 备，A、B 泵正常运行，C 泵备用，168h 进行周期切换。

1. 事故切换

（1）在 DCS 上将 A 泵停止运行，短暂延迟后 C 泵应该联启。

（2）参照（1）依次进行 B、C 泵运行停 B，A、C 泵运行停 C；对应的备用泵应该联启。

2. 周期切换

（1）在 DCS 后台将 A 泵运行时间改为 167 小时 59 分。

（2）静待 1 分钟后，A 泵应正常停运，C 泵应该联启。

（3）参照步骤（1）依次进行 B、C 泵运行时修改 B 运行时间，A、C 泵运行时修改 C 运行时间；对应运行 168h 的泵应停止，备用泵启动。

二、循环水泵双电源切换试验

（一）试验概述

为了验证循泵双电源的可靠性，检修后应进行循环水泵双电源切换试验，从而保障外冷水系统可靠稳定的运行。首检时可以加测循泵的惰走曲线，结合逻辑切泵的延迟时间和母管压力变化曲线，判断双电源切换延迟时间的准确性，必要时调整，防止母管压力低以及循泵电源空气开关跳开的情况出现，保障外冷水系统和相关设备运行的安全性和可靠性。

（二）试验内容

（1）站用电切换延时测定（t_1）。

（2）循泵电机惰走延时测定（t_2）。

（3）循泵双电源切换延时测定（t_3）。

（4）故障切泵延时测定（t_4）。

（三）试验方法

1. 站用电切换延时测定（t_1）

（1）试验条件：

1）两路供电母线正常运行。

2）站用电 400V 备自投投入。

（2）试验步骤：

1）断开当前供电母线上级站用电供电开关。

2）备用供电回路自动投入。

3）分析录波数据，测量母线失电时间即为备自投切换时间。

2. 循泵电机惰走延时测定（t_2）

录波器测量循泵主回路电压（电机三相电压）。

（1）试验条件：

1）外冷系统循泵电控柜内自动切换装置（如有）退出延时功能。

2）循泵正常运行，供电正常。

3）DCS 上循泵联锁解除。

（2）试验步骤：

1）依次断开外冷系统电控柜内循泵对应电源开关。

2）循泵应停止运行。

3）分析录波数据，测量循泵主回路电压（电机三相电压）跌落至零的时间即为循泵电机惰走时间。

3. 循泵双电源切换延时测定（t_3）

录波器测量双电源切换装置出线三相电压。

（1）试验条件：

1）外冷系统电控柜内自动切换装置（如有）调至 0s。

2）断开外冷系统电控柜内负载电源空气开关，确保电源切换时不带负荷。

3）确认自动切换装置（如有）状态正常。

（2）试验步骤：

1）拉开外冷系统电控柜内主电源开关。

2）一段延迟之后，外冷系统电控柜内备用电源投入。

3）分析录波数据，测量循泵主回路电压（电机三相电压）从跌落至恢复的时间即为循泵双电源切换时间。

4）调整自动切换装置（如有）切换延时，重新进行试验，校验装置功能及定值是否准确。

4．故障切泵延时测定（t_4）

循泵一般为多用一备，试验原理一样，假设循泵两用一备，故障泵为 A 泵，备用泵为 C 泵，录波器测量循泵 A、循泵 C 主回路电压（电机三相电压）。

（1）试验条件：

1）外冷系统 A 循泵对应电控柜内自动切换装置（如有）调至合适时间（一般要远大于上文的 t_3）。

2）循泵 A 正常运行，循泵 C 备用，均由同一路母线供电。

3）DCS 上循泵 A 联锁投入。

（2）试验步骤：

注意：1．其余泵的故障切泵延时时间测量参照 A 泵的方法进行。

2．其他多用一备的循泵参照上述方法进行。

5．设定循泵双电源切换延时时间（t_3）

根据测量的各延时时间参数，调整自动切换装置切换延时（t_3），确保 $t_2 < t_3 \& t_4 < t_3$ 即双电源切换时间应大于电机惰走时间和故障切泵时间。

三、风机启动和切换试验

（一）试验概述

检修结束后，应验证外冷水冷却系统风机运行的靠性，需进行风机启动和切换试验。

（二）试验步骤

（1）对于变频启动的风机，应分别进行变频启动和工频启动，确保启动可靠。

（2）断开运行中的一台风机主回路电源，此台风机应自动换切到备用电源。

（3）根据运行方式不一致，有的冷却塔风机是同启同停。有的冷却塔风机是根据水温逐个启动，水温满足条件停止继续启动。对于运行方式逐个启动的风机，还需验证运行风机故障是否会自动切换风机运行。可以断开运行风机的所有电源，应有其他风机自动启动。

四、水温调节试验

（一）试验概述

检修结束后，应验证外冷水冷却系统的水温调节可靠性。当外冷水温度不高时（一般为循环水泵出水母管温度），现场可以强制该温度超过高限，观察冷却塔风机有没有按照逻辑设定正常启动（闭式冷却塔还需观察喷淋泵是否正常启动），正常运行 10min 后解除温度强制，观察风机（闭式冷却塔还有喷淋泵）是否正常停止。

（二）试验步骤

（1）将外冷水温度设定超过风机启停温度。

（2）风机、喷淋泵应正常启动，对于变频启动的设备，还应满足变频正常启动，启动完毕后变频正常转工频。

（3）运行 10min 后，将强制的温度恢复，相应的冷却设备应正常停止。

五、补水泵补水试验

（一）试验概述

外冷水系统检修结束后，应验证补水泵的补水逻辑。当补水泵关联液位低时应正常自动启动补水泵，液位满足设定值时应自动关闭补水泵。对于有备用补水泵的外冷水系统，还需验证事故切泵逻辑。

（二）试验步骤

（1）外冷水检修一般需清空水池，检修前会退出补水联锁。
（2）当检修完成，水池满足进水条件后，将补水联锁投入。
（3）水池应当正常开始补水，液位高度满足停止定值时，相应的泵应停止、补水阀应关闭。

六、水质控制调节试验

（一）试验概述

外冷水水质不满足要求会直接导致设备的结垢和腐蚀，所以检修结束后应进行水质控制调节试验。开式外冷水系统一般通过控制外冷水的电导率来实现水质的控制，试验需验证关联阀门的启停逻辑是否正确执行。对于闭式冷却水系统，水质的要求更为严格，包括主管路冷却水水质和喷淋水水质。闭式外冷水水处理装置的出水电导率和 pH 值等按照要求调整到位。

（二）试验步骤

（1）水处理装置应正常运行。
（2）将外冷水电导率强制到高值，对应的排污阀应启动，恢复到高值以下后排污阀应停止。
（3）对于闭式水，强制相应的电导率和 pH 值，对应的设备应正常运行。

第八章

内冷水系统检修及试验

第一节 概　　述

调相机运行时，转子与定子线圈内有电流流过而产生铜损，定子铁芯及其边端结构件在交变磁场作用下产生铁损，转子与定子表面因切割磁场局部产生涡流损耗。此外，冷却介质还会产生摩擦损耗、轴承与油膜间的摩擦损耗等。这些损耗都是以热量的形式表现出来的，为避免发电机线圈因温度升高而降低绝缘强度，甚至于引起绝缘损坏，必须配置调相机的冷却设备，及时排出由损耗产生的热量，以保证调相机在允许温度下正常运行。

双水内冷调相机的定、转子线圈由空心导线构成，冷却水以一定的流速通过空心导线，通过水的流动将热量带走。经过处理的水作为介质直接与发热部件接触，这是由于水具有良好的热性能以及廉价、无毒、不燃、无爆炸危险等一系列优点。转子采用水冷时要有进水装置把水引入高速旋转的转子上去，还要有进水盒和出水盒，水从转子轴中心流入转子绕组再流出来，达到把热量带走冷却的目的。

内冷水系统设备（双水内冷机组）的检修一般采用状态检修、计划检修相结合的方式。内冷水系统设备检修包括水泵和驱动电机、冷水器、过滤器、水箱、阀门、仪器仪表、控制柜、水加热器、水系统、定子加碱装置、转子膜碱水处理装置等。

第二节　内冷水设备检修

一、检修项目及周期

调相机每隔 5～8 年进行一次 A 类检修，在无 A、B 类检修的年份，机组每年安排 1 次 C 类检修。调相机内冷水 A、C 类检修项目如表 8-1 所示。

表 8-1　　　　　　　　　　　内冷水系统设备检修项目及周期

设备	检 修 项 目	A 类检修	C 类检修
水泵和驱动电机	1）轴承润滑脂、水泵及注射泵轴承润滑油更换	●	●
	2）机械密封性检查	●	●
	3）电机检查	●	●

设备	检 修 项 目	A类检修	C类检修
水泵和驱动电机	4）联轴器检查	●	●
	5）密封情况检查	●	●
	6）输出压力，轴承外壳温升、振动、噪声和电动机运行电流检查	●	●
	7）地脚螺栓检查	●	●
	8）振动检查	●	●
冷却器	1）管束清洗	●	●
	2）密封圈检查	●	●
	3）密封情况检查	●	●
过滤器	1）滤芯清洗	●	●
	2）壳体内部清理	●	●
	3）密封情况检查	●	●
	4）压降检查	●	●
水箱	1）壳体内部清理	●	●
	2）液位变送器复核	●	●
	3）密封情况检查	●	●
阀门	1）阀门检查	●	●
	2）减压阀复核	●	●
	3）安全阀复核	●	●
	4）泄漏情况检查	●	●
	5）复装后检查	●	●
仪器仪表	1）变送器量程校正	●	●
	2）报警值整定	●	●
	3）温度表、压力表量程校正	●	●
	4）测温元件量程校正	●	●
控制柜	1）控制柜外观检查	●	●
	2）控制柜电气元件定值核查	●	●
	3）控制柜闭锁逻辑功能验证	●	○
	4）控制柜告警、保护、信号上传等功能核对	●	○
水加热器	1）水绝缘检查	●	●
	2）水密封检查	●	●
	3）保护功能检查	●	●
系统管道	1）管道外观检查	●	●

设备	检 修 项 目	A类检修	C类检修
系统管道	2）管路冲洗	●	●
	3）新增焊缝无损检测	●	●
	4）支吊架检查	●	●
定子加碱装置	1）注射泵、电导率仪、液位变送器、流量开关、压差开关等运行参数，以及各连接部分的密封情况检查	●	●
	2）碱液箱内部清洁度检查	●	●
	3）二氧化碳过滤器失效检查	●	●
	4）碱液箱液位检查	●	●
转子膜碱化净化装置	1）严密性检查	●	●
	2）电控柜仪表校准	●	●
	3）碱液箱检查	●	●
	4）性能检查	●	●
去离子树脂	去离子树脂活性检测	●	●
氮气稳压装置	密封性检测	●	●
	氮气瓶更换	●	●
系统试运行	检修后试运行不少于4h	●	●

二、内冷水设备检修

（一）内冷水泵和驱动电机检修

1. 安全准备

开工前对被测设备进行必要的验电，并布置好自我保护相关安全措施。

2. 设备检查

定子绕组通水，可以建立定子绕组内部水循环状态。

3. 检修工序

检测内冷水泵和电机同心度，对同心度不满足要求的重新进行校验。

检查悬架储油位，运行时油位不低于窥视镜低液位线，水泵初运转100h后，应将油排净，更换一次润滑油，以后每3000h需清洗换油。

检查各法兰接口的密封情况，要求无漏点，出现问题及时进行更换密封垫片。

检查水泵机械密封是否漏水或超过寿命期的机械密封应及时进行更换。

检测电动机的绝缘电阻：用500V绝缘电阻表检测，要求达到大于等于1MΩ。

检查水泵及电机联轴器，更换超过寿命期或有缺陷的联轴器弹性块。

在水系统投入运行前，检查水泵的运行功能，包括输出压力符合水系统额定运行设计值，振动（水泵轴承处轴向、垂直、径向振动值小于等于50μm），噪声小于GB/T 22722《YX3 系列（IP55）高效率三相异步电动机技术条件（基座号 80～355）》规定的各容量电动机满载噪声等于空载噪声+2dB（A）的要求。检查水泵运行中的温升，不能超过环境温度40℃，最高不超过80℃，并检查电动机电流值，不得超过电机额定值。

泵长期运行后，由于机械磨损，使机组噪声及振动增大时，应停车检查，必要时更换易损零件及轴承。

4. 风险辨识

（1）断开控制电源、电机电源，将机构弹簧释能，插上机构分、合闸防动销。

（2）作业前确认机构能量已释放，防止机械伤人。

（3）测振、测温注意旋转设备。

（二）内冷水冷却器检修

1. 安全准备

布置好自我保护相关安全措施。

2. 设备检查

机组处于停机状态。

3. 检修工序

（1）对冷水器进行解体，清洗冷水器管束。

（2）冷水器密封良好，无渗漏。

（3）冷水器密封垫片，各法兰接口无漏点。

4. 风险辨识

高空作业人员正确使用安全带，严禁低挂高用。使用梯子时需设人扶梯子。

（三）内冷水过滤器（主过滤器、补水过滤器）检修

1. 安全准备

布置好自我保护相关安全措施。

2. 设备检查

机组处于停机状态。

3. 检修工序

（1）打开过滤器上盖，抽出滤芯清洗或更换。

（2）清理壳体内部，直至无异物。

（3）更换密封垫片，复装过滤器，检查各法兰和连接件的密封情况，要求无漏点。

（4）过滤器投入运行后检查过滤器压降。

4．风险辨识

高空作业人员正确使用安全带，严禁低挂高用。

（四）内冷水箱检修

1．安全准备

布置好自我保护相关安全措施。

2．设备检查

确保水箱内水排空状态。

3．检修工序

（1）打开水箱盖板，清理水箱内部，内部清洁、无异物。

（2）复装水箱，检查各法兰和连接件的密封情况，要求无漏点。

4．风险辨识

（1）高空作业人员正确使用安全带，严禁低挂高用。

（2）水压内部保持通风，作业时人孔门处专人监护。

（五）阀门检修

1．安全准备

布置好自我保护相关安全措施。

2．设备检查

定子绕组通水，已经可以建立定子、转子绕组内部水循环状态。

3．检修工序

（1）检查所有阀门泄漏情况，包括内外泄漏，有漏点更换垫片，发现内漏，更换阀门。

（2）检查减压阀功能正常，无漏气现象。

（3）检查阀门复装后要求阀门开关自如。

4．风险辨识

（1）地面工作人员必须戴好安全帽，并尽量减少在高处作业面下方行走和逗留。

（2）阀门操作时，人员不得正对压力释放的方向。

（六）仪器仪表检修

1．安全准备

开工前对被测设备进行必要的验电，并布置好自我保护相关安全措施。

2．设备检查

机组停机状态下，仪表阀关闭后检测。

3. 检修工序

（1）变送器拆下，或用手操仪校正量程。

（2）所有开关拆下在专用调校设备上整定报警值。

（3）所有温度表、压力表拆下在专用调校设备上校正量程。

（4）所有测温元件拆下在专用调校设备上校正量程。

（5）测量所有热电阻阻值。

4. 风险辨识

作业前确认二次回路电源已断开，防止低压触电。

（七）控制柜检修

1. 安全准备

开工前对被测设备进行必要的验电，并布置好自我保护相关安全措施。

2. 设备检查

检查设备电源已断开，验明却无电压。

3. 检修工序

（1）核查控制柜内各空开、继电器定值是否正确。

（2）对控制柜内端子紧固。

（3）屏柜清灰。

4. 风险辨识

作业前确认屏柜电源已断开，防止低压触电。

（八）定子水加热器检修

1. 安全准备

开工前对被测设备进行必要的验电，并布置好自我保护相关安全措施。

2. 设备检查

已经可以建立定子绕组内部水循环状态。

3. 检修工序

（1）检查水加热器各密封面有无泄漏现象及控制箱上各电器元件是否有损坏。

（2）用 500V 绝缘电阻表测量，加热器绝缘电阻大于 $1M\Omega$。

（3）开启水泵，加热器管道里建立水循环后检查加热效果。

（4）冷态时对电加热棒绝缘电阻检测，正常 $4.5\sim5.5\Omega$。

4. 风险辨识

（1）检修前先确认加热器电源已断开。

（2）没有建立水循环的情况下，禁止对加热器进行加热。

（九）管道检修

1. 安全准备

（1）检修开始前应完成对管道阀门的状态评估，汇总运行过程中关于管道阀门的缺陷。

（2）检修开始前应完成管道阀门检修方案及标准作业卡的编制，检修过程中严格按照方案及标准作业卡执行。

（3）检修开始前应确保现场临时用电已申请，检修使用的工器具及劳动防护用品充足。

2. 设备检查

检查管道焊缝有无漏水点，若有，需要处理。

3. 检修工序

（1）检查内冷水孔板无堵塞、渗漏、锈蚀情况。

（2）管道法兰如存在漏点，更换垫片。

（3）管道标识如存在缺失，应补齐。

4. 风险辨识

地面工作人员必须戴好安全帽，并尽量减少在高处作业面下方行走和逗留。

（十）定子加碱装置

1. 安全准备

开工前对被测设备进行必要的验电，并布置好自我保护相关安全措施。

2. 设备检查

定子绕组通水，已经可以建立定子绕组内部水循环状态。

3. 检修工序

检查注射泵、电导率仪、液位变送器、流量开关、压差开关等运行参数，检查各连接部分的密封情况，应无漏点，发现漏点更换密封垫片。

碱液箱内部清洁度检查碱液箱液位检查（如表 8-2 所示）。

表 8-2　　　　　　　　　　内冷水系统设备检修项目及周期

KKS	内　容	报　警　值
MKF18CQ101	主水路电导率	<1.0μS/cm
		>2.5μS/cm
MKF23CQ101	离子交换器出水电导率	>1.0μS/cm
MKF27CQ101	混合碱液电导率	<1.0μS/cm
		>3.0μS/cm

KKS	内　　容	报　警　值
MKF28CL001	NaOH 碱液箱液位	$<120mm$
MKF26CF001	离子交换器出水流量	$<15.0l/min$
MKF26CP001	混合过滤器压降	$>70kPa$

二氧化碳过滤器内装填的钠石灰失效检查，如颜色由粉色变为白色，应更换。

4. 风险辨识

（1）在涉及酸、碱类工作的地点，应备有自来水、毛巾、药棉及急救时中和用的溶液。

（2）搬运和使用浓酸或强碱性药品的工作人员，应熟悉药品的性质和操作方法；并根据工作需要戴口罩、橡胶手套及防护眼镜，穿橡胶围裙及长筒胶靴（裤脚应放在靴外）。

（十一）转子水膜碱化装置检修

1. 安全准备

开工前对被测设备进行必要的验电，并布置好自我保护相关安全措施。

2. 设备检查

转子绕组通水，已经可以建立转子绕组内部水循环状态。

3. 检修工序

（1）检查设备的严密性和管道有无漏点，有无漏水情况。

（2）对电控柜的仪表进行校准。

（3）检查仪表和调节仪的数据显示是否同步。

（4）检查水泵机械密封是否漏油或超过寿命期的机械密封应及时进行更换。

（5）补充水泵、电机润滑脂。

（6）检测水泵电动机的绝缘电阻，要求大于等于 $1M\Omega$。

（7）碱液箱内部清洁度检查，要求无杂质。

（8）装置投运，运行正常。

4. 风险辨识

（1）在涉及酸、碱类工作的地点，应备有自来水、毛巾、药棉及急救时中和用的溶液。

（2）搬运和使用浓酸或强碱性药品的工作人员，应熟悉药品的性质和操作方法；并根据工作需要戴口罩、橡胶手套及防护眼镜，穿橡胶围裙及长筒胶靴（裤脚应放在靴外）。

（十二）定子水离子交换器检修

1. 安全准备

工作人员做好个人防护，避免树脂接触皮肤。

2. 设备检查

离子交换器与系统连接阀门已关闭。

3. 检修工序

（1）打开离子交换器上盖，壳体内部清理。

（2）检查离子交换器出口的离子捕捉器内部清洁度。

（3）更换树脂。

（4）检查密封垫片，复装离子交换器。

（5）检查法兰和连接件的密封无泄漏。

4. 风险辨识

（1）工器具破损伤人：使用合格的工器具，不完整的工具，不准使用。

（2）人员滑跌：及时清理地面积水，以免人员跌倒摔伤。

（十三）氮气稳压装置检修

1. 安全准备

开工前对被测设备进行必要的验电，并布置好自我保护相关安全措施。

2. 设备检查

氮气汇流排管道已连接，更换氮气瓶。

3. 检修工序

检查氮气汇流排、定子水箱、氮气汇流排至定子水箱之间的连接管路是否有漏点。

4. 风险辨识

（1）确保氮气瓶与汇流排可靠连接。

（2）检查漏点时，人员不得正对压力释放的方向。

（十四）漏液检测装置检修

1. 安全准备

开工前对被测设备进行必要的验电，并布置好自我保护相关安全措施。

2. 设备检查

漏液检测装置与调相机上接口之间管道已经连接。

3. 检修工序

（1）检查各连接部分的密封情况，发现漏点更换密封垫片。

（2）检查电气部分的绝缘电阻值。

（3）灌水复试漏报警器的报警动作。

4. 风险辨识

人员滑跌：及时清理地面积水，以免人员跌倒摔伤。

第三节 内冷水系统试验

一、内冷水系统试验概述

内冷水系统试验项目主要包括内冷水泵切换试验、内冷水水质控制调节试验、冷却器水压试验、冷却器切换试验、主过滤器切换试验等，试验周期为一年或必要时。

二、内冷水系统试验项目

（一）内冷水泵切换试验

内冷水泵切换试验是模拟周期切换及故障工况下内冷水泵动作及系统参数变化情况的试验，适用于定子内冷水系统和转子内冷水系统。

1. 试验准备

内冷水系统检修工作结束、可投入运行，内冷水泵联锁投入、内冷水系统定值正确，设备启、停和运行正常、可靠。

2. 试验步骤

（1）内冷水系统正常运行中，DCS 联锁投入，拉开 A 内冷水泵电源空开，就地停运运行中的 A 内冷水泵，备用 B 内冷水泵正常切换。

（2）内冷水系统正常运行中，DCS 联锁投入，拉开 B 内冷水泵电源空开，就地停运运行中的 B 内冷水泵，备用 A 内冷水泵正常切换。

（3）内冷水系统正常运行中，DCS 联锁投入，进行内冷水泵周期切换试验。A 内冷水泵切至 B 内冷水泵。

（4）内冷水系统正常运行中，DCS 联锁投入，进行内冷水泵周期切换试验。B 内冷水泵切至 A 内冷水泵。

3. 试验标准

内冷水泵切换过程中内冷水压力、流量能保持稳定，不应产生异常告警信号。

（二）内冷水水质控制调节试验

内冷水水质控制调节试验是检验内冷水处理系统对水质控制效果的试验，适用于定子内冷水系统和转子内冷水系统。

1. 试验准备

内冷水处理系统检修工作结束、可投入运行，内冷水处理系统定值正确、电导率自动控制程序投入，设备启、停和运行正常、可靠。

2. 试验步骤

（1）定冷水系统正常运行中，定冷水离子交换器投入运行，产水电导率小于1μS/cm，定子加碱装置投入运行，定冷水电导率测量值接近设定值，并保持稳定，测量定冷水pH。

（2）转冷水系统正常运行中，膜碱化装置投入运行，转冷水电导率测量值接近设定值，并保持稳定，测量转冷水pH值。

3. 试验标准

内冷水电导率测量值接近设定值，并保持稳定。定冷水电导率小于2μS/cm，pH值为8～9；转冷水电导率小于5μS/cm，pH值为7～9。

（三）冷却器水压试验

冷却器水压试验主要为检验冷却器密封性能，提早发现设备隐患，避免运行过程中出现渗漏。

1. 试验准备

试验时应在适当位置安装指针式压力表，将被试冷却器与外冷水连接管道拆除，并用封板将管道开口处封闭。

2. 试验步骤

（1）打开冷却器排气孔；

（2）在冷却器外冷水侧缓慢注水排气，直至排气口均匀出水；

（3）关闭排气孔，用试压泵缓慢加压至试验压力；

（4）关闭冷却器与试压泵之间连接阀，保压时间不小于30min，并对所有密封面和受压焊接部位进行检查。检查期间压力应保持不变，试验过程中不得带压紧固或向受压元件施加外力。

3. 试验标准

（1）30min后压力下降不高于0.05MPa。

（2）水压试验过程中，板式冷却器应无渗漏，无异常响声和可见变形。

（3）板式冷却器水压试验合格后，应排放流道内的积水，恢复相关管道和阀门。

（四）冷却器切换试验

内冷水系统需定期开展冷却器切换试验，防止某冷却器长期不运行导致异常，本切换试验适用于定子内冷水系统和转子内冷水系统。

1. 试验准备

检查内冷水系统设备运行正常，确认备用冷却器无渗漏。

2. 试验步骤

（1）打开备用冷却器循环水进水电动阀；

（2）打开备用冷却器循环水出水电动阀；

（3）打开主、备冷却器之间平衡阀，打开备用冷却器放气阀，对备用冷却器进行排气；

（4）待备用冷却器排气完成后，关闭放气阀；

（5）打开备用冷却器内冷水进水手动阀；

（6）打开备用冷却器内冷水出水手动阀；

（7）关闭主、备冷却器之间平衡阀；

（8）关闭原主用冷却器内冷水进水手动阀；

（9）关闭原主用冷却器内冷水出水手动阀。

3．试验标准

内冷水冷却器切换过程中内冷水压力、流量能保持稳定，无渗漏，不应产生异常告警信号。

（五）主过滤器切换试验

内冷水系统主过滤器切换试验主要为检查主过滤器及相关阀门工作状态是否正常以及配合过滤器检修或消缺工作开展，适用于定子内冷水系统和转子内冷水系统。

1．试验准备

检查内冷水系统设备运行正常，确认备用过滤器滤芯安装正确，检查备用过滤器回路无渗漏。

2．试验步骤

（1）打开主、备过滤器之间连通阀；

（2）打开备用过滤器排气阀，对备用过滤器进行排气，直至无气体排出后关闭排气阀；

（3）关闭主、备过滤器之间连通阀；

（4）操作六通阀直至原备用过滤器恢复运行状态。

3．试验标准

内冷水主过滤器切换过程中内冷水压力、流量能保持稳定，无渗漏，不应产生异常告警信号。

第九章

除盐水系统检修及试验

第一节 概　　述

　　除盐水，是指利用各种水处理工艺，除去悬浮物、胶体和无机的阳离子、阴离子等水中杂质后，所得到的成品水。除盐水并不意味着水中盐类被全部去除干净，由于技术方面的原因以及制水成本上的考虑，根据不同用途，允许除盐水含有微量不影响设备安全的杂质。除盐水电导率越低，水纯度越高。

　　调相机除盐水系统按产水用户分类，可分为双水内冷调相机除盐水系统和空冷调相机除盐水系统。双水内冷调相机除盐水系统的作用是为定、转子冷却水系统提供符合水质要求的除盐水，满足定、转子冷却水系统补水和转子冷却水水质控制的要求。空冷调相机除盐水系统的作用：①闭式冷却塔喷淋补水提供符合水质要求的软化水；②闭式循环水系统提供符合水质要求的除盐水，满足调相机闭式循环水系统补水的要求。

　　除盐水系统检修内容包含叠滤（或同功能过滤器）、超滤、保安过滤器、反渗透、电除盐（EDI）、控制柜和端子箱、仪器仪表、水泵和驱动电机（包括高压泵）、加热器（如有）、加药装置、水箱、阀门、管路和支架、排污系统的检修（见表9-1）。

表 9-1　　　　　　　　　　　　除盐水系统检修项目

设备	检　修　项　目	A 类检修	C 类检修
叠滤（或同功能过滤器）	外观检查	◆	◆
	滤芯清理	◆	◆
超滤	外观检查	◆	◆
	膜元件检查	◆	
	性能检查	◆	◆
	化学清洗（必要时）	◆	◆
	膜元件更换（视水质可缩短更换周期）	◆	
保安过滤器	外观检查	◆	◆
	滤芯更换	◆	
	性能检查	◆	
反渗透	外观检查	◆	◆

设备	检 修 项 目	A类检修	C类检修
反渗透	膜元件检查	◆	
	膜元件更换（视水质可缩短更换周期）	◆	
	膜壳内部检查	◆	
	性能检查	◆	◆
	产水水质检查	◆	◆
	化学清洗（必要时）	◆	◆
电除盐（EDI）电除盐（EDI）	外观检查	◆	◆
	运行电流检查	◆	◆
	性能检查	◆	◆
	产水水质检查	◆	◆
	模块更换（视水质可缩短更换周期）	◆	
	化学清洗（必要时）	◆	◆
控制柜和端子箱	控制柜检查	◆	◆
	端子箱	◆	◆
仪器仪表	报警值整定	◆	◆
	热工仪表校验	◆	◆
	在线化学仪表维护和校验	◆	◆
水泵和驱动电机	联轴器检查、校正	◆	◆
	润滑情况检查	◆	◆
	机械密封性检查	◆	
	电机检查	◆	◆
	密封情况检查	◆	◆
	输出压力，轴承外壳温升、噪声和电动机运行电流检查	◆	◆
	地脚螺栓检查	◆	◆
	振动检查	◆	◆
加热器（如有）	电加热器检查	◆	◆
加药装置	密封情况检查	◆	◆
	加药箱检查	◆	◆
	计量泵检查	◆	◆
	管路检查	◆	◆
	整体性能检查	◆	◆
	药剂性能检查	◆	◆
水箱	外观检查	◆	◆
	水位检查	◆	◆

设备	检 修 项 目	A 类检修	C 类检修
阀门	阀门检查	◆	◆
管路和支架	管道外观检查	◆	◆
	支吊架检查	◆	◆
	新增焊缝无损检测	◆	◆
排污系统	排污系统检查	◆	◆
	废水池清理	◆	◆
系统试运行	检修后试运行	◆	◆

第二节 除盐水设备检修

一、叠滤检修

（一）检修概述

叠滤的核心技术在于采用了盘片式过滤机理：通过互相压紧的表面刻有沟纹的塑料盘片，实现了表面过滤与深度过滤的结合。

叠滤（或同功能过滤器）的检修工作应包括：外观检查和清理、解体检查和清洗、自清洗功能试验（如有此功能）。

（二）检修内容

1. 外观检查和处理

（1）检查过滤器底座密封圈，是否有开裂、变形情况，如有应做更换处理；

（2）检查过滤器清洗单元，如有肉眼可见的污染物，进行手动叠片清洗；

（3）检查磕碰损伤及局部锈蚀情况，并进行修补。

2. 叠滤的解体检查、清洗

（1）用清水清洗叠片；

（2）检查密封圈，如完好不需更换，用凡士林润滑过滤芯密封圈。

3. 自清洗功能试验

（1）试验前的准备：

1）所有检修工作已完成，系统已恢复；

2）设备接地线完好；

3）自清洗过滤器附属装置已检修结束。

（2）试验步骤：

1）通过运行人员解除检修前采取的安全措施；

2）开启超滤进水排放阀；

3）将自清洗装置运行方式打到手动位置，开始强制反洗，动作正常后结束；

4）将自清洗过滤器运行方式打到自动位置，设备检修后进入备用状态。

二、超滤装置检修

（一）检修概述

超滤（Ultra-filtration，UF）是一种能将溶液进行净化和分离的膜分离技术，它采用中空纤维结构，以超滤膜为过滤介质，以膜两侧的压力差为驱动力，以机械筛分原理为基础的一种溶液分离过程，可以去除水中的胶体微粒、悬浮物、细菌及大分子有机物等杂质；膜孔径范围为 0.005～0.1μm，运行压力通常为 0.1～0.3MPa。

超滤装置的检修工作应包括：外观检查、膜元件检查、性能检查、化学清洗（必要时）、膜元件更换（视水质可缩短更换周期）。

（二）检修内容

1. 外观检查和处理

（1）检查超滤装置及管阀是否有"滴、跑、冒、漏"现象，如有应进行处理；

（2）检查超滤装置，如有肉眼可见的污染物，进行手动清洗；

（3）检查磕碰损伤及局部锈蚀情况，并进行修补。

2. 膜元件检查

（1）超滤膜零件的解体检查：

1）检查压力容器内侧有无腐蚀产物或其他外来物质，有无划伤或其他损伤；

2）泄漏的压力容器必须重新更换，并用润滑油润滑管壳。

（2）超滤膜完整性测试：

1）从进气口通无油压缩空气，给组件水已排空的一侧加压，将压力缓慢升至 2bar。少量之前未排空的水会从产水侧流出；

2）如果透明管中出现大的、连续的气泡，则该组件内有漏点。较小的，偶尔出现的气泡则是气体透过超滤膜膜丝孔扩散的结果。如果确定膜组件有漏点，可对超滤膜进行补漏或更换新的膜元件。

3. 性能检查

超滤装置的性能检查主要是对超滤产水质量及其运行参数的检查，具体检查内容见本章第三节除盐水系统性能试验部分。

4. 超滤装置的化学清洗

超滤装置进出水压差应小于 0.1MPa，产水水质和流量应满足设计要求，否则需进行化学清洗或更换膜元件。

（1）清洗剂的选择。根据污染物的种类不同，所采用的清洗剂也有所不同。针对有机物污染，一般采用次氯酸钠+氢氧化钠作为清洗剂；而针对无机胶污染，一般采用盐酸或者柠檬酸、草酸等有机酸作为清洗剂。需要注意的是，选择清洗剂时还应考虑超滤膜的材质，避免选用该种膜不耐受的清洗剂，可参照说明书或咨询生产厂家。

（2）清洗步骤，如图 9-1 所示。化学清洗前将膜表面的固体颗粒尽可能多的去除。

图 9-1　清洗步骤（使用多种化学药剂清洗时按此重复）

三、反渗透装置检修

（一）检修概述

反渗透是最精细的一种膜分离产品，它可以截留几乎所有的溶解性盐分和分子量 100 以上的有机物，而只允许水分子通过；反渗透一般采用醋酸纤维类材质或聚酰胺类材质，醋酸纤维膜反渗透脱盐率一般在 95%，聚酰胺类反渗透脱盐率一般在 97%，单支膜的脱盐率能达到 99.5%；反渗透的运行压力一般在 0.9～1MPa。

反渗透装置的检修工作应包括：外观检查、膜元件检查、膜元件更换（视水质可缩短更换周期）、膜壳内部检查、性能检查、产水水质检查、化学清洗（必要时）。

（二）检修内容

1. 外观检查和处理

（1）检查反渗透装置及管阀是否有"滴、跑、冒、漏"现象，如有应进行处理；

（2）检查反渗透装置，如果有脏污，进行手动清洗；

（3）检查磕碰损伤及局部锈蚀情况，并进行修补。

2. 膜壳内部检查、膜元件检查及更换

（1）装卸准备。为了记录每支压力容器和膜元件所处的相对位置，首先应设计一张用于辨别压力容器和膜元件安装位置的示意图，装卸元件的同时，应立即在示意图上填写膜元件序号（位于元件标签上）作为元件编号，标明压力容器和膜元件位置的示意图有助于跟踪系统中的每一支元件运行情况。

（2）压力容器及反渗透膜零件的解体检修。反渗透的解体一般是指从反渗透压力容器中将膜元件取出壳外的程序，对取出的膜元件进行检查或更换新的膜元件，拆卸程序如下：

1）首先拆压力容器两端外接管路，按压力容器制造商要求拆卸端板，将所有拆下的部件编号并按次序放好。

2）从压力容器两端拆下容器端板组合件。

3）必须从压力容器进水端将膜元件依次推出，每次仅允许推出一支膜元件，当元件被推出压力容器时应及时接住该元件，防止造成元件损坏或人员受伤。

（3）膜壳内部及膜元件检查：

1）用干净水冲洗已打开的压力容器，除去灰尘和沉积物。

2）检查膜元件状态，如表面有结垢或污染现象需进行化学清洗或更换膜元件。

（4）安装膜元件：

1）检查膜元件上的盐水密封圈位置和方向是否正确（盐水密封圈开口方向必须面向进水方向，如图9-2所示）。

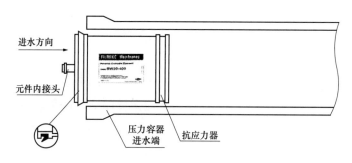

图9-2 盐水密封安装示意图

2）将膜元件不带盐水密封圈的一端从压力容器进水端平行的推入，直到元件露在压力容器进水端外面约10cm。注意必须始终从压力容器进水端安装元件，如图9-2所示。

3）将元件间的连接内接头插入元件产品水中心管内。

4）小心托住第二支膜元件并让第一支元件上的内接头插入元件中心产品管内，此时不能让连接内接头承受该元件的重量，平行将元件推入压力容器内直接到第二支元件大约露在外面10cm左右，如图9-3所示。

5）重复步骤3）和4）直到所有元件都装入压力容器内，转移到浓水端，在第一支元件产水中心管上安装元件内接头，如图9-4所示，元件和压力容器的长度决定了单个压力容器内安装膜元件数量。

6）在压力容器浓水端安装止推环，如图9-4所示，定位止推环时应参考压力容器制造商的示意图，不能遗忘止推环的安装，未在压力容器浓水端安装止推环将会严重损坏膜元件。

图 9-3　膜元件组装示意图

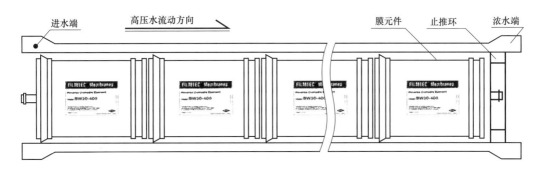

图 9-4　压力容器封装示意图

7）安装压力容器浓水端的端板。

8）安装进水端端板。

（5）调整膜元件在压力外壳内的轴向间隙。膜元件压力容器器内补偿都会有一定的过盈尺寸允许元件长度的微小变化，由于过盈的存在，开机和停机时膜元件会在压力容器内前后滑动，加速密封件的磨损，此外升压时压力容器也将伸长，在极端情况下，与进水或浓水相邻的元件可能会从端板上脱离开来，从而产生严重的产水渗漏。在装配元件时调整膜元件在压力容器内轴向间隙就可减少装置开机时元件的窜动，保证内接头与最前面和最后面的元件均能牢固的接触密封。

3．性能检查

反渗透装置的性能检查主要是对反渗透产水质量及其运行参数的检查，具体检查内容见本章第三节除盐水系统性能试验部分。

4．反渗透装置的化学清洗

在正常运行过程中，反渗透膜元件总会受到无机盐垢、微生物、胶体颗粒和不溶性的有机物质的污染，这些污染物沉积在膜表面，导致膜性能下降；当出现下列情况时，需要清洗膜元件：标准化产水量降低 10%以上；进水和浓水之间的标准化压差上升了15%；标准化透盐率增加 5%以上。以上基准比较条件取自系统经过最初 48h 运行时的操作性能参数。

清洗剂的选择根据污染物的种类不同，所采用的清洗剂也有所不同。和超滤的清洗一样，选择清洗剂时还应考虑反渗透膜的材质，避免选用该种膜不耐受的清洗剂，可参照说明书或咨询生产厂家。常用清洗剂如表 9-2 所示。

表 9-2　　　　　　　　　　　　常 用 清 洗 剂

清洗药剂	无机盐垢（如 $CaCO_3$）	硫酸盐垢（$CaSO_4$、$BaSO_4$）	金属氧化物（如铁）	无机胶体（淤泥）	硅	微生物膜	有机物
0.1%NaOH 或 1.0%Na₄EDTA ［pH12/30℃（最大值）］		最好			可以	可以	作第一步清洗可以
0.1%NaOH 或 0.025%Na-SDS ［pH12/30℃（最大值）］		可以		最好	最好	最好	作第一步清洗最好
0.2%HCl	最好						作第二步清洗最好
1.0%Na₂S₂O₄	可以		最好				
0.5%H₃PO₄	可以		可以				
1.0%NH₂SO₃H			可以				
2.0%柠檬酸	可以		可以				

清洗步骤：打开第一段压力容器进水侧端板，将所有的机械颗粒、碎片等污物清理干净后将端板重新恢复。对单段系统可以采取如下六个步骤清洗膜元件：①配制清洗液；②低流量输入清洗液；③循环；④浸泡；⑤高流量水泵循环；⑥冲洗。

四、EDI 装置检修

（一）检修概述

EDI 技术是离子交换和电渗析技术相结合产物，因此 EDI 除盐机理具有很强的离子交换和电渗析工作特征。

EDI 装置的检修工作应包括：性能检查、产水水质检查、模块更换（视水质可缩短更换周期）、化学清洗（必要时）。

（二）检修内容

1. 性能检查

EDI 装置的性能检查主要是对 EDI 产水质量及其运行参数的检查，具体检查内容见本章第三节除盐水系统性能试验部分。

2. 化学清洗

在正常运行一段时间后或长期在不佳的情况下（例如进水条件不符合要求，硬度太高，或回收率过高）下运行，模块会受到进水中可能存在的难溶物质或微生物的污染，最常见的污染形式如下：

（1）结垢：主要产生在浓水室和极水室，是由于进水中含盐量超过设计极限或回收率超过设计极限引起的；

（2）无机金属氧化物：主要产生在浓水室中的离子交换树脂与膜表面，是由于进水中镁、锰或铁等含量超标或当很高 TDS 含量的给水突然进入模块引起的；

（3）有机物或胶体污染：主要发生在淡水室中的离子交换树脂和膜表面，是由于进水中有机物或胶体含量超标而引起的，含有有机污染物的进水会污染阻塞离子交换树脂和离子选择性膜，形成的薄膜层严重有害的影响离子迁移速率，从而影响产水的品质；

（4）微生物污染：发生在模块中或管道系统及系统的其他部位，是由于环境适宜微生物生成和进水中存在较多细菌和藻类引起的；

（5）机械杂质污染或以上四种污染的两种或多种交叉污染；

模块的污染特征：①进出口压差增大，产品水、浓水和极水流量减少；②电压增高；③产品水水质下降。

当 EDI 运行异常或连续运行达一年以上时需考虑进行化学清洗或消毒杀菌，EDI 系统出现下列情况时，需考虑清洗：①在温度和流量不变时，各水室压差增加 50%；②进水条件未变时，产品水水质下降。

3. 模块更换

当化学清洗无法恢复 EDI 模块性能时，可考虑更换模块。模块整体更换比较简单，只需将对应的水路、电气及控制回路接好后进行调试。

五、保安过滤器检修

（一）检修概述

保安过滤器的检修工作应包括：外观检查和处理、更换滤芯、功能验证。

（二）检修内容

1. 外观检查和处理
（1）检查保安过滤器及管阀是否有"滴、跑、冒、漏"现象，如有应进行处理。
（2）检查保安过滤器，如果有脏污，进行手动清洗。
2. 保安过滤器更换滤芯的操作步骤
（1）领取保安过滤器对应要求的滤芯，注意规格和数量，放置到现场。

（2）打开保安过滤器旁通阀门，关闭保安过滤器前后阀门，把保安过滤器隔绝在运行系统之外，如纯水子系统可暂时不运行，则先关闭对应子系统，避免在更换滤芯时系统突然启动，引起故障。

（3）打开保安过滤器上面排气阀门，和下端的排水阀门，把内部水排空。

（4）使用相应工具打开保安过滤器端盖压紧螺栓，取下端盖。

（5）卸下滤芯不锈钢压板，取出压板下压制弹簧。

（6）取出全部的旧滤芯，注意下方旧垫圈不要遗漏在保安过滤器内。

（7）安装上新滤芯，注意滤芯上下垫圈不能缺失。

（8）在滤芯垫圈上方放入压制弹簧。

（9）安装不锈钢压板，注意每个弹簧都必须对准压板上对应的圆孔。

（10）安装保安过滤端盖，注意密封条是否安装平整以及上方压力表对应方向。

（11）使用相应工具拧紧端盖压紧螺栓。

（12）关闭保安过滤器下方排水阀，打开前后进出水阀门，关闭旁通阀。

（13）端盖上方排气阀保持打开状态进行排气。

（14）待排气阀中空气已全部排出，已经出水时，关闭排气阀。

（15）整理现场卫生，作好相应记录。

3. 保安过滤器检修后的试验方案

（1）试验前的准备及调试标准：

1）所有检修工作已完成，系统已恢复；

2）检修后油漆完整，阀门启闭灵活，取样管畅通；

3）在线仪表已安装且正常。

（2）试验步骤：

1）通过运行人员解除检修前采取的安全措施；

2）进行水冲洗，动作正常后结束，投入试运行；

3）测试进、出水压差远小于100kPa，设备检修后进入备用状态。

六、立式离心泵检修

（一）检修概述

立式离心泵的检修工作应包括：机泵的拆卸、检查并清理各零部件、零部件回装、修后的调试。搅拌器的检修也可参照本部分。

（二）检修内容

1. 机泵的拆卸

（1）拆除电机电源线、接地线；

（2）拆除联轴节护罩，作联轴节复位记号，联轴节拆除并检查联轴节完好情况；

（3）检查机泵盘车情况，是否有卡涩、摩擦及异响等情况；

（4）拆除电机地脚螺栓；

（5）起重使用专用工具起吊电机并摆放到指定位置；

（6）拆除泵与泵壳连接螺栓；

（7）起重吊出泵；

（8）取下泵侧半联轴器和传动键；

（9）拆卸轴承压盖；

（10）拆卸提轴器法兰紧固螺栓并旋出提轴器法兰；

（11）将轴承连同轴套一起取出；

（12）拆卸轴承支座紧固螺栓，卸下轴承支座；

（13）将机封锁紧片卡入机封轴承卡槽内并锁紧；

（14）拆卸底部泵盖；

（15）拆卸叶轮锁母并取出叶轮，导叶；

（16）拆卸套管；

（17）拆卸剖分式联轴器，取下泵轴。

2. 清理、检查各零部件

（1）叶轮及导轮应无砂眼、穿孔、裂纹、厚薄不均或冲蚀严重现象；

（2）泵轴应光滑、无沟槽、无裂纹，弯曲度合格；

（3）检查叶轮口环完好，间隙合格，若间隙超差则更换；

（4）检查轴衬完好，间隙合格，若间隙超差则更换；

（5）检查轴承、轴套完好，无明显划痕、点蚀、保持架完好，如有缺陷则需更换；

（6）新机械密封的动静环密封端面应光洁明亮，无崩边、点坑、沟槽、划痕及贯穿端面等缺陷。

3. 立式离心泵零部件的回装

（1）安装泵轴；

（2）安装套管；

（3）安装泵盖；

（4）安装机封；

（5）回装轴承支座；

（6）安装轴承；

（7）推拉泵轴测量总窜量；

（8）将组装好的泵吊入泵壳内并拧紧地脚螺栓；

（9）安装提轴器法兰并将泵轴提升 1/2 总窜量；

（10）回装轴承压盖并拧紧螺栓；

（11）回装半联轴节；

（12）盘动转子，应灵活、无卡涩、无异常声音；

（13）吊装电机并回装联轴节；

（14）回装润滑油管（如有）、密封冲洗水管线；

（15）回装联轴器护罩。

4．离心泵的检修技术要求及质量标准

（1）水泵外壳无损坏，叶轮表面光洁无裂纹、无损伤、无腐蚀及磨损；

（2）轴套表面应光洁无损伤，密封环完整无损，所有的结合面无泄漏，填料压盖松紧合适，盘车灵活，无卡涩现象。机械密封动静环应完好无损，无裂纹、无磨损、弹簧的压缩量不紧不松，要求轴向间隙应小于 0.5mm；

（3）滚动轴承符合质量标准，轴承与轴承盖的间隙应保持在 0.25～0.5mm；

（4）叶轮与轴的配合间隙为 0.01～0.02mm；

（5）填料密封、档环或轴套的间隙为 0.3～0.5mm，盘根搭接处为 45°的斜口，相零两圈盘根的斜口应错开 120°左右；

（6）压兰外壁和盘根盒内壁的径向间隙应为 0.1～0.2mm，压兰与轴应同心，其间隙为 0.4～0.5mm；

（7）轴的弯曲度应小于 0.04mm；

（8）轴承内圈与轴的紧力 0～0.02mm，外圈与轴承座孔紧力 0～0.02mm；

（9）电机与泵的对轮的轴向距离为 2～5mm；

（10）联轴器（对轮）找正，径向偏差不大于 0.05mm，端面偏差不大于 0.04mm，振动：3000r/min 不超过 0.05mm，1500r/min 的不超过 0.08mm。

5．立式离心泵检修后的试验方案

（1）试验前的准备及调试标准：

1）检查检修记录，确认检修数据准确。

2）单试电机合格，确认转向正确。

3）润滑油、封油、冷却水等系统正常，附件齐全好用。

4）盘车无卡涩现象和异常声响，轴封渗漏符合要求。

（2）试验步骤。通过运行人员解除检修前采取的安全措施；

（3）验收内容。

1）静态验收：

a．检查设备检修记录、验收单是否齐全。

b．盘车无卡涩现象和异常声响，轴封渗漏符合要求。

2）动态验收：

a. 现场清洁，符合卫生移交条件。

b. 离心泵严禁空负荷试车，应按操作规程进行试车。

c. 运转平稳无杂音，封油、冷却水、润滑油系统工作正常，泵及附属管路无泄漏。

d. 滚动轴承温度不大于 70℃。

e. 试车正常后由维修工填写检修记录。并由试车人员确认签字。

f. 连续运转 24h 后，各项技术指标均达到设计要求或能满足生产需要。达到完好标准。检修记录齐全、准确，按规定办理验收手续。

七、计量泵检修

（一）检修概述

计量泵的检修工作应包括：泵缸头的拆卸、调节机座的拆卸、零部件回装、修后的调试。

（二）检修内容

1. 泵缸头的拆卸

（1）拆下安全补油阀部件，取出柱塞拆下填料压盖取出密封填料、水封环；

（2）拆下吸排管法兰，依次取下衬套、限位器、阀球、阀座；

（3）拆下前缸头，依次取出限制板和隔膜。

2. 调节机座的拆卸

（1）放掉机座内的润滑油，拆下机座后端的玻璃板；

（2）拆下电机取出连轴器，拧下轴承盖压紧螺母，将轴承盖、轴承、蜗杆和抽油器从机座里拿出；

（3）打开调节箱盖，拆下调节箱压紧螺母，旋转调节转盘将调节丝杆和调节箱从调节支架上拿下，并拆下调节支架；

（4）拆下连接架压紧螺母，将连接架从机座上取出，打开机座上座，从机座内取出十字头销、十字头、堵头；

（5）将 N 形轴及轴上的偏心凸轮、连杆、上轴承座等从机座内取出，并从 N 形轴上拆出上轴承座、轴承、垫圈，拿出套在偏心凸轮上的衬套，取出滚针及偏心凸轮；

（6）拆下机座的轴承座，拆出轴承、衬套、涡轮、涡轮套；

（7）检修涡轮套、涡轮、偏心凸轮、凸轮衬套的磨损情况，若磨损严重更换新件；

（8）检查单向阀阀球的圆度，检查阀球表面的光洁度；

（9）检查隔膜是否有裂纹、针孔等缺陷，若影响使用更换新件。

3. 计量泵零部件的回装

原则上，按照拆卸逆顺序回装。在回装前，各部件应用煤油擦拭干净，保证部件清洁；

4. 试验方案

（1）计量泵的标定：

1）根据计量泵运行时的大致流量，对计量泵进行标定，以调整速度和冲程，达到实际需要的流量。

2）检查泵头是否已灌满溶液，排出管和单向阀已装好，以及排出压力、吸入高度是否符合要求。

3）把底阀放入 1000mL 的容器内。

4）给泵通电，并将泵打到内部控制方式，把泵头和吸入管内空气排尽。

5）切断电源，将溶液倒入容器至某个初始液位。

6）让泵运行一设定时间（至少 50 个冲程），且数出冲程次数，这个时间越长，越有利于标定结果。

7）停泵，记下时间长短和输出体积变化的关系，算出单位时间内的输出量。

8）若输出量过大或过小，就调节速度旋钮和冲程旋钮，估计需要纠正之处，再重复上述步骤。

（2）试车。

1）试车前的准备工作：

a. 清除泵座及周围一切工具和杂物。

b. 检查隔膜泵的地脚螺栓和各部位的连接螺栓是否紧固。

c. 检查轴承、传动机构等部位的润滑油量否充足；灌注液压介质到规定液位。

d. 盘车两周，注意泵内有无异常声响，盘车是否轻便。

e. 检查电器部分与控制装置有无异常现象。

f. 拆去联轴器柱销，检查电机的转向是否正确。

g. 将行程长度调节到 0mm 处，以免隔膜损坏。

2）试车操作：

a. 开车前必须使泵头内充满水或料液。一般情况下，都应用水在操作压力下对全行程长度范围内进行试运转，并记录下泵隔膜的工作能力数据。

b. 接通电源，按操作规程启动隔膜泵。

c. 取下控制阀上盖，在用手按下补注阀芯上端，排出液压腔内空气，直至无气泡排出。

d. 调节安全阀至所需压力，两边压力应相等。

e. 根据需要，调节行程，达到要求的流量和压力。

f. 试车时间为连续运行 2～4h，对于单隔膜泵，泵头中的液压介质在试运转后应全部放掉，在总体试车前再重新装灌。

3）试车必须达到的质量要求：

a. 设备润滑情况良好；

b. 各部位无跑、冒、滴、漏；

c. 控制阀工作正常；

d. 压力表及控制装置灵敏可靠；

e. 运转中隔膜泵无异常声响；

f. 各项性能设计能力或满足生产要求。

（3）验收。检修质量达到规程标准；试车符合要求；检修记录齐全准确；可按规定办理验收手续，移交生产使用。

八、阀门检修

（一）检修概述

阀门的检修工作应包括外观检查、严密性试验、解体检修、修后调试。

（二）检修内容

1. 阀门外观检查

（1）将阀门外部清理干净。检查外表，不得有裂纹、砂眼、机械损伤、锈蚀等缺陷和缺件、铭牌脱落及色标不符等情况，阀体上的有关标志正确、齐全、清晰，并符合相应标准规定。

（2）填料密封处的阀杆不得有腐蚀。

（3）铸造阀门外观无明显制造缺陷。

（4）阀体内无积水、锈蚀、脏污和损伤等缺陷，法兰密封面不得有径向沟槽及其他影响密封性能的损伤，阀门两端应有防护盖保护。

（5）球阀和旋塞阀的启闭件应处于开启位置。其他阀门的启闭件应处于关闭位置，止回阀的启闭件应处于关闭位置并作临时固定。旋塞阀的开闭标记与通孔方位一致，装配后塞子有足够的研磨余量。

（6）阀门的手柄或门轮操作灵活轻便、无卡涩现象。止回阀的阀瓣或阀芯动作灵活正确，无偏心、移位或歪斜现象。

（7）阀门主要零部件如阀杆、阀杆螺母、连接螺母的螺纹光洁，不得有毛刺，凹陷与裂纹等缺陷，外露的螺纹部分予以保护。

（8）在进行阀门操作检查前对阀门内部进行清理，严禁接合面上存在油脂等涂料，可用煤油进行清洗。阀门内腔用煤油擦拭后，等煤油挥发后再关闭阀门及阀门两端封闭保护。

（9）阀门操作检查（手动、电动阀门），利用手轮将阀门全开全关 3 次，操作无卡涩且指示正确（若无法手动操作的阀门则不必进行）。

（10）外观检查完毕后，应检查阀门阀盖螺栓是否紧固。如阀盖螺栓有些松动需紧固时，必须先将阀门稍稍开启（主要是闸阀和截止阀）。然后对阀门的阀盖螺栓进行紧固。

（11）检查阀门有无填料和填料加装的是否完好。如果加装的填料与阀门的设计参数有差别时，应更换阀门填料。在更换填料时防止划伤阀杆。用成形的填料时，要防止填料的破碎；用手工加工的填料时，要注意每层接头斜角45°，上下层对接接头错开（45°）。

2. 阀门严密性试验

（1）作为闭路元件的阀门（起隔离作用的），安装前必须进行严密性检验，以检查阀座与阀芯、阀盖及填料室各接合面的严密性。

（2）严密性试验前阀门处于完全关闭状态，从底部进水，上部放空气，空气排尽后利用电动升压泵升压进行严密性试验。

（3）阀门严密性试验在试验台上进行，水温保持在 5～40℃。

（4）对于阀体自带严密性试验接头的阀门，可利用其接头直接对阀门进行严密性试验。

（5）阀门试验时，由一人以正常的体力进行关闭。当手轮直径大于或等于 320mm 时，可由两人共同关闭。

（6）阀门试验时，压力逐渐升高至规定数值，不得升压过快。压力保持 5min 不降为合格。压力如有下降，应放水重新试验。压力下降时，应查明泄压点。如密封面处泄漏，放水后，应仔细清理阀门密封面。然后用 F 型扳手将阀门关严；如泄压点是填料压盖处，应将填料压盖重新紧固；如泄压点为阀盖与阀体密封处，应将阀门开启后对阀盖螺栓进行紧固。然后关闭阀门重新进行水压试验。

（7）对安全阀、逆止阀，可采用色印对其阀芯密封面进行严密性检查。

（8）如果设计单位或者阀门厂家无要求，阀门的严密性试验应按 1.25 倍铭牌压力的水压进行。

（9）隔膜阀水压试验时，应将阀瓣关闭，介质按阀体箭头指示的方向供给，检查其密封性。

（10）闸阀、截止阀、球阀、旋塞阀密封性试验应按介质流向反向进行；

（11）不锈钢阀门不得与碳钢材质或低合金钢材质（包括试验台的碳钢部位）等相接触，其接触部位要设置包垫或采取其他的保护措施。

（12）在试验压力下保持规定时间无渗漏。对用灌水方法检查的阀门，保持规定要求时间无渗漏则合格。

（13）水压试验时阀门不得有结构损伤。

（14）阀门经严密性试验或灌水试验合格后，将腔内积水排除干净，并用干燥压缩空气将阀门内部吹干，用阀门原供包装封头或塑料布等将阀门接口进行有效封堵，并进行标识后分类妥善存放。

（15）阀门检验合格后，应摆放在库房内，妥善保管。阀门检验过程中如发现不符合要求的缺陷，应按不符合项进行处理，按要求供应商进行修复或更换。

（16）阀门试验结束后进行检验报告的填写和整理工作。

3. 阀门解体检修

（1）阀门解体前应将内部清理干净，并在明显位置做上相应的记号，否则不得进行拆卸。

（2）解体检查特殊结构的阀门时，应按制造厂规定的拆装顺序进行，并对零件先后顺序进行编号。

（3）对解体的阀门应作下列检查：

1）检查阀体与阀盖表面有无裂纹、砂眼，接合面是否平整，凹口和凸面有无损伤；

2）检查阀座与阀壳接触是否牢固，有无松动现象；

3）检查阀芯与阀座接合面是否吻合，接合面有无锈蚀、刻痕、裂纹等。

4）检查阀杆与阀芯的连接是否灵活可靠；

5）检查阀杆有无弯曲，阀杆与填料压盖相互配合松紧是否合适，螺纹是否完好，与螺纹套筒配合是否灵活；

6）阀盖法兰面的接合面应光洁、无径向沟槽；

7）对节流阀应检查其开闭行程及终端位置，并作出标记；

8）检查阀门填料材质是否符合设计，填装方法是否正确；

9）检查阀门起严密性作用的结合面是否有缺陷，有缺陷时上报，要求阀门厂家更换或现场研磨；对阀芯和阀座密封面研磨时，研磨后在阀芯密封面均匀涂抹红丹粉。回装阀芯。检查结合面的接触印痕是否闭合。印痕闭合后方可组装阀门。组装时按照编号倒着回装。然后再进行水压试验，直到合格为止。

（4）闸阀和截止阀经解体检查合格后复装时，阀瓣必须处于开启位置，方可拧紧阀盖螺丝。

（5）阀门经解体检查并消除缺陷后，应达到下列质量标准：

1）组装正确，动作灵活，开度指示器指示正确；

2）所用垫片、填料的规格质量符合技术要求；

3）填料填装正确，接口处须切成斜口，每层的接口相互错开。填料压紧后保证严密性且不妨碍阀杆的开闭。

（6）阀门检修合格复装后经试压，检查无渗漏。

（7）阀门解体检修后，应做好阀门检修记录。

4. 阀门检修后的试验方案

（1）严密性试验。对阀门进行严密性试验，试验压力下保持 5min。

（2）压力试验。对阀门进行压力试验，试验压力为公称压力的 1.2 倍，并保持 20min。

九、管道检修

（一）检修概述

除盐水系统的管道均为低压管道，检修工作应包括：外观检查、严密性试验。

（二）检修内容

1. 管道外观检查

（1）管道应平直、无裂纹、无显著腐蚀坑等缺陷。

（2）管道内不得存有杂物。

（3）管道的敷设应按规定装设必要的支架和吊架，并能保证管道的自由伸缩。非金属管道用支吊架固定时，在金属卡箍与管子之间应加装橡胶垫。

2. 管道严密性试验

管道严密性试验可参照阀门严密性试验。

3. 管道的安装要求

（1）金属管道的安装要求：

1）管道安装时，应对法兰密封面及密封垫片进行外观检查，不得存在影响密封性能的缺陷存在。

2）法兰连接时应保持平行，其偏差不大于法兰外径的 0.15%，且不大于 2mm。不得用强紧螺栓的方法消除歪斜。法兰连接时还应保持同轴，其螺栓孔中心偏差一般不超过孔径的 5%，并保证螺栓自由穿入。

3）采用软垫片时，周边应整齐，垫片尺寸应与法兰密封面相符，垫片材质应符合输送介质的耐腐蚀性能。

4）法兰连接应使用同一规格螺栓，安装方向一致。紧固螺栓应对称进行，用力均匀，松紧适度。紧固后螺栓的外露长度不大于 2 倍螺距。

5）管道对口时应检查平直度，在距离接口中心 200mm 处测量，允许偏差 1mm/m，但全长允许偏差最大不超过 10mm。对口后应垫置牢固，避免焊接或热处理过程中产生变形。

6）管道连接时，不得用强力对口，应用加热管道，加扁垫或多层垫等方法来消除接口端面的空隙、偏差、错口或不同心等缺陷。

（2）PVC 管道的安装要求：

1）安装时不得采用超过时效的 PVC 塑料管。应无影响使用强度和降低防腐效果的缺陷的管道。

2）在塑料管道附近进行电火焊时，要采取隔离措施，防止损伤管道。

3）塑料管件应尽量采用制造厂生产的定型模压产品。

4）塑料管及其管件应避免长期在烈日下曝晒，防止老化变质。

5）管道支吊架的间距应符合设计规定。在塑料管道的支吊处，在金属卡箍和管子之间应加装软垫。

6）塑料法兰连接螺栓的两端应垫上平垫圈，并对称地旋紧，用力均匀，不可用力过大；拆卸时严禁用电火焊切割。

十、控制柜检修

（一）检修概述

除盐水系统是由 DCS 控制，在熟悉电气图纸后方可进行控制柜检修。

（二）检修内容

除盐水系统控制柜检修内容参照本书第八章第二节内冷水设备检修中的控制柜检修部分。

十一、热工和化学仪表检修

除盐水系统的热工和化学仪表检修内容参照本书第十二章。

第三节 除盐水系统试验

一、除盐水系统性能试验

调相机除盐水制备系统在检修后对超滤、反渗透、EDI 装置系统性能是否达到预定的使用要求进行试验，以供后期的正常运行的提供参考，提高膜系统运行的稳定性。

试验采用人工就地启动及膜系统自启情况下，投运超滤装置、反渗透装置和 EDI 装置，进行数据记录（如表 9-3～表 9-7 所示）并校核相关数据。

表 9-3　　　　　　　　　就地启动超滤装置运行记录

序号	测点名称	单位	测试数据		备注
			数据	校核	
1	原水泵出口压力（B 泵）	MPa			频率 47.4Hz
2	叠滤差压	kPa			
3	超滤产水流量	m³/h			
4	超滤进水压力	kPa			

序号	测点名称	单位	测试数据		备注
			数据	校核	
5	超滤出水压力	kPa			
6	超滤产水浊度	NTU			

表 9-4 　　　　　　　　远程启动超滤装置运行记录

序号	测点名称	单位	测试数据		备注
			数据	校核	
1	原水泵出口压力（B 泵）	MPa			频率 35.3Hz
2	叠滤差压	kPa			
3	超滤产水流量	m³/h			
4	超滤进水压力	kPa			
5	超滤出水压力	kPa			
6	超滤产水浊度	NTU			

表 9-5 　　　　　　　　反渗透装置运行记录

序号	测点名称	单位	测试数据		备注
			手动启动	程序启动	
1	反渗透给水压力	MPa			
2	保安过滤器进口压力	MPa			
3	保安过滤器出口压力	MPa			
4	高压泵出口压力	MPa			
5	一级进水流量	m³/h			
6	一级一段进水压力	MPa			
7	一级浓水压力	MPa			
8	一级二段进水压力	MPa			
9	一级产水压力	MPa			
10	一级产水流量	m³/h			
11	二级反渗透高压泵出口压力	MPa			
12	二级反渗透进水压力	MPa			
13	二级二段进水压力	MPa			
14	二级反渗透浓水压力	MPa			
15	二级产水压力表	MPa			
16	二级产水流量	m³/h			
17	二级进水 pH 值	—			
18	二级产水电导率	μS/cm			

序号	测点名称	单位	测试数据		备注
			手动启动	程序启动	
19	一级浓水排水流量	L/h			
20	一级浓水回流水量	L/h			
21	二级浓水回流水量	L/h			
22	二级浓水排水	L/h			
23	一级反渗透进水电导率	μS/cm			
24	一级反渗透产水电导率	μS/cm			

表 9-6　　　　　　　　　　EDI 装 置 运 行 记 录

序号	测点名称	单位	测试数据		备注
			手动启动	程序启动	
1	1 号 EDI 模块进水压力	kPa			
2	1 号 EDI 模块产水压力	MPa			
3	1 号 EDI 模块浓水压力	MPa			
4	1 号 EDI 模块极水压力	MPa			
5	1 号 EDI 模块浓水流量	m³/h			
6	1 号 EDI 模块极水流量	m³/h			
7	2 号 EDI 模块进水压力	kPa			
8	2 号 EDI 模块产水压力	MPa			
9	2 号 EDI 模块浓水压力	MPa			
10	2 号 EDI 模块极水压力	MPa			
11	2 号 EDI 模块浓水流量	m³/h			
12	2 号 EDI 模块极水流量	m³/h			
13	EDI 装置进水流量	m³/h			
14	EDI 装置产水流量	m³/h			
15	EDI 装置产水电导率	μS/cm			

表 9-7　　　　　　　　　　试 验 数 据 整 理

序号	装置名称	项目	单位	设计标准（25℃）	试验结果
1	叠片式过滤器	压差	kPa		
2	超滤装置	跨膜压差	kPa		
3		产水量	m³/h		
4		浊度	NTU		
5		SDI	—		

序号	装置名称	项目	单位	设计标准 （25℃）	试验结果
6	一级反渗透	产水量	m³/h		
7		脱盐率	%		
8		回收率	%		
9	二级反渗透	产水量	m³/h		
10		回收率	%		
11		出水电导率	μS/cm		
12	EDI	产水量	m³/h		
13		回收率	%		
14		出水电导率	μS/cm		

二、除盐水系统控制逻辑试验

确认各类设备电气保护连锁和热工控制信号及 DCS 系统正确性，设置各类热控参数，进行超滤、反渗透、EDI 系统程控联调，检验系统设备整套启动的功能，确保除盐水系统及设备能够安全正常运行。

第十章

分散控制系统（DCS）检修及试验

第一节 概 述

调相机监控系统通过分散控制系统（DCS）实现，如图 10-1 所示。单个站所有的调相机及辅助系统采用一套 DCS 集中控制，控制系统由 DCS 集中控制网络、现场测量控制层构成；DCS 网络采用冗余高速工业以太网，分散控制系统控制器（DPU）冗余成对配置，不同调相机控制范围内的控制系统采用不同的 DPU 控制。监控系统可实现调相机的启停，监控机组及辅助系统的运行，并保留了实现与直流控保系统协调控制的功能。

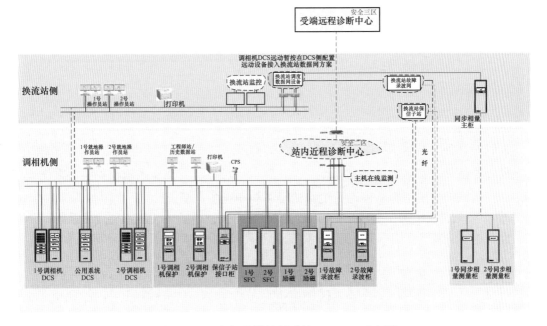

图 10-1 调相机分散控制系统（DCS）示意图

调相机控制室与换流站主控制室统一布置，不设单独的集中控制室。调相机主厂房就地设置 DCS 电子设备间及工程师室，工程师室可用于调相机启动、调试阶段的操作。控制室内不设常规控制盘，监视和控制调相机及辅助系统的手段是 LCD 屏幕显示和键盘、鼠标操作。考虑当 DCS 故障时的紧急措施，保留硬接线方式的操作手段（如调相机的紧急停机按钮）。调相机设置一套辅助综合监控平台用于现场设备及电子间的无人值守，辅助综合监控平台与换流站的辅助综合监控平台互联，其监控终端布置于换流站集中控制室。

本章详细介绍调相机分散控制系统检修的内容，分为控制柜设备检修和控制层设备检修，主要包括常规例行检修和试验。

第二节　分散控制系统检修

调相机分散控制系统检修内容包含控制柜设备检修、控制层设备检修和分散控制系统试验。控制柜设备包括控制屏（含电源屏、网络屏、紧急停机屏）、控制器、I/O 单元、端子、电缆及电缆标识牌、盘柜照明、电源模块、继电器、通信设备等。控制层设备包括服务器、工程师站、操作员站、历史站、计算机外围设备等。DCS 系统试验主要包括DCS 一般性能试验、顺序控制系统试验、模拟量控制系统试验和热工保护系统试验。调相机组 DCS 系统及设备宜每年进行一次 C 类检修、每 5 年进行一次 A 类检修，由于调相机 DCS 系统 C 类检修的所有内容包含在 A 类检修中，C 类检修根据不同换流站的不同机组的实际运行情况自行确定检修项目。由于热工保护转换装置柜与 DCS 屏柜的结构和功能类似，该屏柜的检修也归在 DCS 控制柜设备里。

一、控制柜设备检修

（一）检修概述

控制柜设备主要包括控制屏、控制器、I/O 单元、端子、电缆、盘柜照明、电源模块、继电器、通信设备等，如图 10-2 所示。检修前，机组及与 DCS 系统相关的各系统设备停运，控制系统退出运行，停运待检修的子系统和设备电源。

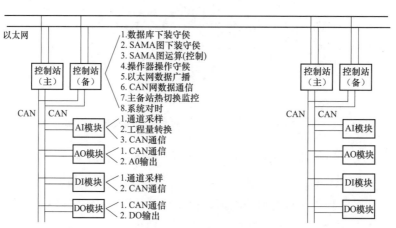

图 10-2　控制柜设备示意图（一）

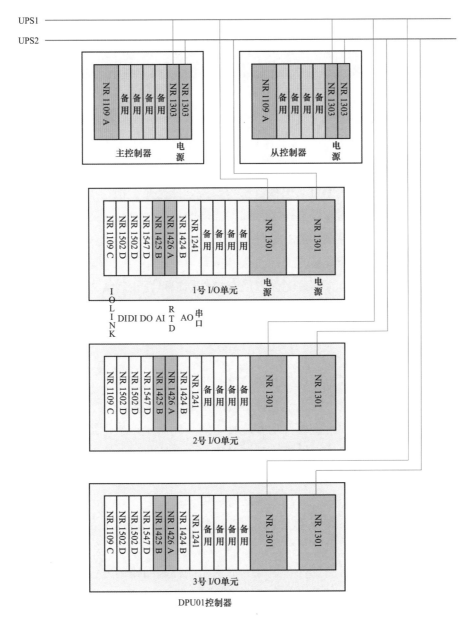

图 10-2　控制柜设备示意图（二）

（二）检修内容

1. 停运前检查

全面检查计算机控制系统的状况，将异常情况做好记录。

（1）检查各散热风扇的运转状况。

（2）检查不间断电源（UPS）供电电压，各机柜供电电压。各类直流电源电压及各电源模块的运行状态。

（3）检查机柜内各模件工作状态，各通道的强制（或退出扫描状况）和损坏情况。

（4）测量控制保护室的温度及湿度，符合相关标准要求。

（5）对于现场总线和远程输入/输出（I/O）就地机柜，进行温度等环境条件的检查记录。

2. 控制屏检修

将机组及与 DCS 系统相关的各系统设备停运，控制系统退出运行，停运待检修的子系统和设备电源，并按照下列要求进行检修工作。

（1）屏柜清扫、滤网（如有）更换。柜内设备、滤网是否清洁无尘，对每个需清扫模件的屏柜和插槽编号、跳线设置作好详细、准确的记录。

（2）模件、散热风扇等部件清扫，外观是否清洁无灰、无污渍、无明显损伤和烧焦痕迹；模件上的各部件是否安装牢固，跳线和插针等设置是否正确、接插是否可靠；熔丝是否完好，型号和容量是否准确无误；所有模件标识是否正确清晰。

（3）检查柜内模件的掉电保护开关或跳线设置是否正确。若有带有后备电池的模件，其后备电池是否按照制造厂有关规定和要求进行了检查更换；更换新电池时，失电时间是否在允许范围内。

（4）模件检查完毕，屏柜、机架和槽位清扫干净后，按照模件上的屏柜和插槽编号将模件逐个装回到相应槽位中，检查就位是否准确无误、可靠。

（5）模件就位后，仔细检查模件的各连接电缆（如扁平连接电缆等）是否接插到位且牢固无松动，若有固定螺丝或卡锁，则应紧固固定螺丝并将卡锁入扣。

（6）模件通电前，对带有熔丝的模件，核对熔丝是否齐全，容量是否正确；模件通电后，各指示灯是否指示正确，散热风扇是否运转正常。

（7）电缆、回路接线、线槽盖板整理，防火封堵检查。接线是否正确，线槽盖板是否无缺失、无破损，防火封堵是否良好。

（8）电缆绝缘检查。对热工保护信号、油水系统控制回路的电缆进行绝缘检查，是否符合 DL/T 774《火力发电厂热工自动化系统检修运行维护规程》中相关规定。

（9）端子、卡件清扫及检查。端子是否无松动，卡件是否干净无尘，是否无灼伤痕迹。

（10）加热器和温控器（如有）、盘柜照明、模件指示灯检查。加热器和盘柜照明是否正常，各指示灯是否显示正常，温控器现场整定值是否与整定单一致。

（13）接地检查。接地电缆是否完好，铜排是否无损坏，接线是否正确、无破损。

（14）电测仪表（如有）校验及更换。是否符合产品说明书要求。

（15）继电器（可插拔）检查。检查油水系统主泵控制回路的出口继电器是否能正确动作，参数满足产品说明书要求。油水系统、紧急停机系统至就地设备回路，接线是否无异常，无破损，回路功能是否正常。

（16）程序版本核对。程序版本是否与厂家说明书一致。

（17）与其他控制保护装置或系统的通信或硬接线回路检查。接线是否完好、无破损，回路功能是否正常。

（18）时钟同步检查。时钟与电站控制层标准时钟同步装置是否同步。

3．电源设备检修

（1）不间断电源（UPS）检查：

1）UPS电源系统正常，接线完好，接地正常，冗余切换功能正常、无扰动。

2）UPS清扫检修后，外观检查应清洁无灰、无污渍；输出侧电源分配盘电源开关、熔丝及插座应完好；紧固各接线；UPS蓄电池应无漏液，否则应更换蓄电池。

（2）模件电源、系统电源和屏柜电源检修。

1）清扫与一般检查：

a．停用相关系统，对各电源插头或连线做好标记后拔出。

b．清扫电源设备和风扇，各连线、连接电缆、信号线、电源线、接地线应无断线或松动，并重新紧固；电源内部大电容应无膨胀变形或漏液现象，否则应更换为相同型号规格的电容；检查熔丝，若有损坏应查明原因后换上符合型号规格要求的熔丝。

2）上电检查

a．通电前检查电源电压等级设置应正确；通电后电源装置应无异音、异味，温升应正常；风扇转动应正常、无卡涩、方向正确。

b．根据要求测量各输出电压应符合要求。

c．启动整个子系统，工作应正常无故障报警，电源上的各指示灯应指示正常。

d．对于冗余配置的电源，关闭其中任何一路，检查相应的控制器应能正常工作，否则应进行处理或更换相应电源。

4．网络及接口设备检修

（1）通信网络检修：

1）系统退出运行。

2）更换故障电缆或光缆；检修后通信电缆是否破损、断线，光缆布线是否弯折；电缆或光缆是否绑扎整齐、固定良好。

3）检查通信电缆金属保护套管（现场安装部分应使用金属保护套管）的接地是否良好。

4）测量绝缘电阻、终端匹配器阻抗，是否符合规定要求。

5）紧固所有连接接头（或连接头固定螺丝）、各接插件（如RJ45、AUI、BNC等连接器）和端子接线；检修后手轻拉各连接接头、接插件和端子连线，是否牢固无松动。

6）通电后，检查模件指示灯状态或通过系统诊断功能，确认通信模件状态和通信总线系统是否工作正常，是否无异常报警。冗余总线是否处于冗余工作状态，交换机、集线器、耦合器、转发器、总线模件等通电后指示灯是否均显示正常。

7）通过系统诊断工具/功能或其他由制造厂提供的方法，查看每个控制子系统，所有 I/O 通道及其通信指示是否均正常。

（2）网络接口设备检查：

1）检查前应关闭设备电源，各连接电缆和光缆做好标记，然后拆开各电缆和光缆连接，并及时包扎好拆开的光缆连接头，以免受污染。

2）对交换机、集线器、耦合器、转发器、光端机等网络设备内、外进行清扫、检修，紧固接线；检修后设备外观应清洁无尘、无污渍。内部电路板上各元件应无异常，各连接线或电缆的连接应正确、无松动、无断线；各接插头完好无损，接触良好；测试风扇和设备的绝缘是否符合要求。

3）仔细检查各光缆接口、RJ45 接口和/或 BNC 接口等，是否无断裂、断线和破碎、变形，连接正常可靠。

4）装好外壳，上电检查，是否无异音、异味，风扇转向正确；自检无出错，指示灯指示是否正常。

（三）危险点分析及防范措施

（1）控制柜检修前应确认屏柜交直流电源已断开，确保检修期间不会启动就地设备，且不会对周围检修作业面带来影响。

（2）电缆绝缘电阻测试前应确认电缆两端均已解开，防止绝缘电阻测试时，损坏就地设备或 I/O 卡件。

二、控制层设备检修

（一）检修概述

控制层设备主要包括服务器、电源、工程师站、操作员站、接口机站、网络通信设备、计算机外围设备等，如图 10-3 所示。控制层设备的检修主要包括工作站及其辅助设备的检查和软件的检查及维护。

（二）检修内容

1. 停运前检查

全面检查 DCS 系统的状况，将异常情况做好记录。

（1）检查各散热风扇的运转状况。

（2）检查各工作站、通信网络的运行状况等。

（3）检查报警系统，对重要异常信息（如冗余失去，异常切换，重要信号丢失，数据溢出，总线频繁切换等）作好详细记录。

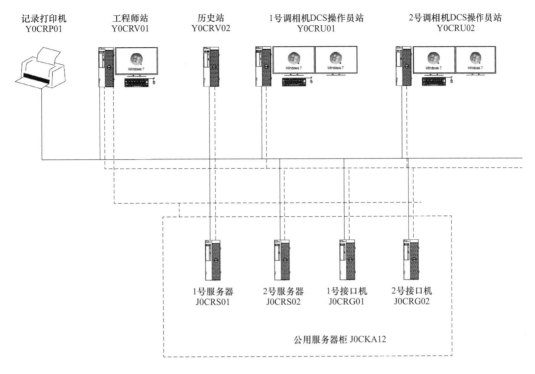

记录打印机　　　工程师站　　　历史站　　　1号调相机DCS操作员站　　　2号调相机DCS操作员站
Y0CRP01　　　　Y0CRV01　　　Y0CRV02　　　　Y0CRU01　　　　　　　Y0CRU02

1号服务器　　2号服务器　　1号接口机　　2号接口机
J0CRS01　　　J0CRS02　　　J0CRG01　　　J0CRG02

公用服务器柜 J0CKA12

图 10-3　控制层设备示意图

（4）检查各类打印记录和硬拷贝记录。

（5）测量工程师站的温度及湿度。

（6）检查 DCS 系统运行日志，数据库运行报警日志。

（7）检查计算机自诊断系统，汇总系统自诊断结果中的异常记录。

（8）检查计算机设备和系统日常维护消缺记录，汇总需停机消缺项目。

做好 DCS 系统软件和数据的完全备份工作。对于储存在易失存储器（如 RAM）内的数据和文件，应及时上传并备份。

2. 服务器、工程师站、操作员站等检修

服务器、工程师站、操作员站等应无异常或出错信息提示，若出现提示错误并自动修复，应重新正常停机后再次启动操作系统一次，检查错误应完全修复，否则应考虑备份恢复或重新安装。

（1）确认待检修设备与供电电源可靠分离后，打开机箱外壳。

（2）检查线路板无明显损伤和烧焦痕迹，线路板上各元器件无脱焊；内部各连线或连接电缆无断线，各部件设备、板卡及连接件安装牢固无松动，安装螺钉齐全。

（3）检查通信网络设备，外观清洁、无尘，接线或接插头无破损、折断。

（4）清扫机壳内、外部件及散热风扇。清扫后应清洁、无尘、无污渍，散热风扇转动灵活。

（5）装好机箱外壳，检查设备电源电压等级是否设定正确。

（6）接通电源启动后，设备应无异音、异味等异常现象发生，能正常地启动并进入操作系统，自检过程无出错信息，各状态指示灯及界面显示正常；检查散热风扇转动应正常无卡涩，方向正确；对于正常工作时不带显示或操作设备（键盘或鼠标）的服务站，可接上显示或操作设备进行检查。

（7）设备整洁，计算机设备工作正常，切换功能正常。室内空气调节系统应有足够容量，调温调湿性能应良好，其环境温度、湿度、清洁度，是否符合 GB/T 2887《计算机场地通用规范》或制造厂的规定。

3. 计算机外围设备检修

（1）显示器检修：

1）停电，断开显示器的电源连接。

2）显示器内、外清扫，用专用清洗液清洁显示屏；检修后外观是否清洁无灰、无污渍，内部检查电路板上各元件是否正常，各连接插头、连线是否正确、无断线、无松动，并紧固各部件；外部检查显示器信号电缆是否有短路、破损断裂等缺陷；测量设备绝缘是否符合要求。

3）显示器检修复原后上电检查，显示器画面是否清晰，无闪烁、抖动和不正常色调；亮度、对比度、色温、聚焦、定位等按钮功能是否正常；仔细调整大屏幕显示器，整个画面亮度色彩是否均匀。

4）检查大屏幕显示器散热风扇运转是否正常。

（2）打印机检修：

1）打印机停电，断开打印机电源插头与电源的连接。

2）清扫打印机，清除打印机内纸屑，清洁送纸器和送纸通道，外观检查应清洁无灰、无污渍，内部电路板上各元件无异常现象，各连接件或连接线的连接正确，无松动、断线现象，并紧固各部件；测试绝缘是否符合要求；对打印机的机械转动部分上油，油量不宜过多。

3）复原打印机，检查打印机各开关、跳线和各有关参数设置正确。

4）激光打印机，上电执行打印机自检程序，检查打印内容应字符正确，字迹清楚，无字符变形、黑线或墨粉黏着不牢现象。

（3）鼠标检修：

1）关闭计算机电源，拔下鼠标与计算机的连接接头。

2）清洁鼠标，仔细清洁滑轮、光电鼠标反光板，清洁后应无灰、无污物。

3）检查电路板上各元件应无异常，连线应无断线破损，连接正确无松动，紧固各安装螺丝。

4）恢复与系统的连接，上电后操作鼠标，应灵活无滞涩，响应正确。

（4）键盘检修：

1）在确保安全的情况下操作每个键，如发现无反应、不灵活或输入错误的键，记录其位置。

2）关闭计算机电源，拔下键盘与计算机连接的接头；清洁键盘，清除键盘内部异常现象，重点检修已有缺陷记录的按键；检修后内部电路板上各元件是否无异常，各连接线或电缆是否无松动断线，键盘的触点及与计算机的接口是否完好，外观是否无灰、无污渍。

3）恢复与系统的连接，上电重新检查测试键盘的每个键，各键是否反应灵敏、响应正确。

4. 软件检查

（1）操作系统检查：

1）启动各计算机，显示画面正常。

2）操作系统上电自启过程应无异常或出错信息提示；若出现提示错误并自动修复，应重新正常停机后再次启动操作系统一次，检查错误应完全修复，否则应考虑备份恢复或重新安装。

3）启动操作系统后，宜关闭所有应用文件，启动磁盘检测和修复程序，对磁盘错误进行检测修复。

4）检查并校正系统日期和时间。

5）搜索并删除系统中的临时文件，清空回收站；对于不具备数据文件自动清除功能的各计算机站，应对无用的数据文件进行手工清理。

6）检查各用户权限、账号口令、审核委托关系、域和组等设置应正确，符合系统要求；检查各设备和/或文件、文件夹的共享或存取权限设置应正确，符合系统要求。

7）检查硬盘剩余空间大小，应留有一定的空余容量；启动磁盘碎片整理程序，优化硬盘。

（2）应用软件及其完整性检查：

1）DCS 系统逻辑组态修改等工作完成后，需再次进行软件备份。

2）根据制造厂提供的软件列表，检查核对应用软件应完整。

3）根据系统启动情况检查，确认软件系统完整。

4）启动应用系统软件过程应无异常，无出错信息提示（对于上电自启的系统，此过程在操作系统启动后自动进行）。

5）分别启动各操作员站、工程师站和服务站的其他应用软件，应无出错报警。

6）使用提供的实用程序工具，扫描并检查软件系统完整性。

7）启动 DCS 系统自身监控、查错、自诊断软件，检查其功能应符合制造厂规定。

（3）权限设置检查：

1）检查各操作员站、工程师站和服务站的用户权限设置，应符合管理和安全要求。

2）检查各网络接口站或网关的用户权限设置，应符合管理和安全要求。

3）检查各网络接口站或网关的端口服务设置，关闭不使用的端口服务。

（4）数据库检查：

1）数据库访问权限设置应正确，符合管理和数据安全要求。

2）对数据库进行探寻，各数据库或表的相关信息应正确。

3）数据库日志记录若已满，应立即备份后清除。

（三）危险点分析及防范措施

（1）检修前，需对软件中重要信息和数据进行备份处理，防止信息和数据丢失；

（2）软件修改操作应严格执行相关审批流程和手续；

（3）软件操作时应设专人监护，防止误操作，并做好记录。

第三节　分散控制系统（DCS）试验

DCS 系统检修期间需要进行的试验，主要有 DCS 硬件、软件的性能试验，顺序控制系统试验、模拟量控制系统试验以及热工保护系统试验。

一、DCS 性能试验

调相机 DCS 系统性能试验，主要包括一般性能试验、系统容错性能测试、系统实时性能测试、模件信号处理精度测试、系统响应时间测试、系统存储余量和负荷率测试、控制系统基本功能测试等。

（一）试验目的

通过对 DCS 系统的性能测试，检验 DCS 系统中所有硬件、软件的性能，I/O 系统的精度、抗干扰能力及系统的可靠性，可维护性和实时性等技术经济指标，符合相关标准的要求。

（二）试验项目

1. 一般性能试验

（1）DCS 抗干扰能力测试。当 DCS 系统使用环境变化时，应进行抗干扰能力试验。用频率为 400～500MHz、功率为 5W 的步话机或对讲机作干扰源，距敞开柜门的机柜 1.5m 处发出信号进行试验，DCS 系统应能正常工作。

（2）冗余切换试验。

1）操作员站和服务站冗余切换试验：

a．对于并行工作的设备，如操作员站等，停用其中一个或一部分设备，是否影响整个计算机控制系统的正常运行。

b．对于冗余切换的设备，当通过停电或停运应用软件等手段使主运行设备停运后，备用设备是否能立即自启或切换至主运行状态。

2）控制站主控制器和模件冗余切换试验主从控制器切换试验过程中，系统应能正常、无扰动、快速的切换到从运行控制器和模件运行或将从运行控制器和模件改为主运行状态，故障诊断显示应正确，除模件故障和冗余失去等相关报警外，系统应无任何异常发生。

3）通信总线冗余切换试验：

a．试验前检查总线电缆应无破损、断线；接插件接插应牢固、接触良好，端子接线正确、牢固；总线终端电阻值正常，接线牢固，交换机、集线器、总线模件指示灯显示正常；通过诊断系统或总线模件工作指示灯检查总线系统工作正常，冗余总线应处于冗余工作状态。

b．投切通信网络上任意节点的设备，总线通信应正常。

c．在通信网络任意节点上轮流切断节点设备与总线间的某一通信连接线，系统应无出错、死机或其他异常现象。

d．切断主运行总线模件的电源。

e．拔出主运行总线的插头。

f．断开主运行总线电缆或终端匹配器。

g．模拟其他条件。

试验过程中，通信总线应自动切换至冗余总线运行；指示灯指示和系统工作应正常；检查系统数据不得丢失、通信不得中断、热工设备故障报警正确、诊断画面显示应与试验实际相符。

4）模件、系统或机柜供电冗余切换试验：

a．切断工作电源回路，检查备用供电须自动投入。

b．对于 $n+1$ 冗余供电系统，切断任一路供电。

c．上述试验过程中，控制系统应工作正常，中间数据及累计数据不得丢失，故障诊断显示应正确，除发生与该试验设备相关的热工设备故障报警外，系统不得发生出错、死机或其他异常现象。

5）控制回路冗余切换试验：

a．计算机控制系统投运，与控制回路相关的主控制器和模件投运正常；

b．利用手操器等设备手动使控制回路输出一个固定的值或状态，然后将相关的运行状态下的控制器或输出模件复位或断电，或者直接将相关的运行状态下的控制器或输出模件复位或断电。

c. 试验过程中观察控制回路输出应无变化和扰动，检查备用控制器或输出模件的运行状态应正确。

2. 系统容错性能试验

（1）系统与外围设备的容错和重置试验：

1）在操作员站的键盘上操作任何未经定义的键，或在操作员站上输入一系列非法命令，操作员站和控制系统不得发生出错、死机或其他异常现象。

2）分别关闭控制站的系统（冗余配置时，则全部关闭）、显示器、各工作站、通信设备、外围设备等的电源，间隔30s，依次重新送电。

3）试验过程中，控制系统应运行正常，不出现任何异常情况。故障诊断显示应与实际相符。

（2）模件热拔插试验：

1）确认待试验模件具有热拔插功能。

2）拔出任一模件，画面应显示该模件的异常状态，控制系统或设备应自动进行相应的处理（如切到手动工况、执行器保位等）；在拔出和插入模件的过程中，控制系统的其他功能应不受任何影响。

3）在某一被试验 I/O 模件通道输入电量信号并保持不变，带电插拔该 I/O 模件重复两次，应对系统运行、过程控制和其他输入点无影响，画面应显示该模件对应的拔出和插入的状态，其对应的物理量示值热插拔前后应无变化。

注意：该试验建议在 A 修时进行，C 修时各站根据设备运行情况决定是否进行。

3. 系统实时性测试

（1）调用显示画面响应时间。通过连续切换操作员站显示画面 10 次，通过程序（或秒表）测量最后一个操作到每幅画面全部内容显示完毕的时间。计算操作员站画面响应时间的平均值应小于 1.5s（一般画面不大于 1s；最复杂画面小于 2s），或不低于制造厂出厂标准。

（2）显示画面显示数据刷新时间。观察显示器过程变量实时数据和运行状态变化，通过程序（或秒表）测试变化 20 次的总时间。计算显示画面上实时数据和运行状态的刷新周期应保持为 1s，且图标和显示颜色应随过程状态变化而变化。

（3）开关量采集的实时性。选择数个开关量通道，接入测试用开关量信号，按设计开关量采样周期交替改变状态。通过开关量动态打印功能检查开关量信号采集的实时性。动态打印结果应与设定采样周期相符。

（4）控制器模件处理周期。通过程序分别测试模拟量和开关量的处理周期，应满足模拟量控制系统不大于 250ms，开关量控制系统不大于 100ms。快速处理回路中，模拟量控制系统不大于 125ms，开关量控制系统不大于 50ms。

注意：该试验建议在 A 修时进行，C 修时各站根据设备运行情况决定是否进行。

4. 系统响应时间测试

（1）开关量操作信号响应时间测试。将系统开关量信号的输出接入该对象的反馈信号输入，测量通过操作员站键盘发出操作指令，到操作员站上显示该信号反馈的时间。重复数次的平均值是否不大于 1s。

（2）模拟量操作信号的响应时间测试。将模拟量输出信号接入该对象的反馈信号输入，测量操作员站上键入一数值，到操作员站反馈信号变化接进停止的时间。重复数次的平均值是否大于 2.5s。

注意：该试验建议在 A 修时进行，C 修时各站根据设备运行情况决定是否进行。

5. 系统存储余量和负荷率测试

DCS 的中央处理单元（CPU）负荷率，通信负荷率的测试方法由 DCS 厂家提供，经用户认可后方可作为测试方法使用，如 DCS 厂家不能提供测试方法，则由用户确定测试方法，作为考核 CPU 负荷率、通信负荷率的依据。

（1）存储余量测试。通过工程师站或其他由制造厂提供的方法检查每个控制站的内存和历史数据存储站（或相当站）的外存容量及使用量。内存余量是否大于存储器容量的 40%，外存余量是否大于存储容量的 60%。

（2）CPU 的负荷率测试。进入工程师环境，查看负荷。依次查看每个 DPU 负荷率。所有控制站 CPU 恶劣工况下负荷率是否均不超过 60%。计算站、操作员站、数据管理站等的 CPU 恶劣工况下负荷率是否不超过 40%。负荷率的测试次数和测试时间，不同工况测试 5 次，取平均值，每次测试 10s。

注意：该试验建议在 A 修时进行，C 修时各站根据设备运行情况决定是否进行。

6. 模件信号处理精度测试

（1）一般测试要求：

1）模件信号处理精度测试时，应保证标准信号源（校正仪）的阻抗与模件阻抗相匹配，内外供电电源相对应。

2）检查每个通道的转换系数，应符合测量系统量值转换要求。

3）对于新建或大修机组，每块模块的 I/O 通道应逐点进行精度测试；对于中、小修和其他情况，每块模件上可随机选取 1~6 个通道。

4）测试所需的计量仪器应具备有效的计量检定证书。计量仪器的允许误差应满足计量的技术要求，误差限应小于或等于被测对象误差限的 1/3。

（2）模拟量输入（AI）信号精度测试：

1）用相应的标准信号源，在测点相应的端子上分别输入量程的 0、25%、50%、75%、100%信号，在操作员站或工程师站（手操器）读取该测点的显示值，与输入的标准值进行比较。

2）记录各测点的测试数据，计算测量误差，应满足表 10-1 的精度要求。

表 10-1　　　　　　　　　　　　　　输入模件通道精度标准

信号类型	基本误差		回程误差	模件通道数					
	通道	抽样点的方和根			1	4	8	16	32
电流（mA）	±0.2%	±0.15%	0.1%	随机抽样通道	1	1	2	3	4
直流电压（V）	±0.2%	±0.15%	0.1%		1	1	2	3	4
直流电压（0~1，V）	±0.3%	±0.2%	0.15%		1	1	2	3	4
脉冲（Hz）	±0.2%	±0.15%	0.1%		1	1	2	3	4
热电阻（Ω）	±0.3%	±0.2%	0.15%		1	2	3	4	6

（3）脉冲量输入（PI）信号精度测试：

1）用标准频率信号源，在测点相应的端子上分别输入量程的 10%、25%、50%、75%、100%信号，在操作员站或工程师站（手操器）读取该测点的显示值与输入的标准值进行比较。

2）记录各测点的测试数据，计算测量误差，检查触发电平，均应满足表 1 要求（或制造厂出厂精度）。

（4）模拟量输出（AO）信号精度测试：

1）通过操作员站（或工程师站、或手操器），分别按量程的 0、25%、50%、75%、100%设置各点的输出值，在对应模件的输出端子，用标准测试仪测量并读取输出信号示值，与输出的标准计算值进行比较。

2）记录各点的测试数据，计算测量误差，应满足表 10-2 的精度要求。

表 10-2　　　　　　　　　　　　　　输出模件通道精度标准

AO 信号类型	基本误差	回程误差
电流（mA）	±0.25%	0.125%
电压（V）	0.25%	0.125%
脉冲（Hz）	±0.25%	0.125%

（5）脉冲量输出（PO）信号精度测试：

1）通过操作员站（或工程师站或手操器）分别按量程的 10%、25%、50%、75%、100%设置各点的输出值，分别在各输出端子上用标准频率计测量并读取示值。与输出的标准计算值进行比较。

2）记录各测点的测试数据，计算测量误差，应满足制造厂出厂精度要求。

（6）开关量输入（DI）信号正确性测试：

1）通过短接/断开无源接点或加入/去除电平信号分别改变各输入点的状态，在操作员站或工程师站（手操器）上检查各输入点的状态变化。

2）记录测试的各点状态变化，应正确无误。

（7）事件顺序记录（SOE）开关量输入通道正确性检查。事件顺序记录（SOE）是DCS系统必须具备的功能之一。事件顺序记录系统以毫秒级的分辨力获取并记录开关量信号的状态变化信息，为热工和电气设备事故分析提供精确的数据，是对机组进行事故分析的重要依据。当机组发生事故时，各个故障信号的时间间隔非常短，这对顺序事件记录系统的分辨能力提出了很高的要求。顺序事件记录测试，就是要对事件顺序记录系统的功能进行检查核对，对事件顺序记录系统的最高分辨力进行测试。

1）通过开关量信号发生器，送出间隔时间 1～5ms 的 3～5 个开关量信号，至 SOE 信号的输入端，改变信号发生器信号的间隔时间，直至事件顺序记录无法分辨时止。事件顺序记录的分辨力应不大于 1ms；报警显示、打印信号的次序及时间顺序，应与输入信号一致；重复打印时，时序应无变化。

2）将信号发生器的信号接入事件顺序记录的同一输入模件的不同通道、同一控制器的不同输入模件及不同控制器的不同输入模件的输入端，分别测试，并做好记录。

3）若无开关量信号发生器，可在不同站的 SOE 信号输入端同时输入信号（如将不同站的 SOE 信号输入端连接到同一开关上，然后合、断开关），观察操作员站上 SOE 报警列表中的显示和打印记录时间、内容，应与输入信号一致，且在信号发生和消失的间隔内不应重复打印。

（8）开关量输出（DO）信号正确性测试：

1）通过操作员站（工程师站或手操器）分别设置"0"和"1"的输出给定值，在相应模件输出端子上测量其通/断状况，同时观察开关量输出指示灯的状态。

2）记录各点的测试状态变化，应正确无误。

（9）通道输出自保持功能检查：

1）在操作员站上对被测模件通道设置一输出值，在相应模件输出端子上测量、记录输出值。

2）将该相应模件电源关闭再打开，在相应输出端子上再次测量记录输出值。

3）该输出量断电前后的两次读数均应在精度要求的范围内。

4）该输出量上述操作前后的两次读数之差的一半所计算的示值最大误差值，也应不大于模件的允许误差。

7. 系统接地电阻测试

检查 DCS 机柜外壳、电源地、屏蔽地、和逻辑地是否分别接到机柜各地线上，并将各机柜相应地线连接后，再用两根铜制电缆引至接地极板上；测试每个机柜的接地电阻，是否符合接地电阻的要求，若制造厂无特殊要求，采用独立的接地网时接地电阻应不大于 2Ω，连接电气接地网时接地电阻应不大于 0.5Ω；每个机柜的交流地与直流地之间的电阻应小于 0.1Ω。

试验方法：以三级直线法为例，三极直线法是接地电阻测试中使用最多和最普遍的方法，原理如图 10-4 所示。

测量接地阻抗的电气接线如图 10-5 所示，电源经变频源变换频率后，向接地装置注入电流，进行测量。

测试时被测接地装置 E、电压辅助极 S 与电流辅助极 H 三点（极）按一直线布置，两两之间大于 20m。测量回路的电气接线图如图 10-5 所示。

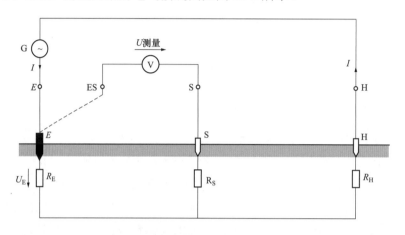

图 10-4　三极直线法接地电阻测试原理

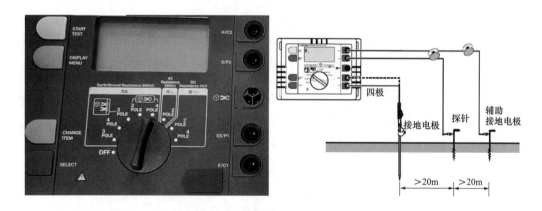

图 10-5　测量回路电气接线图

注：该试验建议在 A 修时进行，C 修时各站根据设备运行情况决定是否进行。

8. 控制系统基本功能试验

（1）系统组态和在线下载功能试验：

1）检查工程师站权限设置应正确，以工程师或相同级别的权限登录工程师站。

2）打开工程师站中的系统组态软件，按照组态手册离线建立一个组态，在条件许可情况下进行编译生成，检查确认组态软件功能应正常。

3）DCS 系统通电启动后，通过工程师站组态工具，将控制站中任一主控制器或功能模件的组态上装到工程师站中；然后再将此组态（或修改组态并确认正确后）下载到原主控制器或功能模件中，当新的组态数据被确认下载后，系统原组态数据应自动刷新；确认整个操作过程中控制系统应无出错或死机等现象发生。

（2）操作员站、人机接口站功能试验：

1）检查操作员站权限设置应正确，以操作员级别登录操作员站。

2）检查各流程画面、参数监视画面等应无异常。

3）通过功能键盘（或轨迹球/鼠标），在操作员站上对各功能和画面中的任意被控装置逐项进行操作。检查各显示画面应显示正常，各功能键或按钮与各功能画面的连接、所有操作的对应结果应正确无误。对于任何未经定义的键操作时，系统不得出错或出现死机情况。

4）调用各类主要画面（如流程画面、参数监视画面、实时趋势曲线显示画面、报警显示画面等）应显示正常；检查各动态参数和实时趋势曲线应自动刷新，刷新时间应符合要求。

5）检查各报警画面、报警窗口和报警确认功能应正常，报警提示和关联画面连接应正确。

6）检查历史数据检索画面应显示正常，输入需检索的数据（如测点名、测点编号）和检索时间段，系统应正确响应，并显示相应的记录（如历史数据报表或历史数据曲线、历史事件报表、操作记录等）。请求打印，打印结果应与显示结果相同。

7）检查系统运行状态（系统自诊断信息）画面，显示应与实际相符。

8）检查操作指导画面应显示正常。

（3）报表打印和屏幕拷贝功能试验：

1）检查报表管理功能画面应显示正常；启动报表定时打印功能，检查定时打印的报表格式、内容和时间，应符合要求。

2）通过功能键盘（或轨迹球/鼠标），在操作员站上选中需要打印的报表，触发随机（召唤）打印功能，系统应即时打印出选中的报表，其格式、内容和时间应符合要求。

3）选择一幅流程图画面，触发屏幕拷贝功能，检查硬拷贝内容和画面显示应一致。

4）触发事件追忆报表中的任一开关量信号动作，检查事件追忆报表应打印正常，数据和被触发的开关量信号，动作前后时间应正确。

（4）历史数据存储和检索功能试验：

1）从历史数据库中选取一组记录点，内容应包括模拟量、开关量、操作记录、系统事件等。

2）分别组态当前时段（短期）的历史数据报表和曲线，显示并打印，检查报表、曲线的数据和时间应正确，整个操作过程应无故障报警。

3）分别组态已转储至磁带或光盘（长期）的历史数据报表和曲线，系统应提示需提供已转储时段的历史数据磁带或光盘；插入相应的磁带或光盘，予以激活，显示并打印，检查报表、曲线的数据和时间应正确，整个操作过程应无故障报警。

（5）性能计算功能检查：

1）检查与性能计算相关的所有测点应正确，计算报表及画面应显示、打印正常。

2）启动性能计算应用程序，应无出错报警。

3）协同有关部门检查性能计算精度，若不符合设计要求，应进行调整或组态修改。

（6）通信接口连接试验：

1）系统上电，通信接口模件各指示灯指示正确。

2）启动通信驱动软件，系统应无出错信息。

3）利用网络软件工具或专用的通信检测软件工具，确认通信物理连接应正确有效。利用应用软件或模拟方法检查测试数据收发正常，实时性应达到设计要求。

4）计算机控制系统与其他专用装置的接口和通信，应检查确认连接完好，通信数据正确无误。

注：该试验建议在 A 修时进行，C 修时各站根据设备运行情况决定是否进行。

二、顺序控制系统试验

（一）试验目的

顺序控制系统（SCS）是对调相机组运行关系密切的所有辅机以及阀门、执行机构等设备在启、停或开、关过程中综合逻辑操作，事故状态下安全处理的操作，防止运行人员误操作，以减少运行操作人员的常规操作。

（二）试验项目

调相机 SCS 系统主要包括以下分系统：润滑油及其辅助系统、外冷却水系统、除盐水及其辅助系统（水冷机组）、定子冷却水系统（水冷机组）、转子冷却水系统（水冷机组）。

（1）试验准备：

1）各试验系统机务、电气检修工作已结束，各试验系统已具备送电条件并已送电；

2）各试验系统的阀门的电动执行机构、电动机已经单独测试合格；

3）控制装置已送电并经检查工作正常，逻辑修改工作完成；

4）热控就地设备、一次元件已装复并投入使用，经检查正常；

5）试验人员已落实到位，各试验卡已经准备就绪。

（2）试验过程见表 10-3。

表 10-3　　　　　　　　　　　　　　　　**顺序控制系统试验项目**

试验项目	试验工艺	质量标准
1. 润滑油系统的顺序控制		
1.1　顶轴油泵联锁试验	①检查顶轴油泵启动允许条件	油泵启动许可信号满足
	②在 CRT 上分别手动启交流顶轴油泵 A、交流顶轴油泵 B、直流顶轴油泵	在 CRT 上按"启动按钮",油泵运行,确认状态反馈信号正确:按"停止按钮",油泵停运,确认状态反馈信号正确
	③顶轴油泵自动启停	备用泵应自动启动,CRT 状态显示正确,确认状态反馈信号正确
1.2　润滑油泵联锁试验	①检查润滑油泵启动允许条件	油泵启动许可信号满足
	②在 CRT 上分别手动启交流润滑油泵 A、交流润滑油泵 B、直流润滑油泵	在 CRT 上按"启动按钮",油泵运行,确认状态反馈信号正确:按"停止按钮",油泵停运,确认状态反馈信号正确
	③润滑油泵自动启停	备用泵应自动启动,CRT 状态显示正确,确认状态反馈信号正确
1.3　润滑油系统程序控制系统试验	①润滑油系统投运顺序控制	顺序控制步序执行正常
	②润滑油系统巡检顺序控制	
	③润滑油系统停运顺序控制	
	④润滑油辅助系统顺序控制	
2. 外冷却水系统的顺序控制		
2.1　循环冷却水泵联锁试验	①检查循环水泵启动允许条件	循环水泵启动允许信号满足
	②在 CRT 上分别手动启循环水泵	在 CRT 上按"启动按钮",循环水泵运行,确认状态反馈信号正确:按"停止按钮",循环水泵停运,确认状态反馈信号正确
	③循环水泵自动启停	备用泵应自动启动,CRT 状态显示正确,确认状态反馈信号正确
2.2　机械通风冷却塔风机联锁试验	①检查风机启动允许条件	风机启动允许信号满足
	②在 CRT 上分别手动启机械通风冷却塔风机	在 CRT 上按"启动按钮",机械通风冷却塔风机运行,确认状态反馈信号正确:按"停止按钮",机械通风冷却塔风机停运,确认状态反馈信号正确
	③机械通风冷却塔风机自动启停	风机自动启停功能正常,CRT 状态显示正确,确认状态反馈信号正确
2.3　工业水泵联锁试验	①检查工业水泵启动允许条件	工业水泵启动允许信号满足
	②在 CRT 上分别手动启工业水泵	在 CRT 上按"启动按钮",工业水泵运行,确认状态反馈信号正确:按"停止按钮",工业水泵停运,确认状态反馈信号正确
	③工业水泵自动启停	工业水泵自动启停功能正常,CRT 状态显示正确,确认状态反馈信号正确
2.4　外冷却水系统程序控制系统试验	①外冷却水系统投运顺序控制	顺序控制步序执行正常
	②外冷却水系统巡检顺序控制	
	③外冷却水系统停运顺序控制	

试验项目	试验工艺	质量标准
3. 除盐水系统顺序控制系统试验（水冷机组）	①超滤系统启动顺序控制	顺序控制步序执行正常
	②超滤系统停机顺序控制	
	③反渗透系统启动顺序控制	
	④反渗透系统停机顺序控制	
	⑤EDI 系统启动顺序控制	
	⑥EDI 系统停机顺序控制	
4. 定子冷却水系统顺序控制系统试验（水冷机组）		
4.1 定子冷却水泵联锁试验	①检查定子冷却水泵启动允许条件	定子冷却水泵启动允许信号满足
	②在 CRT 上分别手动启定子冷却水泵	在 CRT 上按"启动按钮"，定子冷却水泵运行，确认状态反馈信号正确；按"停止按钮"，定子冷却水泵停运，确认状态反馈信号正确
	③定子冷却水泵自动启停	定子冷却水泵自动启停功能正常，CRT 状态显示正确，确认状态反馈信号正确
4.2 定子冷却水系统程序控制试验	①定子冷却水系统投运顺序控制	顺序控制步序执行正常
	②定子冷却水系统巡检顺序控制	
	③定子冷却水系统停运顺序控制	
5. 转子冷却水系统顺序控制系统试验（水冷机组）		
5.1 转子冷却水泵联锁试验	①检查转子冷却水泵启动允许条件	转子冷却水泵启动允许信号满足
	②在 CRT 上分别手动启转子冷却水泵	在 CRT 上按"启动按钮"，转子冷却水泵运行，确认状态反馈信号正确；按"停止按钮"，转子冷却水泵停运，确认状态反馈信号正确
	③转子冷却水泵自动启停	转子冷却水泵自动启停功能正常，CRT 状态显示正确，确认状态反馈信号正确
5.2 转子冷却水系统程序控制试验	①转子冷却水系统投运顺序控制	顺序控制步序执行正常
	②转子冷却水系统巡检顺序控制	
	③转子冷却水系统停运顺序控制	

注：一键启停、故障停机顺序控制系统试验需配合整套启动试验进行。

三、模拟量控制系统试验

模拟量控制系统（简称 MCS）实现对调相机运行过程中相关模拟量参数（如：定子冷却水温度、转子冷却水温度、润滑油温度、冷却风温度、循环冷却水温度、除盐水系统流量、润滑油输送泵出口压力等）的闭环控制，使被控模拟量数值维持在设定范围内。

（一）试验目的

通过模拟量控制系统，验证系统的闭环控制功能，从而保证被控量数值在设定的范围内稳定变化，并通过测试验证系统达到国家和电力行业的有关规程规范要求，以及设计的功能要求和性能指标。

（二）试验项目

（1）回路接线检查。对信号回路及执行回路的接线正确性进行检查。主要包括现场执行机构至 DCS 机柜之间的操作回路以及变送器、热电阻，各开关量信号等回路。对不正确的线路进行修改，为下一步工作做充分的准备。

（2）卡件校验。在软手操调试之前，对 MCS 重要信号卡件进行校验。包括 AI、AO、DI、DO 等信号的校验。

（3）变送器检查及校验。对变送器的校验报告进行细致的检查，对重要信号的取源部件进行检查。对孔板的出厂标定报告，设计计算书，安装取压正确情况进行检查。

（4）执行机构手操调试。将 DCS 调节系统与执行机构联调，检查调门开度与阀位反馈是否一致，检查执行机构死区和灵敏度是否合理，执行机构刹车是否可靠，有无晃动现象等。对各执行机构零位、满度、死区等进行调整，使之满足要求。

（5）调节系统的静态投入。将相应的控制模块切为手动，模拟信号输入，使调节系统满足投入条件，将各系统自动静态投入，观察投入时有无切换扰动，用改变定值、被调量及其他调节参数（用控制模块手动模拟）的方法观察自动调节系统动作情况，确认调节方向的正确性并反复动作观察，在此基础上对调节参数进行预整定，优化控制策略，提高控制品质，从而确定各被调参数的稳态、动态品质指标。调节品质不符合要求的控制系统，进行其 PID 调节参数整定或修改控制策略，以满足调节品质指标要求。

（6）调节系统动态特性试验。当系统发生阶跃扰动时，求取控制参数变化的特性曲线，分别在高负荷和低负荷工况下进行两次试验。控制参数变化稳定，符合相关标准要求。

注：该试验建议在 A 修时进行，C 修时各站根据设备运行情况决定是否进行。

四、热工保护系统试验

每台调相机所有热工保护由非电量保护装置实现，DCS 监视所有的热工保护参数。就地传感器或 TSI（用于测量轴振和瓦振）输出的三路开关量信号直接接入三套非电量保护装置；就地传感器输出的模拟量经热工保护转换装置阈值判断转换为开关量后接入非电量保护装置（避免信号传输干扰），然后由三取二装置进行三取二、二取一、一取一逻辑判断（保护逻辑+延时）后动作跳机。热工保护动作信号从非电量保护装置通过硬接线接至 DCS 热控屏柜，送至后台作为跳闸首出和报警。同时，参与热工保护的模拟量信号通过热工保护转换装置送至 DCS 同一对控制器（主从模式运行，数据实时同步）下三个不同的 I/O 单元，用于监视、告警等功能。

（一）试验目的

调相机热工保护主要有：断水保护、轴瓦温度高保护、振动保护、断油保护、紧急停机按钮保护。除振动保护外（受主机设备工艺和安装条件的限制，调相机轴振传感器和瓦振传感器各有 4 个，大轴的出线端和非出线端 X 向、Y 向各安装一个传感器），参与热工保护的所有参数均采用三取二的逻辑，每个测量与控制回路均有独立的就地检测仪表以及 I/O 通道。通过联锁试验，验证热工保护系统各个链路设备运行情况正常，保护逻辑、保护定值动作情况正常，符合相关国家和电力行业标准及规范，符合现场实际情况。

（二）试验项目

1. 断水保护试验

（1）试验前准备。

1）定子断水保护（水冷机组）：

a. 投运调相机水系统，启动定子冷却水泵，定子冷却水水管路阀门至开位；

b. 检查系统管路压力正常；

c. 仪表校验合格；

d. 检查信号回路正常。

2）转子断水保护（水冷机组）：

a. 投运调相机水系统，启动转子冷却水泵，转子冷却水管路相关阀门至开位；

b. 检查系统管路压力正常；

c. 仪表校验合格；

d. 检查信号回路正常。

3）外冷水断水保护（空冷机组）：

a. 投运调相机水系统，启动循环水泵，外冷水管路相关阀门至开位；

b. 检查系统管路压力正常；

c. 仪表校验合格；

d. 检查信号回路正常。

（2）试验方法：

1）定子断水保护（水冷机组）。模拟定子冷却水流量低工况，对报警及跳闸信号输出进行测试，验证故障停机和跳闸首出是否正常，并验证逻辑的正确性。

2）转子断水保护（水冷机组）。用标准信号源模拟机组转速大于 2850r/min，同时就地模拟转子冷却水流量低的工况，对保护逻辑、报警信号进行测试，验证非电量保护装置动作行为的正确性，验证 DCS 跳闸首出信号、报警信号和故障停机顺序控制的正确性。

3）外冷水断水保护（空冷机组）。用标准信号源，分别输出冷却水流量低、超低值，调相机供水压力低、超低值，供水压力高值至热工保护转换装置，通过阈值判断，输出开关量信号，送至非电量保护装置，然后由三取二装置进行组合逻辑判断，对保护逻辑、报警信号进行测试，验证非电量保护装置动作行为的正确性，验证DCS跳闸首出信号、报警信号和故障停机顺序控制的正确性。

2. 断油保护

（1）试验前准备：

1）投运调相机润滑油系统；

2）检查系统各项参数正常；

3）检查信号回路正常；

4）压力开关校验合格；

5）试验电磁阀动作正常。

（2）试验方法：

1）供油口压力低保护。依次打开卸油电磁阀，对报警及跳闸信号输出进行测试，验证并网开关、灭磁开关分闸状态报警是否正常，验证故障停机和跳闸首出是否正常。并验证逻辑的正确性。

2）油箱液位低保护。用标准信号源模拟主油箱液位低信号，至热工保护转换装置，通过阈值判断，输出开关量信号，送至非电量保护装置，然后由三取二装置进行组合逻辑判断，对保护逻辑、报警信号进行测试，验证非电量保护装置动作行为的正确性，验证DCS跳闸首出信号、报警信号和故障停机顺序控制的正确性。

3. 轴瓦温度保护

（1）试验前准备：

1）投运调相机润滑油系统；

2）检查系统各项参数正常；

3）检查温度信号回路正常；

4）温度测量元件校验合格。

（2）试验方法。用标准信号源改变温度的输出值，当温度接近跳机定值时，以慢速率保护的定值缓慢增加温度值，直到达到跳机信号出口，至热工保护转换装置，通过阈值判断，输出开关量信号，送至非电量保护装置，然后由三取二装置进行组合逻辑判断，对保护逻辑、报警信号进行测试，验证非电量保护装置动作行为的正确性，验证DCS跳闸首出信号、报警信号和故障停机顺序控制的正确性。

4. 振动保护（分为轴振保护和瓦振保护，两者试验步骤一致）

（1）试验前准备：

1）投运调相机振动监测装置（TSI）；

2）检查信号回路正常；

3）就地传感器探头、延伸电缆、前置器校验合格。

（2）试验方法：

1）在就地端子箱用标准信号源输出相应的振动信号（输出为电压信号），观察后台振动模拟量值的变化；

2）用标准信号源改变信号输出的电压值，直到达到跳机条件，通过振动监测装置（TSI）输出跳机开关量信号，送至非电量保护装置，然后由三取二装置进行组合逻辑判断，对保护逻辑、报警信号进行测试，验证振动监测装置（TSI）保护逻辑的正确性，验证非电量保护装置动作行为的正确性，验证DCS跳闸首出信号、报警信号和故障停机顺序控制的正确性。

5. 紧急停机按钮保护

紧急停机按钮保护通过就地扩展继电器或紧急停机柜送3路紧急停机信号至非电量保护装置和就地设备，由三取二装置进行逻辑判断（保护逻辑+延时）后动作跳机。

（1）试验前准备：

1）投运调相机辅机系统；

2）手动停机按钮闭合正常；

3）信号回路正常；

4）跳闸动作设备工作正常。

（2）试验方法：

1）分别手动单独按下停机按钮，保护不应动作；

2）手动同时按下两个停机按钮，保护应动作。对保护逻辑、报警信号进行测试，验证非电量保护装置动作行为的正确性，验证三台顶轴油泵是否运行，验证DCS跳闸首出信号、报警信号和故障停机顺序控制的正确性。若按钮信号通过光纤传输，则需验证光纤传输信号功能是否正常。

第十一章

封闭母线系统检修及试验

第一节 概 述

一、封闭母线结构简介

调相机封闭母线系统是调相机组电能传输的主要部分，连接调相机主机本体、升压变压器、励磁变压器、SFC 系统。金属封闭母线系统是用金属外壳将导体连同绝缘等封闭起来的组合体，按类型分为离相式封闭母线和共箱式封闭母线，目前国内调相机组主要采用的为离相式封闭母线。

调相机封闭母线系统由封母主回路、封母分支回路、空气干燥装置、中性点接地柜、机端及中性点电流互感器、机端电压互感器柜及避雷器柜等部分组成。典型布置示意图如图 11-1 所示。

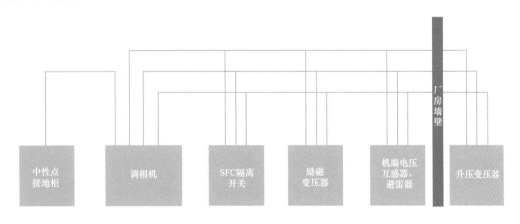

图 11-1 典型离相封闭母线的布置示意图

调相机出线与升压变压器低压侧之间采用离相封闭母线连接，为封母主回路。离相封母主回路与励磁变压器高压侧、机端电压互感器柜及避雷器柜、调相机 SFC 隔离开关柜等的连接采用分支回路离相封闭母线。为方便设备的检修维护，在封闭母线主回路，分支回路末端与设备相连处，选用可拆接头的橡胶伸缩套结构，如图 11-2 所示。

离相封母通过软铜编织线与调相机的主出线端子用无磁紧固件连接，如图 11-3 所示。

图 11-2　离相母线与设备的连接结构

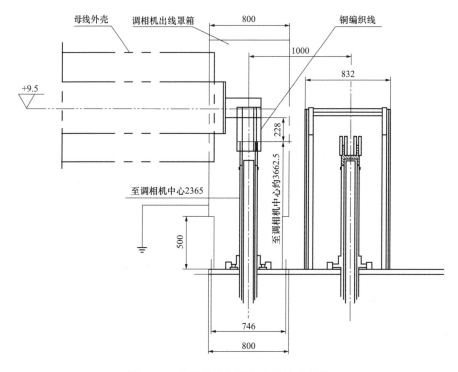

图 11-3　离相母线与调相机的连接结构

二、封闭母线检修项目

调相机封闭母线系统 A 类检修主要应对设备进行全面的检查和修理，以保持、恢复或提高设备性能。C 类检修应根据设备的磨损、老化规律，有重点地进行检查、评估、修理、清扫。A、C 类检修周期与机组检修周期一致。根据 Q/GDW 11937《快速动态响应同步调相机组检修规范》规定，调相机封闭母线系统 A、C 类设备检修项目如表 11-1 所示。

表 11-1   调相机封闭母线 A、C 类检修项目

设备	A 类检修项目	A 类检修	C 类检修
一、离相封闭母线及其附属设备	1）TA、TV、避雷器等辅助设备清扫、检查、紧固	◆	◆
	2）空气干燥装置检查及处理	◆	◆
	3）母线及内部连接检查及处理	◆	
	4）母线外壳检查及处理	◆	◆
	5）母线软连接拆开及恢复	◆	◆
	6）TV 熔断器、触头盒、闭锁装置检查	◆	◆
	7）电气预防性试验（参照 DL/T 596）	◆	◆
二、中性点接地设备	1）接地变压器检查、消缺	◆	◆
	2）接地刀检查、消缺	◆	◆
	3）绝缘件清扫、检查	◆	◆
	4）中性点接地变压器电阻清扫、检查	◆	◆
	5）TA 清扫、检查、紧固	◆	◆
	6）内部一次连接部件检查、紧固	◆	◆
	7）二次接线绝缘电阻测量、端子箱清扫、检查及处理	◆	◆
	8）电气预防性试验（参照 DL/T 596）	◆	◆

第二节　封闭母线系统检修

一、封闭母线检修

封闭母线在投入运行半年后，应定期检测母线及外壳的运行情况，并做好运行数据记录。在以后的运行中，则可以根据运行的情况延长检测的时间间隔，在正常情况下，封闭母线内部无需进行清扫和检修，但在调相机停机检修时，应对母线及外壳进行必要的清扫、擦拭、检查，并在调相机升压变压器等电气预防性试验后，方可投入运行。

封闭母线的检修项目包括外观检查和清理、绝缘子检修、密封性检查、软连接拆开及恢复。

（一）检修内容

1. 外观检查和清扫

用吸尘器及抹布清扫灰尘，外壳应清洁无灰尘，相序颜色正确。

检查封闭母线外壳接地点、紧固件，接地点应连接牢固，接地标识完整，各紧固件连接牢固。

检查母线固定支架等支撑部位紧固、受力情况，支撑部位不得有受力不均的地方。

导体接头部位连接、焊接情况检查，焊接处应无裂纹、损伤。

母线表面应无气孔、夹渣、裂纹、未熔合、未焊透等缺陷。

母线固定器抱箍无裂纹，过热、放电痕迹，紧固螺栓无松动、锈蚀。

母线伸缩节应无疲劳变形、破损。

2. 绝缘子检修

用吸尘器及抹布清扫灰尘，绝缘子清洁无灰尘、无裂纹、无油污，裂纹损伤者应及时进行更换。

紧固绝缘子固定各部螺栓，应螺丝紧固无松动。

3. 密封性检查

主母线外壳清扫检查，应清洁无灰尘，沙眼必须进行补焊。

各绝缘子密封垫、盖板密封垫、观察窗密封垫检查，密封不良的进行更换。

空气循环干燥装置进、回气管与母线连接处密封检查，母线内应干燥无积水。

使用内窥镜通过封闭母线观察孔检查封闭母线内部清洁及密封情况，应无明显漏点或破损。

4. 软连接拆开及检查

应拆开封闭母线与调相机主机、隔离开关、励磁变高压侧、升压变低压侧软连接。

拆开封闭母线三相密封筒紧箍，退下橡胶密封圈。拆下密封筒与下筒之间的绝缘封条。拆开软连接，取下自锁铜螺板，拆卸前应做好标记，防止安装时混淆，出现密封不严现象。

检查导体焊接硬连接是否牢固，接触面有无氧化、腐蚀现象；检查橡胶密封件是否有老化现象，必要时进行更换；检查软连接接触面有无氧化、腐蚀现象，用白布整理束紧软连接，必要时用细砂纸打磨软连接，并用干净布擦净。

5. 软连接恢复

用汽油或酒精擦拭软连接接触面，并涂上凡士林；连接软连接与母线导体，旋紧自锁铜螺板。

恢复圆形密封筒，连接密封筒与上部法兰螺栓，恢复前应检查密封筒内无遗留物。安装密封条，套紧外部密封圈，密封胶条应黏接牢固；将紧箍套住密封圈并将紧固螺栓旋紧，将密封筒与封闭母线法兰连接螺栓并旋紧，螺栓拧紧力矩应符合 Q/STB12.521.5 公制螺栓扭紧力矩标准。

测量连接处接触电阻，接触电阻不应大于 $20\mu\Omega$。

（二）注意事项

（1）不得手提吸尘器、电吹风的导线或转动部分，不应连续使用时间太久，以免电热元件和电机过热损坏。

（2）作业时正确佩戴合格防尘口罩。

（3）安全带的挂钩应挂在结实牢固的构件上，应高挂低用；利用安全带进行悬挂作业时，不能将挂钩直接勾在安全绳上，应勾在安全带的挂环上；安全带严禁打结使用，使用中要避开尖锐的构件。

（4）升降梯升降高度不得超过产品铭牌的规定；不得将梯子垫高或接长使用；不得在悬吊式的脚手架上搭放梯子作业；靠在管子上的使用的梯子，其上端应有挂钩或用绳索绑住；在水泥或光滑坚硬的地面上使用梯子时，其下端应安置橡胶套或橡胶布，同时应用绳索将梯子下端与固定物绑住。上下梯子时，不得手持物件攀登；作业人员必须面对梯子上下；不得两人同登一梯；人在梯子上作业时，不得移动梯子；作业人员须在距梯顶不少于 1m 的梯蹬上工作。

（5）不得使用带有裂纹或内孔已严重磨损的扳手。

（6）移动式电源盘工作中，离开工作场所、暂停作业以及临时停电时，须切断电源盘电源。

二、调相机电压互感器、电流互感器检修

电压互感器、电流互感器的检修是为了保证其正常运行，可靠发挥保护和计量作用。一般应根据其运行情况及预防性检查和试验结果，表明确有必要时，才进行 A 修。对于运行在不洁净环境的互感器，应根据具体情况规定 C 修次数。对于存在严重缺陷影响安全运行或发生故障后，应有针对性地进行临时性检修。

电压互感器、电流互感器的检修项目包括：外观检查及清扫，引线拆除及检查，引线回装及紧固，电压互感器熔断器、触头盒检查，闭锁装置检查，端子箱清扫及检查。

（一）检修内容

1. 外观检查和清扫

（1）互感器线圈、引线、柜顶、地板底部等位置清洁无灰尘。

（2）一、二次接线端子应连接牢固，接触良好，标志清晰，无过热迹象。

（3）金属部位无锈蚀，底座、构架牢固，无倾斜变形。

（4）固体绝缘互感器外绝缘完好，无破损漏胶或裂纹及异常放电现象。

（5）互感器应有明显的接地符号标志，接地点连接应牢固可靠，螺栓材质及紧固力矩应符合厂家技术要求。

2. 引线拆除及检查

检查引线外绝缘完好，无过热变色。

3. 引线回装及紧固

引线回装后按规定力矩对螺栓进行紧固。

4. 电压互感器熔断器、触头盒检查

（1）电压互感器熔断器三相电阻值应基本一致，相差不大于20%。

（2）三相熔断器应型号参数相同。

（3）触头金属片弹性良好，电压互感器一次侧熔断器插拔应顺畅，底座及支撑件螺栓紧固、牢靠。

（4）电压互感器柜顶槽盒内端子排接线应紧固，熔丝应性能良好。

5. 闭锁装置检查

（1）电压互感器小车插头接触良好、无损坏变形。

（2）电压互感器小车拉出后，机械闭锁应可靠。

6. 端子箱清扫及检查

（1）清扫电压互感器及电流互感器端子箱，保证清洁无灰尘。

（2）检查端子箱内接线和连片无松动和变色、变形，需要时进行更换和紧固。

（二）注意事项

（1）不得手提吸尘器、电吹风的导线或转动部分，不应连续使用时间太久，以免电热元件和电机过热损坏。

（2）作业时正确佩戴合格防尘口罩。

（3）不得使用带有裂纹或内孔已严重磨损的扳手。

（4）移动式电源盘工作中，离开工作场所、暂停作业以及临时停电时，须切断电源盘电源。

三、中性点接地设备检修

调相机中性点接地变压器为干式变压器，一般应每年检修一次，在出现明显的异常情况时，应进行临修，以保证其运行正常。

中性点接地设备检修项目包括：外观检查和清扫，接地刀检查，引线拆除及检查，变压器本体检查，电流互感器检测，引线回装及紧固，端子箱清扫及检查。

（一）检修内容

1. 外观检查和清扫

变压器线圈、母线、引线、铁芯口各部位、柜顶、地板底部等位置清洁无灰尘。

2. 接地刀检查

（1）检查主触头、触头弹簧、导电臂、接线座、操动机构、传动部分动作可靠处无过热生锈及其他异常现象。

（2）检查开关位置及状态指示，位置指示正确。

3. 引线拆除及检查

检查引线外绝缘完好，无过热变色。

4. 变压器本体检查

（1）检查变压器线圈，线圈表面无爬电痕迹、碳化、破损、龟裂、过热、变色等现象，线圈附近电缆绑扎牢固且远离铁芯部分，线圈、夹件无放松位移现象。

（2）检查变压器铁芯，铁芯表面清洁，无锈蚀、过热，夹件螺丝紧固，铁芯各穿芯螺杆绝缘良好。

5. 电流互感器检查

（1）一、二次接线端子应连接牢固，接触良好，标志清晰，无过热迹象。

（2）金属部位无锈蚀，底座、构架牢固，无倾斜变形。

（3）互感器应有明显的接地符号标志，接地点连接应牢固可靠，螺栓材质及紧固力矩应符合厂家技术要求。

6. 引线回装及紧固

引线回装后按规定力矩对螺栓进行紧固。

7. 端子箱清扫及检查

（1）清扫端子箱，保证清洁无灰尘。

（2）检查端子箱内接线和连片无松动和变色、变形，需要时进行更换和紧固。

（二）注意事项

（1）不得手提吸尘器、电吹风的导线或转动部分，不应连续使用时间太久，以免电热元件和电机过热损坏。

（2）作业时正确佩戴合格防尘口罩。

（3）不得使用带有裂纹或内孔已严重磨损的扳手。

（4）移动式电源盘工作中，离开工作场所、暂停作业以及临时停电时，须切断电源盘电源。

四、出口避雷器检修

调相机出口避雷器为金属氧化物避雷器，主要功能是当过电压超过一定限值时，自动对地放电降低电压保护设备，放电后又迅速自动灭弧，保证系统正常运行，检修目的是为了维持其表面清洁，可靠发挥功能。

出口避雷器的检修项目包括：外观检查和清扫，引线拆除及检查，引线回装及紧固。

（一）检修内容

1. 外观检查和清扫

（1）避雷器线圈、引线、柜顶、地板底部等位置清洁无灰尘。

（2）一、二次接线端子应连接牢固，接触良好，标志清晰，无过热迹象。

（3）金属部位无锈蚀，底座、构架牢固，无倾斜变形。

（4）绝缘子清洁无灰尘、无裂纹。

2. 引线拆除及检查

检查引线外绝缘完好，无过热变色。

3. 引线回装及紧固

引线回装后按规定力矩对螺栓进行紧固。

（二）注意事项

（1）不得手提吸尘器、电吹风的导线或转动部分，不应连续使用时间太久，以免电热元件和电机过热损坏。

（2）作业时正确佩戴合格防尘口罩。

（3）不得使用带有裂纹或内孔已严重磨损的扳手。

（4）移动式电源盘工作中，离开工作场所、暂停作业以及临时停电时，须切断电源盘电源。

五、空气干燥装置检修

空气干燥装置（如图 11-4 所示）检修主要目的为维持其正常运行，控制封闭母线装置内部湿度。

空气干燥装置的检修项目包括：控制柜清扫检查、罗茨风机检查。

（一）检修内容

1. 控制柜清扫检查

（1）控制柜清扫检查、端子紧固，控制柜内无积污，螺栓紧固。

（2）湿度、温度及压力测量元件校验检查，元件测量准确。

（3）清理空气滤清器，补气清洁顺畅。

（4）阀门功能验证应符合厂家技术要求。

（5）检查接触器等二次元件清洁无卡涩。

（6）检查加热器、分子筛功能正常，符合厂家技术要求。

（7）检查传感器信号传送准确。

（8）整体调试运行正常。

2．罗茨风机检查

（1）罗茨风机油位检查，油位在观察窗 2/3 以上，无渗漏。

（2）电机接线盒电缆检查，电缆无破损。

（3）电机绝缘电阻测试，直流 500V 电压下绝缘大于 0.5MΩ。

（4）罗茨风机对中，上下左右最大偏差值不超过 0.08mm。

（二）注意事项

（1）长期停用空气干燥装置时，应断开电源空气开关，并关闭回气阀、进气阀、补气阀。

（2）空气干燥装置在检修后试运行前，应打开回气阀、进气阀、补气阀。

（3）封母干燥装置在使用 4 年以后，根据实际使用效果，可考虑更换分子筛。更换分子筛时，应打开干燥筒体底部的分子筛放料口法兰，放完老化的分子筛后，紧上放料口法兰，并打开干燥筒上部的加料口法兰，注入新分子筛至离加料口法兰面下 130mm 处，用小棍搅拌均匀后紧上加料口法兰。图 11-4 为空气循环干燥装置系统原理。

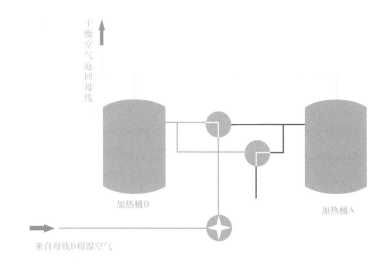

图 11-4　空气循环干燥装置系统原理

第三节　封闭母线系统试验

一、封闭母线试验

封闭母线的试验内容应包括母线绝缘电阻测量及交流耐压试验。

（一）试验内容

1. 母线绝缘电阻测量

在常温下测量导体（相）对导体（相）、导体（相）对外壳（地）的绝缘电阻。20kV母线的试验电压为2500V，绝缘电阻值不低于50MΩ。

2. 交流耐压试验

20kV母线的试验电压为51kV，试验时间1min。试验中如无破坏性放电发生，且耐压前后的绝缘电阻无明显变化，则认为耐压试验通过。

在升压和耐压过程中，如发现电压表指示变化很大，电流表指示急剧增加，调压器往上升方向调节，电流上升、电压基本不变甚至有下降趋势，被试品冒烟、出气、焦臭、闪络、燃烧或发出击穿响声（或断续放电声），应立即停止升压，降压、停电后查明原因。这些现象如查明是绝缘部分出现的，则认为被试品交流耐压试验不合格。如确定被试品的表面闪络是由空气湿度或表面脏污等所致，应将被试品清洁干燥处理后，再进行试验。

（二）注意事项

高压试验工作不得少于两人。试验负责人应由有经验的人员担任，开始试验前，试验负责人应向全体试验人员详细布置试验中的安全注意事项，交代临近间隔的带电部位，以及其他安全注意事项；试验现场应装设遮拦或围栏，遮拦或围栏与试验设备高压部分应有足够的安全距离，向外悬挂"止步，高压危险"标示牌，并派人看守；变更接线或试验结束时，应首先断开试验电源，并将升压设备的高压部分放电、短路接地。

试验时，通知所有人员离开被试设备，并取得试验负责人许可，方可加压。加压过程中应有人监护并呼唱；试验结束时，试验人员应拆除自装的接地短路线，并对被试设备进行检查，恢复试验前的状态，经试验负责人复查后，进行现场清理。

测量人员和绝缘电阻表安放位置应选择适当，保持安全距离，以免绝缘电阻表引线或引线支持物触碰带电部分；移动引线时，应注意监护，防止工作人员触电。

试验前确认试验电压标准，加压前必须认真检查试验接线，表计倍率、量程，调压器零位及仪表的开始状态，均正确无误。

试验结束将所试设备对地放电，释放残余电压，确认短接线已拆除。

二、调相机电压、电流互感器试验

机端电压、电流互感器的试验内容应包括互感器绝缘电阻测量、互感器直流电阻测量、熔断器检查、极性及变比检查（因第三章励磁系统检修及试验已列出相关试验方法，这里不再详细写明，仅列出试验项目及标准）。

（一）试验内容

1. 互感器绝缘电阻测量

一次绕组用 2500V 绝缘电阻表，二次绕组用 1000V 或 2500V 绝缘电阻表，绝缘电阻应不小于 1000MΩ。

2. 互感器直流电阻测量

试验测得直流电阻值应与制造厂出厂数据或以前测得值比较无显著差别。

3. 熔断器检查

用万用表对熔断器金属部位进行导通检查，确认熔断器完好，并记录阻值，应与制造厂出厂数据或以前测得值比较无显著差别。

4. 极性及变比检查

检查互感器极性及变比，应符合设计要求，并与图纸和铭牌一致。

（二）注意事项

测量人员和绝缘电阻表安放位置应选择适当，保持安全距离，以免绝缘电阻表引线或引线支持物触碰带电部分；移动引线时，应注意监护，防止工作人员触电。

试验前确认试验电压标准，加压前必须认真检查试验接线，表计倍率、量程，调压器零位及仪表的开始状态，均正确无误。

试验结束将所试设备对地放电，释放残余电压，确认短接线已拆除。

三、中性点接地设备试验

中性点接地设备的试验内容应包括变压器铁芯绝缘电阻测量、变压器铁芯接地导通检查、变压器绕组绝缘电阻测量、电流互感器绝缘电阻测量、二次接线绝缘电阻测量、变压器绕组直流电阻测量、电流互感器直流电阻测量（因第三章励磁系统检修及试验已列出相关试验方法，这里不再详细写明，仅列出试验项目及标准）。

（一）试验内容

1. 变压器铁芯绝缘电阻测量

采用 2500V 或 5000V 绝缘电阻表，测量前解开铁芯接地点，绝缘电阻应与以前测量结果无明显差别，不低于上次测量值的 70%，无多点接地情况。

2. 变压器铁芯接地导通检查

测量变压器接地点导通电阻，应与以前测量结果无明显差别，接地效果良好。

3. 变压器绕组绝缘电阻测量

采用 2500V 或 5000V 绝缘电阻表，绝缘电阻应与以前测量结果无明显差别，不低于上次测量值的 70%。

4. 电流互感器绝缘电阻测量

一次绕组用 2500V 绝缘电阻表，二次绕组用 1000V 或 2500V 绝缘电阻表，绝缘电阻应不小于 1000MΩ。

5. 二次接线绝缘电阻测量

试验电压为 1000V，绝缘电阻值应大于 1MΩ。

6. 变压器绕组直流电阻测量

试验测得直流电阻值应与制造厂出厂数据或以前测得值比较无显著差别，相间差别一般不大于相间平均值的 4%，线间差别一般不大于相间平均值的 4%。

7. 电流互感器直阻测量

试验测得直流电阻值应与制造厂出厂数据或以前测得值比较无显著差别。

(二) 注意事项

测量人员和绝缘电阻表、直流电阻表安放位置应选择适当，保持安全距离，以免绝缘电阻表引线或引线支持物触碰带电部分；移动引线时，应注意监护，防止工作人员触电。

试验前确认试验电压标准，加压前必须认真检查试验接线，表计倍率、量程，调压器零位及仪表的开始状态，均正确无误。

试验结束将所试设备对地放电，释放残余电压。

四、出口避雷器试验

出口避雷器的试验内容应包括避雷器底座绝缘电阻测量、直流参考电压及 75%参考电压下泄漏电流测量、计数器动作检查。

(一) 试验内容

1. 避雷器底座绝缘电阻测量

采用 2500V 或 5000V 绝缘电阻表，绝缘电阻应与以前测量结果无明显差别，不低于上次测量值的 70%。

2. 直流参考电压及 75%参考电压下泄漏电流测量

清洁避雷器或限压器表面，进行试验接线；检查试验接线，确认电压输出在零位，接通试验电源，进行升压。

升压过程中，监视泄漏电流（或电流表差值），同时监视试验电压，若电流值上升慢数值小，且试验电压已快接近避雷器或限压器参考电压时，应匀速放慢升压，当电流达到厂家规定直流参考电流试验值时，读取并记录电压值 U_{1mA}，降压至零。

重新升压至 $0.75U_{1mA}$（U_{1mA} 电压值应选用 U_{1mA} 初始值或制造厂给定的 U_{1mA} 值），读取并记录泄漏电流值，降压至零。

直流参考电压与初始值或制造厂给定值比较，其变化应不大于±5%，75%参考电压下泄漏电流不应大于 50μA。

3．计数器动作检查

将雷击计数器校验器充电后，对计数器放电。计数器动作应正确、可靠，测试前后记录计数器指示。

（二）注意事项

高压试验工作不得少于两人。试验负责人应由有经验的人员担任，开始试验前，试验负责人应向全体试验人员详细布置试验中的安全注意事项，交代临近间隔的带电部位，以及其他安全注意事项；试验现场应装设遮拦或围栏，遮拦或围栏与试验设备高压部分应有足够的安全距离，向外悬挂"止步，高压危险"标示牌，并派人看守；变更接线或试验结束时，应首先断开试验电源，并将升压设备的高压部分放电、短路接地。

试验时，通知所有人员离开被试设备，并取得试验负责人许可，方可加压。加压过程中应有人监护并呼唱；试验结束时，试验人员应拆除自装的接地短路线，并对被试设备进行检查，恢复试验前的状态，经试验负责人复查后，进行现场清理。

测量人员和绝缘电阻表安放位置应选择适当，保持安全距离，以免绝缘电阻表引线或引线支持物触碰带电部分；移动引线时，应注意监护，防止工作人员触电。

试验前确认试验电压标准，加压前必须认真检查试验接线，表计倍率、量程，调压器零位及仪表的开始状态，均正确无误。

试验结束将所试设备对地放电，释放残余电压。

注意在试验过程中防止雷击计数器校验器伤人。

第十二章

热工和化学仪表检修及检定

第一节 概　　述

在调相机运行调控过程中，需有仪表装置及时反映设备的运行情况。一方面可以为调相机设备自动化控制及时提供信号参数，保证设备的准确运转；另一方面为运行人员提供操作依据，方便运行人员及时掌握设备动态。

用于调相机设备装置监测的仪表可分为两大类：一类是用于热工参数测量的仪器，包括测量仪表、变送器、显示仪等，用于即时显示和记录设备的各种参数，包括转速、振动、温度、压力、流量、液位等；另一类是用于测量物质的化学组成、结构及某些特有的物理属性方面的仪器，包括电导式仪表、化学分析仪表、光学分析仪表等，用于表征水系统的各项参数，包括浊度、电导率、含氧量、pH 值等。

第二节　热工仪表检修

一、基本检修与检定

（一）概述

根据仪表的用途、原理，热工仪表可以分为多种类型。按被测参数类型不同，可分为温度、压力、液位、流量、机械量（转速和振动）。按仪表的用途不同，可分为标注用、实验室用以及工程用仪表。按工作原理不同，可分为机械式、电子式、气动式和液动式仪表。

（二）检修质量与要求

进行仪表的清扫和常规检修，检修后仪表应符合下列要求：

（1）被检仪表外壳、外露部件表面应光洁完好，铭牌标志应清楚。

（2）仪表刻度线、数字和其他标志应完整、清晰、准确；表盘上的玻璃应保持透明，无影响使用和计量性能的缺陷；用于测量温度的仪表还应注明分度号。

（3）各部件应清洁无尘、完整无损，不得有锈蚀、变形。

（4）紧固件应牢固可靠，不得有松动、脱落等现象，可动部分应转动灵活、平衡，无卡涩。

（5）接线端子板的接线标志应清晰，引线孔、表门及玻璃的密封应良好。

（三）调校项目与技术标准

（1）校验从下限值开始，逐渐增加输入信号，使指针或显示数字依次缓慢地停在各被检表主刻度值上（避免产生任何过冲和回程现象），直至量程上限值，然后再逐渐减小输入信号进行下行程的校准，直至量程下限值。过程中分别读取并记录标准器示值。其中上限值只检上行程，下限值只检下行程。

（2）具有报警功能的仪表的输出端子连接指示器，调整好报警设定值，平稳地增加（或减少）输入信号，直到设定点动作；再反向平稳地减少（或增加）输入信号，直到设定点恢复；记录每次报警动作值和恢复值，其与设定值的最大差值分别为设定点动作差和恢复差。

（四）绝缘检查

用绝缘电阻表对被检仪器做绝缘检查，仪表的绝缘电阻值应满足相关规定。

（五）校准后工作

（1）切断被校仪表和校准仪器电源（无电源仪表无此项要求）。
（2）安装于现场的仪表，应贴上有效的计量标签。
（3）调校前校验和调校后校准的记录需及时整理。
（4）仪表装回原位，恢复接线。

二、温度测量仪表检修与检定

（一）双金属温度计

1. 工作原理

利用两种不同温度膨胀系数的双金属元件来测量设备温度，为提高测温灵敏度，通常将金属片制成螺旋卷形状，当多层金属片的温度改变时，各层金属膨胀或收缩量不等，使得螺旋卷卷起或松开。由于螺旋卷的一端固定而另一端和可以自由转动的指针相连，因此，当双金属片感受到温度变化时，指针即可在一圆形分度标尺上指示出温度（如图12-1所示）。调相机系统中，其常应用于定、转子水冷却系统进口测温，以便于现场巡检人员可视化查看（如图12-2所示）。

图 12-1　双金属温度计原理图

图 12-2　转子冷却器进水温度计

2. 检定仪器

标准铂电阻温度计、数字测温电桥、标准恒温槽。

3. 检定项目

（1）首次检定：外观、示值误差、角度调整误差、设定点误差、切换差、绝缘电阻。

（2）后续检定：外观、示值误差、角度调整误差、设定点误差、切换差、绝缘电阻。

（3）使用中检验：外观、示值误差、角度调整误差、设定点误差、切换差、绝缘电阻。

4. 检定方法

（1）示值误差：

1）双金属温度计的校准点一般不少于 3 个，应均匀分布在整个测量范围上，且包含上下限温度点，带有负温度区的，包括 0℃。

2）温度计的检定应在正、反两个行程上分别向上限或下限方向逐点进行，一般先按照校准点下限、中间和上限温度点的顺序逐点进行，再进行反行程的校准。测量上、下限值时只进行单行程检定。

3）正行程校准时，将标准温度计和被校双金属温度计按规定的浸没深度插入恒温槽内，待示值稳定后开始读数，分别记下标准温度计和被检温度计正、反行程的示值。在读取被检温度计示值时，视线应垂直于度盘，使用放大镜读数时，视线应通过放大镜中心。读数时应估计到分度值的 1/10。

4）用同样的方法，进行反行程示值误差的校准，分别记下反行程校准中标准温度计和被校双金属温度计的示值。

5）0℃点的检定：将温度计的检测元件插入盛有冰、水混合物的冰点槽中，待示值稳定后即可读。

（2）角度调整误差：角度调整误差的检定在室温下进行，可调角温度计从轴向（或径向）位置调整到径向（或轴向）位置的过程中所产生的温度计示值的最大变化量为角度调整误差。

备注：上述检定方法着重对示值误差及角度调整误差检定做了说明，其他检定相关的详细内容可参见 JJF 1908—2021《双金属温度计校准规范》。

（二）热电阻

1. 工作原理

热电阻的工作原理是利用导体或半导体的电阻值随温度变化而变化这一特性达到温度测量的目的（如图 12-3 所示）。热电阻大都由纯金属材料制成，目前应用最多的是铂和铜材料。热电阻通常需要把电阻信号通过引线传递到计算机控制装置或者其他二次仪表上，调相机系统所采用的热电阻均为铂电阻（如图 12-4 所示）。

金属导体电阻与温度的关系一般为非线性关系，对于铂电阻来讲，在 0～850℃时，其电阻、温度之间的关系通常可表示为

$$R_t = R_0(1 + At + Bt^2)$$

其中，$A=3.96847\times10^{-3}$，$B=-5.847\times10^{-7}$。

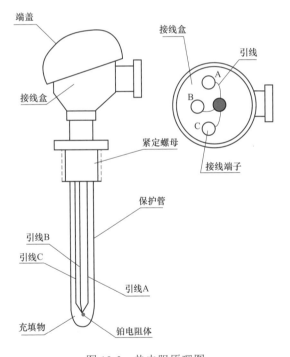

图 12-3 热电阻原理图

图 12-4 润滑油主油箱铂热电阻

2. 检定仪器

标准铂电阻温度计、电测仪器（电桥或数字多用表）、转换开关、冰点槽、恒温槽、高温炉、水三项点屏及其保温容器、绝缘电阻表。

3. 检定项目

（1）首次检定：外观检查、常温绝缘电阻、允差检定。

（2）后续检定：外观检查、常温绝缘电阻、允差检定。

（3）使用中检验：外观检查、常温绝缘电阻、允差检定。

4．检定方法

（1）允差检定：

1）只测定0℃和100℃时的电阻值 R_0、R_{100}，并计算电阻比 W_{100}（其值为 R_{100}/R_0），且该值需要符合表12-1中的规定。

2）保护管可以拆卸的热电阻应放置在玻璃试管中，试管内径应与感温元件直径或宽度相适应。管口用脱脂棉或木塞塞紧后，插入介质中，插入深度不少于300mm。不可拆卸的热电阻可直接插入介质中进行检定。

3）校准热电阻时，通过热电阻的电流应不大于1mA。测定时可用电位差计，也可用电桥。

4）0℃电阻值检定：将二等标准热电阻温度计和被检热电阻插入盛有冰水混合物的冰点槽内（热电阻周围的冰层厚度不少于30mm）。30min后按规定次序循环读数3次，取其平均值。热电阻在0℃时的电阻值 R_0 的误差和电阻比 W_{100} 的误差应不大于表12-1的规定。

5）100℃电阻值检定：将标准铂热电阻温度计和被检热电阻插入沸点槽或恒温槽内，30min后按规定次序循环读数3次，取其平均值。测量热电阻在100℃的电阻值时，水沸点槽或油恒温槽的温度 t 偏离100℃之值应不大于2℃；温度变化每10min应不大于0.04℃。

表 12-1　　　　　　　　　　　　工业热电阻允许误差表

热电阻名称		分度号	R_0 标称电阻值	电阻比 R_{100}/R_0	测量范围 ℃	允许误差 ℃
铂热电阻	I 级	Pt_{10}	10.00	1.3851±0.05%	−200～500	±（0.15+0.2%|t|）
		Pt_{100}	100.00	1.3851±0.05%		
	II 级	Pt_{10}	10.00	1.3851±0.05%	−200～500	±（0.30+0.5%|t|）
		Pt_{100}	100.00	1.3851±0.05%		
铜热电阻		Cu_{50}	50	1.428±0.2%	−50～150	±（0.30+0.6%|t|）
		Cu_{100}	100	1.428±0.2%		

注　1．表中\|t\|为温度的绝对值，单位℃。

　　2．I 级允许误差不适用于采用二线制的铂热电阻。

（2）常温绝缘电阻的测量：应把热电阻的各接线短路，并接到一个直流 100V 绝缘电阻表的一个接线端，绝缘电阻表的另一个接线端应和热电阻的保护管相连接，测量感温元件与保护管之间的绝缘电阻；有两个感温元件的热电阻，应将两电阻的接线端分别短路，并接到一个直流 100V 绝缘电阻表的两个接线端，测量绝缘电阻；测量出的绝缘电阻应不小于 100MΩ。

备注：上述检定方法着重对允差检定和常温绝缘电阻的测量做了说明，其他检定相关的详细内容可参见 JJG 229—2010《工业铂、铜热电阻检定规程》。

（三）温度变送器

1. 工作原理

温度变送器是一种信号变换仪表，属于仪表的中间件（如图 12-5 所示）。它的作用是与各种标准温元件（热电偶、热电阻）配合使用，连续地将被测温度线性地转换成 4～20mA 信号流输送到 DCS 控制系统。在调相机中可用于外冷水系统温度参数的测量，为外冷水系统调节门开度调节的自送控制提供调节依据（如图 12-6 所示）。

图 12-5　温度变送器理图

图 12-6　空气冷却器回水管上的温度变送器

2. 校准仪器

标准直流电压源、直流电阻箱、恒温器、万用表、二等铂电阻标准装置、绝缘电阻表。

3. 检定项目

测量误差、绝缘电阻、绝缘强度。

4. 检定方法

（1）测量误差校准：

1）将传感器插入温度源（恒温槽或热电偶检定炉）中，并尽可能靠近标准温度计；

2）通电预热，预热时间按制造厂说明书中的规定进行，一般为 15min；

3）带传感器的变送器可以在断开传感器的情况下对信号转换器单独进行上述调整，如测量结果仍不能满足委托者的要求时，还可以在恒温槽或热电偶检定炉中重新调整；

4）校准点的选择应按量程均匀分布，一般应包括上限值、下限值和量程50%附近在内不少于 5 个点。0.2 级及以上等级的变送器应不少于 7 个点；

5）带传感器的变送器在校准时测量顺序可以先从测量范围的下限温度开始，然后自下而上依次测量。在每个试验点上，待温度源内的温度足够稳定后方可进行测量（一般不少于 30min）：应轮流对标准温度计的示值和变送器的输出进行反复 6 次读数。

测量误差计算公式为

$$\Delta A_t = \overline{A}_d - \left[\frac{A_m}{t_m}(\overline{t} - t_0) + A_0 \right]$$

式中　　ΔA_t ——变送器各被校点的测量误差（以输出的量表示），mA 或 V；

　　　　$\overline{A}_d$ ——变送器被校点实际输出的平均值，mA 或 V；

　　　　A_m ——变送器的输出量程，mA 或 V；

　　　　t_m ——变送器的输入量程，℃；

　　　　A_0 ——变送器输出的理论下限值，mA 或 V；

　　　　$\overline{t}$ ——标准温度计测得的平均温度值，℃；

　　　　t_0 ——变送器输入范围的下限值，℃。

（2）绝缘电阻测量：断开变送器电源，用绝缘电阻表按规定进行测量，测量时应稳定 5s 后读数，见表 12-2。

表 12-2　　　　　　　　　　　　　　绝缘电阻的技术要求

试验部位	技术要求	说　　明
输入、输出端子短接—外壳	20MΩ	二线制变送器
电源端子—外壳	50MΩ	四线制变送器
输入、输出端子短接—电源端子	50MΩ	
输入—输出端子	20MΩ	输入、输出隔离的变送器

备注：上述检定方法着重对测量误差校准和绝缘电阻测量做了说明，其他检定内容可参见 JJF1183—2007《温度变送器校准规范》。

三、压力（压差）测量仪表检修与检定

（一）压力变送器（含压力传感器）

1. 工作原理

压力变送器通常由感压单元、信号处理和转换单元组成（如图 12-7 所示）。利用测量膜片的微动位移产生电容量的变化，经测量回路将其转化为 4～20mA 的标准信号，主要用于调相机油水系统中对压力参数的测量和控制。图 12-8 为转子水泵出口压力变送器。

2. 检定仪器

压力标准器、直流电流表、标准电阻、绝缘电阻表和耐电压测试仪、真空机组、直流稳压源。

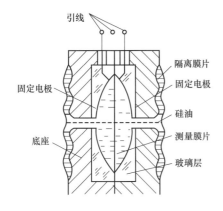

图 12-7　压力变送器原理图　　　　　　图 12-8　转子水泵出口压力变送器

3. 检定项目

（1）首次检定：外观、密封性、绝缘电阻、绝缘强度、示值误差、回差、差压变送器静压影响。

（2）后续检定：外观、绝缘电阻、示值误差、回差、差压变送器静压影响。

（3）使用中检查：外观、绝缘电阻、示值误差、回差、差压变送器静压影响。

4. 检定方法

（1）密封性检查：

1）平稳地升压，使压力变送器测量室压力达到测量上限值，关闭压力源，保压 15min，观察是否有泄漏现象，在最后 5min 内通过观察压力表示值或通过观察压力变送器输出信号的等效值来确定压力值的变化量。

2）差压变送器在进行密封性检查时，高压容室和低压容室连通，并同时施加额定工作压力进行观察。

（2）示值误差检查：

1）将标准器、配套设备和被检压力变送器按要求连接，并使导压管中充满传压介质。传压介质为气体时，介质应清洁、干燥，传压介质为液体时，介质应考虑制造厂推荐的或送检者指定的液体。

2）除制造单位另有规定外，压力变送器一般需通电预热 5min 以上。

3）检定点的选择应按量程基本均匀分布，包括上限值、下限值在内一般不应少于 5 个点。0.1 级及以上准确度等级的压力变送器应不少于 9 个点。绝压变送器的零点应尽可能小，一般不大于量程的 1%。对于输入量程可调的压力变送器，首次检定的压力变送器应将输入量程调到规定的最小量程、最大量程分别进行检定；后续检定和使用中检查的压力变送器可只进行常用量程或送检者指定量程的检定。

4）检定前，用改变输入压力的办法对压力变送器输出下限值和上限值进行调整，使其与理论的下限值和上限值相一致。一般可以通过调整"零点"和"满量程"来完成。

具有数字信号传输（现场总线）功能的压力变送器，应该分别调整输入部分及输出部分的"零点"和"满量程"，同时将压力变送器的阻尼值调至最小。

5）从下限开始平稳地输入压力信号到各检定点，读取并记录输出值至测量上限，然后反方向平稳改变压力信号到各个检定点，读取并记录输出值至测量下限，此为一个循环。0.1 级及以下的压力变送器进行 1 个循环检定；0.1 级以上的压力变送器应进行 2 个循环的检定。

6）示值误差的计算公式为

$$\Delta I = I - I_{\mathrm{L}}$$

式中：ΔI ——压力变送器各检定点的示值误差，mA、V；

I ——压力变送器正行程或反行程各检定点的实际输出值，mA、V；

I_{L} ——压力变送器各检定点的理论输出值，mA、V；

备注：上述检定方法着重对密封性检查和示值误差检定做了说明，其他检定相关的详细内容可参见 JJG 882—2019《压力变送器》。

（二）弹簧管压力表

1. 工作原理

弹簧管压力表利用弹性敏感元件在压力作用下产生弹性变形，其形变大小与压力成一定线性关系（如图 12-9 所示）。弹簧管压力表的主要组成部分为圆弧形的弹簧管，作为测量元件的弹簧管一端固定起来，并通过接头与被测介质相连；另一端封闭，为自由端。自由端与连杆与扇形齿轮相连，扇形齿轮又和机心齿轮咬合组成传动放大装置。弹簧管压力表通过表内的敏感元件（波登管、膜盒、波纹管）的弹性形变，再由表内机芯的转换机构将压力形变传导至指针，引起指针转动来显示压力。调相机中通常见于油水系统侧泵出口母管上（如图 12-10 所示）。

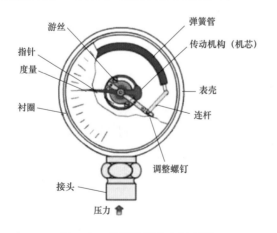

图 12-9　弹簧管压力表原理图　　　　图 12-10　润滑油箱上压力表

2. 检定仪器

标准器、压力校验器、压力泵、油—气、油—水隔离器。

3. 检定项目

（1）首次检定：外观、零位误差、示值误差、回程误差、轻敲位移、指针偏转平稳性、带检验指针压力表两次升压示值之差。

（2）后续检定：外观、零位误差、示值误差、回程误差、轻敲位移、指针偏转平稳性、带检验指针压力表两次升压示值之差。

（3）使用中检查：外观、零位误差、示值误差、回程误差、轻敲位移、指针偏转平稳性、带检验指针压力表两次升压示值之差。

4. 检定方法

（1）零位误差检定：规定的环境条件下，将压力表内腔与大气相通，并按正常工作位置放置用目力观察。零位误差检定应在示值误差检定前后各做一次。

（2）示值误差检定：

1）压力表的示值检定是采用标准器示值与被检压力表的示值直接比较的方法，压力表检定示意图如图 12-11 所示。

2）示值误差检定点应按有数字的分度线选取。

3）检定时，从零点开始均匀缓慢地加压至第一个检定点（即标准器的示值），然后取被检压力表的示值（按分度值 1/5 估读），接着用手指轻敲一下压力

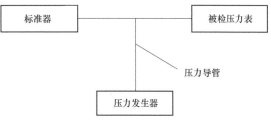

图 12-11　压力表检定示意图

表外壳，再读取被检压力表的示值并进行记录，轻敲前、后被检压力表示值与标准器示值之差即为该检定点的示值误差；如此依次在所选取的检定点进行检定直至测量上限，切断压力源（或真空源），耐压 3min 后，再依次逐点进行降压检定直至零位，有正负两个压力量程的膜盒（片）压力表应该分别进行正负两个压力量程的示值误差检定。

（3）回程误差检定：在示值误差检定的同时进行，同一检定点升压，降压轻敲表壳后，被检压力表示值之差的绝对值即为压力表的回程误差。

备注：上述检定方法着重对零位误差、示值误差、回程误差检定做了说明，其他检定相关的详细内容可参见 JJG 52—2013《弹性元件式一般压力表、压力真空表和真空表》。

（三）压力开关

1. 工作原理

压力开关又称压力控制器，是调相机控制系统中的控制压力的专用仪表，其工作原

理是当输入压力达到设定值时即可进行控制或报警（如图12-12所示）。比如在调相机系统中，其经常被应用于润滑油系统（如图12-13所示）。当润滑油泵出口母管压力低于设置值时，联锁启动交流备用油泵；当润滑油供油口压力低于设定值，则触发跳机信号。

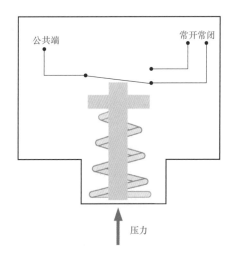

图12-12　压力开关工作原理图

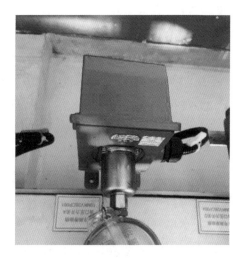

图12-13　润滑油供油口压力开关

2. 检定仪器

标准器、造压器、真空泵、校验台、发讯装置、绝缘电阻表和耐电压测试仪。

3. 检定项目

（1）首次检定：标识、外观、控压范围、设定点偏差、重复性误差、切换差、绝缘电阻、绝缘强度。

（2）后续检定：标识、外观、控压范围、设定点偏差、重复性误差、切换差、绝缘电阻。

（3）使用中检查：设定点偏差、重复性误差、切换值、绝缘电阻。

4. 检定方法

（1）设定点偏差：

1）将设定点调至控制器量程下限附近的标度处（若切换差可调将切换差调至最小），逐渐增加压力，当标准器的指示压力接近设定点在缓慢增加输入压力到触发点动作，在标准器上读出上切换值。接着减少压力值触发点动作，在标准器上读出下切换值；进行三个循环，测得平均值。

2）实际测得的上（下）切换值平均值与设定值之差与量程之比的百分数为设定点偏差，具体计算方法为

$$\delta = \frac{Q_{上} - S}{p} \times 100\%$$

$$\delta = \frac{Q_{\text{下}} - S}{p} \times 100\%$$

式中：δ ——设定点偏差；

$Q_{\text{上}}$ ——设定点上切换值；

$Q_{\text{下}}$ ——设定点下切换值；

p ——控制器量程；

S ——设定点值。

（2）切换差：在设定点偏差的检定中，同一设定点上切换值平均值与下切换值平均值的差值为切换差。对切换差可调的控制器，将切换差调至最小，按设定点偏差的方法进行检定，此时得到最小切换差。将切换差调至最大，按设定点偏差的方法进行检定，此时得到最大切换差。

备注：上述检定方法着重对设定点偏差、切换差测量做了说明，其他检定相关的详细内容可参见 JJG 544—2011《压力控制器检定规程》。

（四）差压开关

1. 工作原理

差压开关由 2 个膜盒腔组成，两个腔体分别由两片密封膜片和一片感差压膜片密封。高压和低压分别进入差压开关的高压腔和低压腔，感受到的差压使感压膜片形变，通过栏杆弹簧等机械结构，启动最上端的微动开关，使电信号输出（如图 12-14 所示）。在调相机系统主要用于定、转子断水保护（如图 12-15 所示）。

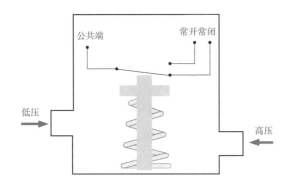

图 12-14　差压开关工作原理图

图 12-15　定子断水保护差压开关

2. 检定仪器

标准器、造压器、真空泵、校验台、发讯装置、绝缘电阻表和耐电压测试仪。

3. 检定项目

（1）首次检定：标识、外观、控压范围、设定点偏差、重复性误差、切换差、绝缘电阻、绝缘强度。

（2）后续检定：标识、外观、控压范围、设定点偏差、重复性误差、切换差、绝缘电阻。

（3）使用中检查：设定点偏差、重复性误差、切换值、绝缘电阻。

4. 检定方法

同压力开关检定方法。

备注：详细内容可参见 JJG 544—2011《压力控制器检定规程》。

四、液位测量仪表检修与检定

（一）导波雷达液位计

1. 工作原理

导波雷达液位计是基于时间行程原理的测量仪表，雷达波以光速运行，运行时间可以通过电子部件被转换成物位信号。探头发出高频脉冲并沿缆式探头传播，当脉冲遇到物料表面时反射回来被仪表内的接收器接收，并将距离信号转化为液位信号（如图 12-16 所示）。调相机系统中常见于定、转子水箱液位信号的测量（如图 12-17 所示）。

图 12-16　导波雷达液位计工作原理图

图 12-17　定子水箱上的导波雷达液位计

2. 检定仪器

立式液位检定装置、游标卡尺、压力标准器、直流电流表、直流电压表、交流稳压电源、耐压及密封性试验装置、绝缘电阻表、耐电压测试仪。

3. 检定项目

（1）首次检定：外观、耐压及密封性、绝缘电阻、绝缘强度、示值误差、输出值误差、回差、设定点误差、切换差。

（2）后续检定：外观、绝缘电阻、示值误差、输出值误差、回差。

（3）使用中检查：外观、绝缘电阻、示值误差、输出值误差。

4．检定方法

（1）误差检定（示值误差、输出值误差）：

1）将液位计安装在立式液位检定装置上，要求液位计参考面应与装置的水平基准面垂直，偏差不大于1°；

2）具有电源供电的液位计应通电预热，预热时间一般为15min；

3）选择检定点，检定点的选择应按量程基本均匀分布，一般应包括上限值、下限值在内不少于5个点；

4）对于立式液位检定装置，将液位调整至下参考平面作为零点。或调整液位计的某特定点与水箱的液位保持一致；

5）从零点开始，缓慢地上升液面或缓慢减少反射板与基准面的距离，直至液位计测量上限，然后缓慢降低液面或缓慢增加反射板与基准面的距离，直至液位计零点。期间，分别读取上下行程中标准值与被检值；

6）误差的计算公式为

$$\Delta_A = A_d - A_s$$

式中：Δ_A ——液位计各检定点的示值误差；

A_d ——液位计上行程或下行程各检定点的实际值；

A_s ——液位计各检定点的标准值。

输出误差计算公式为

$$\Delta_I = I_d - (I_m / H_m \cdot H_W + I_0)$$

式中：Δ_I ——液位计上行程或下行程输出信号的误差，mA；

I_d ——液位计上行程或下行程的输出值，mA；

I_m ——液位计输出信号的量程，mA 或 V；

H_m ——液位计的量程，mm；

H_W ——上行程或下行程的实际液位值，mm；

I_0 ——液位计上行程或下行程输出起始值，mA。

（2）设定点误差检定：设定点可调的液位计，检定应在液位计量程的 10%，90%附近的设定点上进行。调节检定装置的水位，从零点开始逐渐升高水位，在接近设定点水位时应减缓速率，直到液位计的输出状态改变时，读取水箱的水位 Hd1（上切换值）；然后缓慢降低水箱的水位，当输出状态再次改变时，读取水箱的水位 Hd2（下切换值），一般进行三个循环。

备注：上述检定方法着重对示值误差、输出值误差、设定点误差检定做了说明，其他检定相关的详细内容可参见 JJG 971—2019《液位计》。

（二）磁翻板液位计

1. 工作原理

根据浮力原理和磁性耦合作用原理工作的。当被测容器中的液位升降时，液位计主管中的浮子也随之升降，浮子内的永久磁钢通过磁力场作用，驱动指示柱上红白柱翻转 180°，将液位实时值传递到指示柱上，在液位上升时，翻柱由白色转为红色，当液位下降时翻柱由红色转为白色，指示器的红、白界位处为容器内介质液位的实际高度，从而实现液位的指示（如图 12-18 所示）。在调相机中用于定转子水箱以及润滑油系统主油箱上（如图 12-19 所示）。

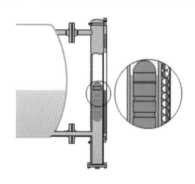

图 12-18　磁翻板液位计工作原理图

图 12-19　转子水箱上的磁翻板液位计

2. 检定仪器

立式液位检定装置、游标卡尺、压力标准器、直流电流表、直流电压表、交流稳压电源、耐压及密封性试验装置、绝缘电阻表、耐电压测试仪。

3. 检定项目

（1）首次检定：外观、耐压及密封性、绝缘电阻、绝缘强度、示值误差、输出值误差、回差、设定点误差、切换差。

（2）后续检定：外观、绝缘电阻、示值误差、输出值误差、回差。

（3）使用中检查：外观、绝缘电阻、示值误差、输出值误差。

4. 检定方法

同导波雷达液位计检定方法。

备注：详细内容可参见 JJG 971—2019《液位计检定规程》。

五、流量测量仪表检修与检定

（一）涡街流量计

1. 工作原理

涡街流量计利用卡门涡街原理（如图 12-20 所示）。当流体在旋涡发生体下游两侧交替地分离释放出两列有规律的交错排列的旋涡，在一定雷诺数范围内，该旋涡的频率与旋涡发生体的几何尺寸、管道的几何尺寸有关，旋涡的频率正比于流量，经探头检出频率，从而计算出流速及流量。在调相机中用于内冷水系统定、转子水流量监测（如图 12-21 所示）。

图 12-20　涡街流量计工作原理图　　　　图 12-21　定子冷却水涡街流量计

2. 检定仪器

流量标准装置、检定用流体。

3. 检定项目

（1）首次检定：外观、示值误差、重复性。

（2）后续检定：外观、示值误差、重复性。

（3）使用中检验：外观、示值误差、重复性。

4. 检定方法

（1）示值误差检定：

1）通电、预热并按流量计说明书中指定的方法检查流量计参数的设置。

2）流量计应在可达到的最大检定流量的 70%～100% 时运行至少 5min，待流体温度、压力和流量稳定后，进行示值误差检定。

3）检定流量点应包含 q_{min}，$0.25q_{max}$，$0.4q_{max}$，$0.7q_{max}$，q_{max}。

4）检定过程中每个流量点的每次实际检定流量与设定流量的偏差应不超过设定流量的 ±5% 或不超过 ±1% q_{max}。

（2）重复性：每个流量点重复检定 n 次时，其重复性不得超过相应准确度登记规定的最大允许误差绝对值的 1/3。

备注：上述检定方法着重对示值误差和重复性的要求做了说明，检定过程中所用的具体计算公式以及其他相关内容可参见 JJG 1029—2007《涡街流量计检定规程》。

（二）浮子流量计

1. 工作原理

流体流经锥形管时，由于被浮子节流作用，浮子的上、下游之间产生差压，浮子在此差压作用上升或下降。当浮子所受的差压力、重力、浮力及黏性力的合力为零时，浮子处于平衡位置（如图 12-22 所示）。故流体流量与浮子的上升高度、流通面积之间存在着一定的比例关系（如图 12-23 所示）。

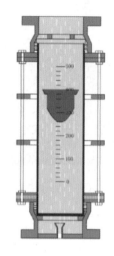 

图 12-22　转子流量计工作原理图　　　　图 12-23　除盐水车间一级浓水流量

2. 检定仪器

流量标准装置、温度计、压力计、气压计、密度计、直流毫安表或数字显示仪表。

3. 检定项目

（1）首次检定：外观检查、示值误差、回差。

（2）后续检定：外观检查、示值误差、回差。

（3）使用中检验：外观检查。

4. 检定方法

（1）示值误差检定：示值误差检定的方法可分为容积法、称重法和标准表法。检定时需要确认该流量计为液体流量计还是气体流量计。因调相机所用的为液体流量计，故本次检定方法着重针对液体流量计，并选用容积法来做讲解。

1）检定时应缓慢地打开流量调节阀，让流体流过流量计，待流体状态和浮子稳定后开始进行检定。此外，应排除管道内和附着在浮子周边的气泡并尽可能使用流量计下游阀门调节流量。

2）按流量装置操作规程调节流量，使浮子升到预定检定流量，待稳定后操作换向器换向，使检定介质流入选定的工作量器；

3）当到达预定时间或预定体积时，换向器再次换向，记录工作量器内的液体体积以及介质温度和本次测量时间，单次检定操作结束，计算标准器测得的流量为

$$q_v = V / t$$

式中：V——流入工作量器内的液体体积；

    t——流入时间。

换算到流过流量计的流量为

$$q_m = q_v \rho_s / \rho_m$$

式中：ρ_s、ρ_m——分别为标准器处和流量计处的液体密度。

再换算到标准状态（即刻度状态）下的流量 q_N 为

$$q_N = q_m \left[\frac{\rho_m(\rho_f - \rho_N)}{\rho_N(\rho_f - \rho_m)} \right]^{0.5}$$

式中：ρ_N——标准状态下液体密度；

    ρ_f——浮子材料的密度；

    ρ_m——流量计处的液体密度。

即 $q_N = q_v k$，k 为修正系数。

（2）回差计算：流量计的回差 E_h 计算公式为

$$E_h = (q_u - q_d) / q_{max} \times 100\%$$

式中：q_u、q_d——分别为流量计同一个流量点正、反行程检定得到的实际流量的平均值。

    所有流量点中最大回差值为流量计的回差，流量计的回差应符合表12-3的要求。

表 12-3   准确度等级、最大允许误差和回差

准确度等级	1.0	1.5	2.5	4.0	5.0
最大允许误差（%）	±1.0	±1.5	±2.5	±4.0	±5.0
最大允许回差（%）	1.0	1.5	2.5	4.0	5.0

备注：上述检定方法着重对随机文件和外观、示值误差做了说明，其他检定相关的详细内容可参见 JJG 257—2007《浮子流量计检定规程》。

（三）孔板流量计

1．工作原理

在充满管道的流体，当它们流经管道内的节流装置时，管道内液体将在节流装置的节流件处形成局部收缩，从而使流速增加，静压力低，于是在节流件前后产生压差，流量越大，在节流件前后产生的压差就越大，故孔板流量计通过测量压差来衡量流体流量的大小，一般需配合压差变送器使用（如图12-24所示）。调相机中通常见于内冷水系统定、转子水流量的测量（如图12-25所示）。

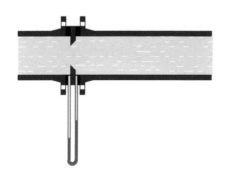

图 12-24　孔板流量计工作原理图　　　　图 12-25　定子线圈进水流量计

2. 检定仪器

压力标准器、直流电流表、标准电阻、绝缘电阻表和耐电压测试仪、真空机组、直流稳压源。

3. 检定项目

（1）首次检定：外观、密封性、绝缘电阻、绝缘强度、示值误差、回差、差压变送器静压影响。

（2）后续检定：外观、绝缘电阻、示值误差、回差、差压变送器静压影响。

（3）使用中检查：外观、绝缘电阻、示值误差、回差、差压变送器静压影响。

4. 检定方法

因孔板流量计测算流量需配合差压变送器使用，通过测得的差压，结合伯努利方程计算出流速和流量，故对其检验需参考压差变送器的校验标准，具体方法见本章节第三分节第一小节中的内容。

（四）电磁流量计

1. 工作原理

电磁流量计是利用法拉第电磁感应定律制成的一种测量导电液体体积流量的仪表，它由传感器和智能转换部分组成（如图 12-26 所示）。它能测量各类导电液体的体积流量，所测量的介质包括酸、碱、泥浆、废污水、海水等液体。目前，主要用于调相机外冷水系统流量的测量（如图 12-27 所示）。

2. 检定仪器

流量标准装置、检定用液体。

3. 检定项目

（1）首次检定：外观、密封性、相对示值误差、重复性。

（2）后续检定：外观、密封性、相对示值误差、重复性。

（3）使用中检验：标识及外观。

图 12-26 电磁流量计工作原理图　　　　图 12-27 转子冷却器回水流量计

4．检定方法

（1）外观：用目测的方法检查流量计的外观。

（2）相对示值误差：

1）将流量调到规定的流量值，等待流量、温度和压力稳定；

2）记录标准器和被检流量计的初始示值，同时启动标准器和被检流量计；

3）按装置操作要求运行一段时间后，同时停止标准器和被检流量计，记录标准器和被检流量计的最终示值；

4）分别计算流量计和标准器的累积流量值。

5）对相对示值误差做计算，计算公式如下

$$E_{ij} = \frac{Q_{ij} - S_{ij}}{S_{ij}} \times 100\%$$

式中：Q_{ij}——第 i 检定点第 j 次检定时流量计显示的累积流量；

　　　　S_{ij}——第 i 检定点第 j 次检定时标准器换的累积流量；

　　　　E_{ij}——第 i 检定点第 j 次检定被检流量计的相对示值误差。

备注：上述检定方法着重对外观、相对示值误差做了说明，其他检定相关内容可参见 JJG 1033—2017《电磁流量计检定规程》。

六、机械量仪表检修与检定

（一）转速传感器

1．工作原理

转速探头采用的是电涡流传感器，当高频率电流从振荡器流入传感器线圈中，传感器线圈产生高频振荡磁场，当转速齿轮旋转时，齿顶和齿底交替切割磁场，相对转速探头而言，其发生了位移变化，被测体表面会产生大小不同的感应电流，而电涡流传感器接收到的反向电磁场的强度也不一样，通过传感器记录一定时间段内转速探头处经过的齿顶数或齿底数来计算转速，即查看电压的频率（如图 12-28 所示）。常用于调相机转速或者健相信号的采集（如图 12-29 所示）。

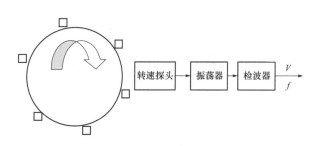

图 12-28　转速传感器的工作原理示意图　　　　图 12-29　转速传感器

2. 检定仪器

可以根据不同类型的被检传感器的种类和型号来选择下列检定用仪器设备。

（1）静态标定用仪器设备：位移（长度）测量仪器、位移静校器、直流数字电压表、示波器、直流稳压电源；

（2）动态标定用仪器设备：标准振动台、标准加速度计套组、交流数字电压表、数字频率计、温箱。

3. 检定项目

定型鉴定或样机试验：外观、静态指标（灵敏度、幅值线性度、回程误差、幅值重复性、零值误差、温漂、幅值稳定度）、动态指标（参考灵敏度、频率响应、幅值线性度）、线性范围、绝缘电阻、绝缘强度、环境适应性试验。

首次检定：外观、静态指标（灵敏度、幅值线性度、回程误差、幅值重复性、零值误差）、动态指标（参考灵敏度、频率响应、幅值线性度）。

后续检定：外观、静态指标（灵敏度、幅值线性度、零值误差）、动态指标（参考灵敏度、频率响应、幅值线性度）。

使用中的检验：外观、静态指标（灵敏度）、动态指标（参考灵敏度）。

4. 检定方法

（1）外观及附件的检查：外观、铭牌及各种连接部件等通过目测进行检查，传感器产品的外壳上应有铭牌、标明产品名称、规格型号、制造厂家、出厂日期及编号，并应标有"MC"标志及其编号；新制造的传感器外壳表面的金属镀层或其他化学处理层不应有划痕和脱落现象；传感器的输出导线及各连接部件应配套齐全、完好、可靠。

（2）静态灵敏度的检定：把位移传感器安装在相应的位移静校器上，改变传感器的测量距离以每 10% 量程为 1 个测量点，在整个测量范围内包含上、下限值共测 11 个点；记录各个测量点对应的传感器的输出值和传感器的移动距离，来回测试 3 个循环。将检定数据中 10%～90% 量程的上、下行程各 9 个检测点的数据取为 1 组，共取 3 组，采用最小二乘法计算传感器输出信号的回归值。根据给定位移和传感器相应的输出值，按最小二乘法公式计算出传感器静态灵敏度，最终灵敏度校准的不确定度应小于 1.0%。

（3）静态幅值线性度的检定：传感器幅值线性度检定与静态灵敏度检定同时进行，检定数据取包括上、下限值在内的 3 次上行程的检测点数据，用最小二乘法计算出幅值线性度偏差。其幅值线性度最大偏差应满足以下要求，即 10mm 量程以下在 ±2.0% 以内，10mm 量程以上在 ±5.0% 以内。

（4）回程误差：回程误差的检定与静态灵敏度检定同时进行，其回程误差应小于 0.4%。

（5）幅值重复性：幅值重复性的检定与静态灵敏度检定同时进行，由 3 次循环中同一行程的同一测量点的 3 次测量的传感器输出值，得出相互间的最大差值，计算幅值重复性，其幅值重复性应小于 1.0%。

（6）零值误差：把传感器安装在位移静校器上，在工作状态下将位移传感器置于零点（起始工作点），用示波器测出传感器的噪声信号，再与满量程时传感器的输出信号之比，即为传感器的零值误差，其检定结果应小于 1.0%。

（7）动态参考灵敏度的检定：在检定中要用适合的支架将被检传感器固定在标准振动台台面垂直方向上的合适位置，并确保支架及传感器非活动部分与振动台的台体不产生相对运动。用标准加速度计监控振动台，在被检传感器的动态范围内，选取某一实用的频率值，推荐 20、40、80、160Hz 和某一指定的位移值，推荐 0.1、0.2、0.5、1.0、2.0、5.0mm 进行检定，其被检传感器的输出值与振动台的位移值之比称为该传感器的动态参考灵敏度，其参考灵敏度校准的不确定度应小于 3.0%（$k=2$）。

（8）频率响应的检定：在传感器的动态范围内，均匀地选取不少于 7 个频率值（包括上、下限值），在保持振动台位移恒定的情况下，测量各频率点传感器的输出值，并计算出各点的动态位移灵敏度，然后计算各测量点灵敏度与动态参考灵敏度的相对偏差，其频率响应最大偏差为 0.5dB（0～5000Hz）。

（9）动态幅值线性度的检定：在传感器的频率范围内选取某一实用的频率值，并在校准振动台可达到的振动位移幅值内选取 5 个位移值进行激振，分别测量各位移点的传感器输出值和振动台的位移幅值，计算出各测量点传感器的动态位移灵敏度，计算各测量点灵敏度与动态参考灵敏度的相对偏差，其幅值线性度最大偏差应小于 ±10%。

备注：上述检定方法对转速探头所规定的检定方法及要求做详细了说明，每一项检定内容中涉及的具体计算公式，可参见规范 JJG 644—2003《振动位移传感器检定规程》。

（二）轴振传感器

1. 工作原理

轴振探头是以电涡流效应为工作原理的振动式传感器，它属于非接触式传感器（如

图 12-30 所示)。电涡流式振动传感器是通过传感器的端部和被测对象之间距离上的变化,利用电感的变化将机械振动的位移量转变成电压的变化量来测量物体振动参数的。常用于调相机本体出线端及非出线端相对振动信号的测量(如图 12-31 所示)。

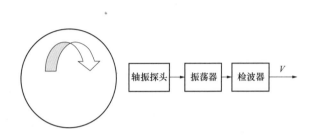

图 12-30 轴振传感器的工作原理示意图   图 12-31 轴振传感器

2. 检定仪器

可以根据不同类型的被检传感器的种类和型号来选择下列检定用仪器设备。

(1)静态标定用仪器设备:位移(长度)测量仪器、位移静校器、直流数字电压表、示波器、直流稳压电源。

(2)动态标定用仪器设备:标准振动台、标准加速度计套组、交流数字电压表、数字频率计、温箱。

3. 检定项目

定型鉴定或样机试验:外观、静态指标(灵敏度、幅值线性度、回程误差、幅值重复性、零值误差、温漂、幅值稳定度)、动态指标(参考灵敏度、频率响应、幅值线性度)、线性范围、绝缘电阻、绝缘强度、环境适应性试验。

首次检定:外观、静态指标(灵敏度、幅值线性度、回程误差、幅值重复性、零值误差)、动态指标(参考灵敏度、频率响应、幅值线性度)。

后续检定:外观、静态指标(灵敏度、幅值线性度、零值误差)、动态指标(参考灵敏度、频率响应、幅值线性度)。

使用中的检验:外观、静态指标(灵敏度)、动态指标(参考灵敏度)。

4. 检定方法

因其原理与转速探头的工作原理相同,均为电涡流传感器,故具体检定方法可参见上节内容。

(三)瓦振传感器

1. 工作原理

磁电式振动速度传感器主要用于机械振动测量,它利用电磁感应原理将振动速度量转换成电压量输出（如图 12-32 所示）。其结构主要由磁路系统、线圈、惯性质量、弹簧阻尼等部分组成。速度传感器直接和被测物体刚性连接在一起；当被测量物体发生振动时，速度传感器和被测物体一起运动。由于速度传感器内的支撑弹簧的存在，使永久磁铁和线圈做相对运动，线圈切割磁力线，被测物体振动速度越快，传感器输出的电压越高，即振动速度与输出电压成正比。常用于调相机本体出线端及非出线端绝对振动信号的测量（如图 12-33 所示）。

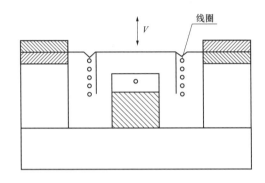

图 12-32　瓦振传感器的工作原理示意图

图 12-33　瓦振传感器

2. 检定仪器

标准振动台，标准加速度计套组，交流数字电压表，数字频率计，横向灵敏度校准装置，温箱，高阻表，相位测量仪，万用表。

3. 检定项目

定型鉴定或样机试验：外观、参考速度灵敏度、频率响应、幅值线性、最大横向灵敏度比、温度响应、动态范围、最大可承受加速度、绝缘电阻、输出电阻、相频特性固有频率、环境适应性试验。

首次检定：外观、参考速度灵敏度、频率响应、幅值线性、最大横向灵敏度比、动态范围。

后续检定：外观、参考速度灵敏度、频率响应、幅值线性。

使用中的检验：外观、参考速度灵敏度。

4. 检定方法

（1）外观检查：外观、铭牌、接插件等通过目测进行检查。传感器产品的外壳上应有铭牌，标明产品名称、规格型号、制造厂、出厂日期及编号，并应标有"MC"标志及其编号。新制造的传感器外壳表面的金属镀层或其他化学处理层不应有划痕和脱落现象。传感器的输出导线及各连接部件应配套齐全、完好、可靠。

（2）参考速度灵敏度的检定：将标准加速度计和被测传感器背靠背刚性地安装在振动台台面中心（或肩并肩安装，但要使其感受相同的振动），在被测传感器动态范围内选取某一实用的频率和速度值进行正弦激振，其被测传感器的输出电压值与所承受的振动速度值之比为该传感器的参考速度灵敏度。其参考速度灵敏度不确定度为3%（$k=2$）。

（3）频率响应的检定：将标准加速度计和被测传感器背靠背刚性地安装在振动台台面中心（或肩并肩安装，但要使其感受相同的振动），在传感器工作频率范围内，均匀地或按倍频程选取至少7个频率值，保持振动速度恒定进行激振，分别测量各频率点的输出电压值，并计算出各点的速度灵敏度。其频率响应为±10%。

（4）幅值线性度的检定：将标准加速度计和被测传感器背靠背刚性地安装在振动台台面中心（或肩并肩安装，但要使其感受相同的振动），在工作频率范围内选取一实用的频率值，并在允许的速度范围内选取至少7个速度值进行已弦激振，分别测量各速度点的传感器输出电压值，并计算出各点的速度灵敏度和它们与参考速度灵敏度的相对偏差。其幅值线性度为±5%。

（5）横向灵敏度比的检定：被检传感器安装要求其灵敏轴必须与振动方向相垂直。选取某一具有实际使用意义的频率值和速度值进行正弦激振，同时绕传感器自身灵敏轴旋转传感器360°，寻找传感器输出的最大电压值 E_{max}，并计算出传感器的最大横向灵敏度值和传感器的最大横向灵敏度比，其检定结果最大横向灵敏度比为10%。

（6）动态范围的检定：将标准加速度计和被测传感器背靠背刚性地安装在振动台台面中心（或肩并肩安装，但要使其感受相同的振动），按产品说明书给出的频率范围，选取最低频率和最高频率，并分别在最大允许位移、最大允许速度和最大允许加速度进行正弦激振，并观察这几种情况下传感器输出波形是否有明显失真，分别测量此时传感器的输出电压值，由此检验传感器是否达到厂家给出的动态范围指标。

备注：上述检定方法对瓦振探头所规定的检定方法及要求做详细了说明，每一项检定内容中涉及的具体计算公式，可参见规范 JJG 134—2003《磁电式速度传感器检定规程》。

第三节 化学仪表及管路检修

一、电导式分析仪表检修与检定

电导式分析仪表主要介绍在线电导率仪。

1. 在线电导率仪工作原理

将两块平行的极板，放到被测溶液中，在极板的两端加上一定的电势，测量极板间流过的电流。根据欧姆定律，电导率（G）正比于电阻（R）的倒数，电导率的基本单位是西门子（S）。因为电导池的几何形状影响电导率值，电导率测量单位通常用 $\mu S/cm$ 表示。液体电导率的大小与其所含无机酸、碱、盐的量有一定关系，在一定范围内，电导率随浓度的增大而增加，故可用电导率推测水中离子的总浓度或含盐量。在线电导率仪主要用于调相机系统中内冷水系统、EDI 装置产水出口处和除盐水箱出口处电导率的测量。

2. 检定仪器

标准电导率仪、交流电阻箱、直流电阻箱、精密温度计、恒温水浴、标准氢交换柱、氯化钾标准溶液。

3. 检定项目

（1）运行中：整机检验（1 次/月）、二次表检验（根据需要）、电极常数误差（根据需要）、交换柱附加误差、温度测量误差。

（2）机组检修后：整机检验。

（3）新购置：整机检验、二次表检验、电极常数误差、温度测量误差。

4. 检定方法

（1）整机检验：

1）整机工作误差检验。对于测量直接电导率的仪表，按图 12-34 所示方式，将标准表的电导池就近与被检表的电导池并联（或串联）连接，水样为被检表正常测量时的水样；水样的流速按照要求调整至规定条件，并保持相对稳定。被检表和标准表测量值稳定后，精确读取被检表电导率示值与标准表电导率示值，并记录标准表的温度示值。

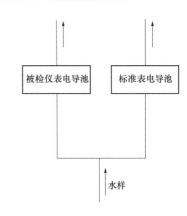

图 12-34　电导率整机工作误差检验示意图

2）整机引用误差检验。首先设定检的电极常数与仪表配套电极的电极常数致，选择电导率大于 $100\mu S/cm$ 并且在被检表量程范围内的标准溶液。将标溶液恒温至 $25\pm2℃$，将被检表的电导电极置入标准溶液之中，待温度稳定后记录标准溶液的电导率值，被检表示值以及溶液的温度值。

（2）二次表检验：引用误差检验。用准确度等级优于 0.1 级的标准交流电阻箱和标准直流电阻箱，分别模拟溶液等效电阻 R_x 和温度电阻 R，作为检验的模拟信号。调节模拟温度电阻，使仪表显示的温度为 25℃。将被检表的电导池常数设为 0.01（或 0.1）。被检表与标准交流电阻之间连接如图 2-35 所示，对于测量电导率值不大于 $0.30\mu S/cm$ 的电导率表，用图 12-36 中的模拟电路取代图 12-35 中的交流电阻箱 R_x，其中 R_x 为标准交流电阻箱。

备注：上述检定方法对整机检验以及二次表检验中的具体方法做了说明，检定内容中涉及的具体计算公式，以及电极常数误差、温度测量误差方法可参见 DL/T 677—2018《发电厂在线化学仪表检验规程》。

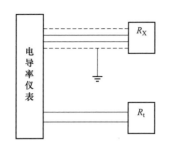

图 12-35　被检表与标准电阻箱

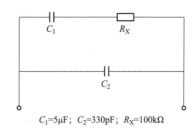

$C_1=5\mu F$；$C_2=330pF$；$R_X=100k\Omega$

图 12-36　纯水电导率二次仪表校验

二、电位式分析仪表检修与检定

（一）在线 pH 值表

1. 工作原理

在线 pH 值表由 pH 值传感器和 pH 值转换器两部分组成，并输出 4～20mA 标准信号传回仪表或 PLC 系统进行显示或调节，控制加酸或加碱的计量泵去调节来水的 pH 值，构成在线 pH 值测量调节系统。pH 值传感器由玻璃电极和参比电极两部分组成。玻璃电极由玻璃支杆、玻璃膜、内参比溶液、内参比电极、电极帽、电线等组成。参比电极具有已知和恒定的电极电位，常用甘汞电极或银/氯化银电极。由于 pH 值与温度有关，所以，一般还要增加一个温度电极进行温度补偿，组成三极复合电极。

2. 检验设备

pH 值检定仪、高阻开关、直流电阻箱、pH 值标准缓冲液、标准 pH 值表。

3. 检定项目

（1）运行中：工作误差（1 次/1 个月）、示值误差（1 次/1 个月）、示值重复性（根据需要）、温度补偿附加误差（根据需要）。

（2）机组检修：工作误差、示值误差。

（3）新购置：工作误差、示值误差、示值重复性、温度补偿附加误差。

（4）当发现仪表不稳定时进行检验，或当发现仪表整机工作误差或整机示值误差超标时进行校验。

4. 检定方法

（1）在实验室配制合适的 pH 值标准液 pH 值为 6.864 和 pH 值为 9.182。

（2）将传感器从现场取出，用清水清洗探头的玻璃电极。

（3）将两种标准液分别倒入准备好的两个烧杯中。

（4）将电极浸入第一种标准液中，打开仪表菜单，校准第一点。

（5）第一点校准通过后，用清水冲洗电极，再将电极放入第二种标准液中，翻动仪表菜单，校准第二点。

（6）两点校准完成后，不同品牌的仪表会以不同的方式显示仪表是否通过校验或是否合格。

（7）如果通过，将电极放回被测液体中，使仪表投入运行。

（8）如果仪表校准失败，再重复上述过程校准一遍，如果还不能通过，则更换电极。电极寿命一般在两年左右。

备注：上述检定方法示值误差检定的具体方法做了说明，检定内容中涉及的具体计算公式可参见 DL/T 677—2018《发电厂在线化学仪表检验规程》。

（二）ORP 表

1. 工作原理

ORP 值是水溶液氧化还原能力的衡量指标，单位为 mV。ORP 计是测试溶液氧化还原电位的专用仪器。它由一个 ORP 复合电极和一个 mV 计组成。ORP 电极是一种可以在其敏感层表面吸收或释放电子的电极。敏感层是惰性金属，通常由铂和金制成。

2. 铂电极的检查

如实测结果与标准电位差值大于±10mV，则铂电极需重新净化或更换。

3. 铂电极的净化方法

用 50%浓度的硝酸溶液清洗，将电极浸泡在 3%浓度的硫酸溶液中。

4. 电极使用注意事项

（1）测完一个样，必须用纯水充分冲洗电极。

（2）电极表面必须保持清洁。

（3）尽可能现场进行测定，并注意防止空气侵入影响氧化还原电位。

（三）溶氧表

1. 工作原理

溶氧表又称溶解氧分析仪。氧在水中的溶解度取决于温度、压力和水中溶解的盐。溶解氧分析仪传感部分是由金电极（阴极）和银电极（阳极）及氯化钾或氢氧化钾电解液组成，氧通过膜扩散进入电解液与金电极和银电极构成测量回路。当给溶解氧分析仪电极加上 0.6～0.8V 的极化电压时，氧通过膜扩散，阴极释放电子，阳极接受电子，产生电流，整个反应过程为：

阳极 $Ag+Cl \rightarrow AgCl+2e-$

阴极 $O_2+2H_2O+4e \rightarrow 4OH-$

根据法拉第定律：流过溶解氧分析仪电极的电流和氧分压成正比，在温度不变的情况下电流和氧浓度之间呈线性关系。

2. 检定仪器

低浓度溶解氧标准水样制备装置。

3. 检定项目

（1）整机检验：

1）运行中：工作误差（1 次/1 个月）、引用误差（1 次/1 个月）；

2）机组检修后：工作误差、引用误差；

3）新购置：工作误差、引用误差。

（2）其他检验：

1）运行中：当运行中，发现有误差时，随时做检验；

2）机组检修后：无；

3）新购置：零点误差，温度影响附加误差，流路泄漏附加误差。

4. 检定方法

对于测量水样溶解氧浓度大于 10μg/L 的溶解氧表，宜进行整机工作误差检验，当测量水样溶解氧浓度波动较大时，可采用整机引用误差检验。对于测量水样溶解氧浓度不大于 10μg/L 的溶解氧表，可进行整机工作误差检验或整机引用误差检验。

（1）整机工作误差检验：按图 12-37 所示将标准溶解氧表就近与被检表并联连接，水样仍为被检表正常测量时的水样。水样的流速调整至仪表制造厂要求的流量，并保持相对稳定。被检表测量值稳定后，精确读取被检表示值（C_X）与标准表示值（C_B），并记录标准表的温度示值。

整机工作误差计算公式为

$$\delta_G = C_X - C_B$$

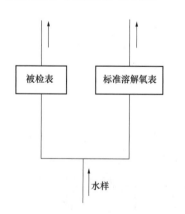

式中： δ_G ——整机工作误差，μg/L；
C_X ——被检表示值，μg/L；
C_B ——标准表示值，μg/L。

（2）整机引用误差检验：将标准表传感器和被检氧表传感器按图 12-38 所示串接在低氧浓度的水样中（如除氧器出口或炉水水样），检查确认测量回路无空气漏入。将水样流量严格控制在被检表厂家要求的流量范围内。待标准表和被检表读数稳定后，分别记录标准表读数 C_{B0} 和被检表读数 C_{X0}；用标准水样制备装置向水样中加氧，使溶解氧增量 10μg/L 以上，待标准表和被检表读数稳定后，分别记录标准表读数 C_{B1} 和被检表读数 C_{X1}。整机引用误差的计算方法为

图 12-37　溶氧表整机工作误差检验示意图

$$\Delta C = (C_{X1} - C_{X0}) - (C_{B1} - C_{B0})$$

$$\delta_Z = \Delta C / M \times 100\%$$

式中：δ_Z——整机引用误差，%；

$\quad\quad C_{X0}$——加氧前被检表读数，$\mu g/L$；

$\quad\quad C_{X1}$——加氧后被检表读数，$\mu g/L$；

$\quad\quad C_{B0}$——加氧前标准表读数，$\mu g/L$；

$\quad\quad C_{B1}$——加氧后标准表读数，$\mu g/L$；

$\quad\quad M$——量程范围内最大值，$\mu g/L$。

图 12-38　溶氧表整机引用误差检验示意图

备注：上述检定方法对整机检验具体方法做了说明，其他具体内容可参见规范 DL/T 677—2018《发电厂在线化学仪表检验规程》。

三、光学分析仪表检修与检定

1. 浊度仪工作原理

浊度仪是用于测量悬浮于透明液体中不溶性颗粒物质所产生的光的散射或衰减程度，并定量表征这些悬浮颗粒物质含量的仪器。光电浊度仪主要由光源、光的准直单元、样品测量池、测量室、光电检测元件和显示单元部分组成。按其测量原理或方式，可分为光透射衰减、光散射（直角散射、向前散射和表面散射）、散射投射比以及积分球测量等几种方式（如图 12-39 所示）。

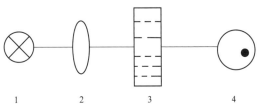

图 12-39　光电浊度仪工作原理图

1—光源；2—光的准直单元；3—样品测量池、测量室；4—光电检测元件和显示单元

2. 检定仪器

浊度标准溶液：采用福尔马肼国家水质浊度标准溶液（不确定度优于 3%，$k=2$）、绝缘电阻表：500V，10 级、容量瓶和移液管：A 级、零浊度水：选用孔径不大于 0.2μm 的微孔滤膜过滤蒸馏水、需要反复过滤 2 次以上，所获得的滤液即为检定用的零浊度水、浊度溶液：1h 内浊度值的变化不大于 0.2% 的聚合物浊度悬浮液。

3. 检定项目

（1）首次检定：外观、绝缘电阻、仪器零点漂移、仪器示值稳定性、仪器重复性、仪器示值误差。

（2）后续检定：外观、仪器零点漂移、仪器示值稳定性、仪器重复性、仪器示值误差。

（3）使用中检验：外观、仪器示值误差。

4. 检定方法

（1）外观检查：通过目察、手感方法检查。

（2）绝缘电阻：仪器不接工作电源，开关置于接通位置，将绝缘电阻表的接线端分别接在仪器交流输入端及机壳上，按照绝缘电阻表使用说明书方法操作，读取绝缘电阻表的示值。

（3）检定前对仪器进行校准：

1）需要用 Formazine 浊度标准溶液校准的仪器，使用浊度标准溶液，按照仪器使用说明书的规定进行校准。

2）需要使用 Formazine 浊度单位标注的标准片（管）校准的仪器，首先使用 Formazine 浊度标准溶液校准标准片（管）的浊度值，以此标定值为标准值按被检仪器使用说明书要求对仪器校准后再开始进行检定，并将此标定值在检定结果中给予表明。

（4）仪器零点漂移。在仪器最低量程范围 T 内，用零浊度水调好零点 T_0，持续观测 30mim，每隔 5min 记录仪器示值 T_i，按下式计算零点偏移 ΔT，取绝对值最大的 ΔT_i 为仪器零点漂移。

$$\Delta T_i = \frac{T_i - T_0}{T} \times 100\%$$

式中：T——仪器最低量程满量程值。

（5）仪器示值稳定性：在量程上限不大于 50NTU 或常用量程范围内，选用标称值在该量程范围约 80%处的聚合物浊度悬浮液进行测量，仪器读数稳定后读取示值 T_i 持续观测 30min，每隔 5min 记录仪器示值 T_i。按下式计算示值稳定性，取绝对值最大的 δ_i 为仪器示值稳定性，即

$$\delta_i = \frac{T - T_i}{T}$$

式中：T——常用量程的满量程值。

（6）仪器重复性：在量程上限不大于 50NTU 范围的选用标称值。该量程范围约 80%处的聚合物浊度悬浮液，连续重复测量 8 次，记录测量值，按下列式计算平均测量值、标准偏差和相对标准偏差。

（7）仪器示值误差：选用同一（瓶）Formazine 标准溶液（浓），在量程上限不大于 50NTU 范围内，均匀取五个测量点，准确稀释配制相应浊度值的标准溶液 T_s，每个浓度值测定 3 次，得到测量值 T_m，求其平均值 $\overline{T}_m$，按下面公式分别计算上述 5 种浓度下仪器的示值相对误差 Δ_i，取其中最大的 Δ_i 代表仪器示值误差检定结果 Δ，即

$$\Delta_i = \frac{\overline{T}_m - T_s}{T_s} \times 100\%$$

式中： T_s ——配置的标准溶液标称值；

$\overline{T}_m$ ——浊度标准溶液测量平均值；

Δ_i ——示值相对误差。

对于多量程的仪器，在其他量程，再选定一个浊度为量程中间测量点的标准溶液按上述方法进行检定。

备注：上述检定方法对外观、绝缘电阻、仪器零点漂移、仪器示值稳定性、仪器重复性、仪器示值误差均做了说明，若需更详细的说明可参见 JJG 880—2006《浊度计检定规程》。

第十三章

整 套 启 动 试 验

第一节 概 述

调相机整套启动试验是对调相机系统主设备、二次控制回路及自动装置、测量仪表等设备的全面考验，对于调相机检修后能否安全可靠的投入运行具有重要意义。本章内容能够指导和规范调相机整套启动试验工作，以便有序检查设备运行情况，检验调相机系统的完整性和可靠性，及时发现并消除可能存在的缺陷，保证设备能够正常投入运行。

根据 Q/GDW11937《快速动态响应同步调相机组检修规范》规定：调相机每隔 5～8 年进行一次 A 类检修，在无 A、B 类检修的年份，机组每年安排 1 次 C 类检修。结合 GB/T 32506—2016《抽水蓄能机组励磁系统运行检修规程》、DL/T 843—2021《同步发电机励磁系统技术条件》、DL/T 1166—2012《大型发电机励磁系统现场试验导则》等相关规程规定和现场经验，调相机整套启动项目如表 13-1 所示。

表 13-1　　　　　　　　调相机整套启动试验项目及周期

试验阶段	试 验 项 目	检修分类	
		A 修	C 修
一、拖动试验	SFC 手动升速试验	●	●
	顺控试验	●	●
	转子交流阻抗及功率损耗测量	●	
二、启动（空载）试验	残压及相序测试	●	
	50%建压（启动励磁、主励磁切换）试验	●	●
	励磁系统冷却风机切换试验	●	●
	±5%阶跃响应试验	●	
	空载特性试验	●	
	灭磁试验	●	
	惰速状态下轴电压测量	●	
	假同期试验	●	
三、并网及并网后试验	并网试验	●	●
	低负荷保护校验	●	●

试验阶段	试 验 项 目	检修分类	
		A 修	C 修
三、并网及并网后试验	励磁系统带负荷试验	●	●
	满负荷试验	●	
	轴电压测量	●	

第二节 拖 动 试 验

一、概述

通过拖动试验，验证调相机起动流程正确性，检查调相机旋转设备运行工况，对调相机主设备、二次控制回路及自动装置、测量仪表等设备进行手动升速考验，为调相机整套启动创造条件。考虑到目前国网调相机均配置 2 台 SFC，互为备用，故下文以 2 台 SFC 为例讲解拖动试验内容。

（一）试验前应具备的条件

（1）站用 400V 交流电源的可靠性试验合格，备自投试验、联锁试验合格。

（2）110、220V 直流系统（蓄电池）已具备投运条件。

（3）UPS 不停电电源系统已具备投运条件。

（4）厂用 400V 供调相机励磁的启励电源已具备投运条件。

（5）调相机冷却介质合格，满足规程规范要求。

（6）调相机润滑油油质合格，满足规程规范要求。

（7）调相机，升压变压器，SFC 系统一、二次设备的检修工作已全部结束，结果符合规程、规范要求，相关记录齐全，具备启动条件。

（8）调相机、升压变压器、SFC 保护与断路器的传动试验完毕，符合相关规程和设计要求并经验收合格。

（9）调相机报警、停机联锁保护项目已逐项经过试验且动作结果符合要求，触发报警及停机的热工、电气联锁保护信号已逐项进行检查试验，确认保护定值符合设计要求，保护动作正常。

（10）带电范围内的继电保护装置和自动装置已按下达的整定通知单要求整定完毕，并经运行和检修单位核对无误后签字存档，具备投运条件。

（11）为避免 SFC 启动时，向未做送电试验的升压变压器送电，临时拆除升压变低压侧与封闭母线的软连接，并保证足够的安全距离。待调相机拖动试验完成后恢复。

（12）为避免 SFC 启动时，误合 SFC 至其他调相机输出开关，应将 SFC 至其他调相机输出切换开关手车拉到试验位置，并断开操作电源。

（13）为避免该调相机起动过程中主励误起励，调相机灭磁开关及励磁交、直流侧刀闸均在拉开位置。

（14）为避免该调相机起动过程中误操作其他调相机设备，在工程师站上将其他调相机画面全部屏蔽，将其他调相机操作员站上的该调相机画面全部屏蔽。

（二）试验前准备工作

（1）与本次拖动试验所有相关厂家专业人员到现场。

（2）试验人员应准备好有关图纸、资料和试验记录表格。

（3）确认调相机、励磁变压器、SFC 二次电流回路无开路，二次电压回路无短路。

（4）测量一次系统的绝缘电阻，应符合要求。

（5）检查调相机出口 TV（带一次熔断器）均已正常投运，所有 TV 二次回路空气开关均已正常投入，与 TV 有关的接地端子上接线状况良好。

（6）检查并确认调相机、SFC 保护装置、励磁调节器、故障录波器电源开关投入，装置无异常。

（7）检查润滑油系统、顶轴油系统、盘车装置、定子冷却水、转子冷却水和外冷却水系统工作正常，各项运行参数符合设计要求（如润滑油压、油温；顶轴油压、油温；盘车装置电流，定子/转子冷却水水压、流量、水温、电导率）。

（8）检查调相机 DCS 上各项参数显示正常（如大轴振动、轴承振动、轴瓦金属温度、定子内部漏液报警开关等）。

（9）调相机已进入盘车阶段（盘车时间以调相机厂家要求为准）。在盘车阶段，检查调相机转动机械部分无摩擦现象（重点检查调相机本体、各轴承及轴承座油封等处）。

二、SFC 手动升速试验

（一）试验目的

检查 1、2 号 SFC 启动流程的正确性。

（二）试验条件

（1）调相机已完成盘车，各辅助系统运行正常。

（2）SFC 辅助系统运行正常。

（三）试验方法

1. 初始状态确认

（1）将 1 号 SFC 输入开关、输出开关（如有）摇至工作位，机端隔离开关在分位、中性点地刀在合位。

（2）确认调相机辅机运行正常，无故障、无告警信号，DCS 收到"SFC 就绪"信号。

2．1 号 SFC 手动升速

（1）在 DCS 上选择 1 号 SFC 启动 1 号机组，启动 1 号 SFC。

（2）在 DCS 上远方拉开调相机中性点地刀、合上机端隔离开关、合上切换开关。

（3）在就地控制 SFC，合上 1 号 SFC 输入开关，1 号隔离变压器带电。开启 SFC 散热风机，合上输出开关（如有）。1 号 SFC 向调相机启动励磁发出开机令。

（4）启动励磁系统收到开机令后，启动励磁应正确投入运行，快速调节励磁电流至 SFC 所需的目标值，由 SFC 控制励磁系统（电流环运行）。

（5）控制 1 号 SFC 在 500、1500r/min 分别短时停留，对调相机各运行参数及本体进行检查，最终拖动至 3000r/min 并保持。在拖动过程中，检查以下内容：

1）检查机组转向正确，转动机械部分无摩擦现象，各轴承处无漏油现象。

2）监视调相机各轴振动、轴承金属温度、润滑油压、润滑油温等参数并及时调整至设备厂家规定的范围内。

3）测取各轴承处大轴振动的波德图，测取轴系实际临界转速。

4）检查调相机升速至 650r/min（以东电机组为例）时，顶轴油泵应联锁停运。

5）测录调相机转子电压、转子电流，定子电压、定子电流、转速曲线。

6）校验调相机差动保护极性。

7）校验 1 号调相机出线压变二次电压幅值和相序。

（6）控制 1 号调相机继续升速至 3150r/min，停止 1 号 SFC，SFC 向调相机启动励磁发停机令、断开输入开关、输出开关（如有），调相机进入惰转状态。在惰速过程中，检查以下内容：

1）调相机惰速至 3000r/min 时，测量转子绝缘电阻和转子交流阻抗。

2）调相机惰速至 600r/min（以东电机组为例）时，顶轴油泵应联锁启动。

3）测录调相机定子电压、惰走曲线。

4）测取各轴承处大轴振动的波德图。

3．2 号 SFC 手动升速

（1）在 DCS 上选择 2 号 SFC 启动 1 号机组，启动 2 号 SFC。

（2）在就地控制 SFC，合上 2 号 SFC 输入开关，2 号隔离变压器带电。开启 SFC 散热风机，合上输出开关（如有）。2 号 SFC 向调相机启动励磁发出开机令。

（3）控制 2 号 SFC，将调相机拖动至 3150r/min，停 2 号 SFC，SFC 向调相机启动励磁发停机令、断开输入开关、输出开关（如有），调相机惰转。在升速和惰速过程中，做好各项检查。

4．状态恢复

依次断开切换开关、拉开机端隔离开关，合上中性点地刀。手动升速试验完成。

做好安全措施，恢复调相机封闭母线与升压变的软连接。

（四）注意事项

如调相机定、转子一次回路发生改变后，可先进行定、转子通流试验，确保拖动方向正确，然后再开展手动升速试验。

三、顺控试验

（一）试验目的

检查 1、2 号 SFC 顺控启动流程的正确性。

（二）试验条件

（1）调相机已完成手动升速试验，各辅助系统运行正常。
（2）SFC 辅助系统运行正常。
（3）断开同期装置"同期合闸"压板，以避免并网断路器合闸。

（三）试验方法

（1）在 DCS 上选择 1 号 SFC 启动 1 号机组，使用顺控启动流程启动调相机。
（2）在 DCS 上选择 2 号 SFC 启动 1 号机组，使用顺控启动流程启动调相机。
（3）在升速和惰速过程中，做好各项检查。

四、惰速状态下转子交流阻抗及功率损耗测量

（一）试验目的

测量转子绕组的交流阻抗和功率损耗，与原始（或前次）的测量值比较，是判断转子绕组有无匝间短路比较有效的方法之一。调相机检修后，转子在定子膛外、膛内的静止状态下和在超速试验前后的额定转速下要分别测量，以判断调相机转子绝缘状况。

（二）试验条件

（1）静态下转子交流阻抗已测量（包括在定子膛内、膛外的静止状态下）。
（2）转子绕组的励磁回路已全部断开并采取安全措施（灭磁开关断开，主励磁整流柜交、直流侧刀闸均在拉开）。

（三）试验方法

（1）SFC 启动将调相机转速拖动至 1.05 倍额定转速后，切断 SFC 触发脉冲和转子励

磁电流。

（2）在机组降速过程中，用铜电刷或刷架通过滑环向转子绕组施加交流电压，同时读取电流、电压和功率损耗值。

（3）在调相机惰转过程中的不同转速下测量。

（4）试验完毕后，断开电源，然后需检查试验仪表是否正常。

（5）记录温度和湿度。

（四）注意事项

（1）每次试验应在相同条件、相同电压下进行，试验电压峰值不超过额定励磁电压。

（2）转子抽出后，应做膛外交流阻抗。穿入后，应做膛内 0r/min 交流阻抗。

（3）试验时，应采取措施，确保与励磁回路断开，避免对励磁回路造成损害。

（4）机组拖动至 3150r/min 后，在确保启励已经退出后，应做 3000r/min 交流阻抗。

（5）做 3000r/min 交流阻抗前，应采取措施防止主励起励，避免对试验设备和人员造成伤害。

（五）安全措施（以南瑞科技励磁为例）

1. 0r/min 测量交流阻抗时，与励磁回路断开的措施

（1）分灭磁开关（位于灭磁开关柜）；

（2）分机械跨接器（位于灭磁电阻柜）；

（3）分转子接地保护电源（位于直流出线柜）；

（4）分励磁电压、励磁电流熔丝（位于灭磁开关柜、直流出线柜）。

2. 3000r/min 测量交流阻抗前，确保启励已经退出的措施

（1）在 DCS 画面，观察启动励磁开关已分位；

（2）在 DCS 画面，观察启动励磁直流侧刀闸已分位；

（3）在 DCS 画面，观察启动励磁的励磁电压已降至 0V 左右。

3. 3000r/min 测量交流阻抗前，防止主励起励的措施

分主励磁整流柜直流侧刀闸（位于励磁整流柜，共三组）。

第三节　启动（空载）试验

一、概述

检验调相机系统的相序正确、同期功能正常、励磁系统空载性能正常，确保调相机具备并网条件。

（一）试验前应具备的条件

调相机升压变倒送电完成，调相机拖动试验已完成。

检查确认并网断路器在冷备用状态。

调相机润滑油油质合格，符合厂家要求。

各辅助系统已运行，且备用设备已投入联锁备用。

用于监测调相机启动试验的测试仪器、仪表已准备就绪。

在整套启动之前应完成调相机变压器组的通流试验，检查 TA 二次电流有效值和相位，验证 TA 二次回路接线正确和完整。验证调相机升压变差动保护电流极性的正确；检查调相机差动保护装置差流为零，验证调相机差动保护电流极性的正确；检查调相机二次功率方向与一次功率方向应一致，验证调相机二次功率方向的正确。

（二）试验前准备工作

（1）与本次启动所有相关厂家专业人员到现场。

（2）试验人员应准备好有关图纸、资料和试验记录表格。

（3）确认机组辅助系统处于良好状态。

（4）确认已投入转子接地保护（注入式），退出另一套转子接地保护（乒乓式）。

（5）确认调相机、SFC 二次电流回路无开路，二次电压回路无短路。

（6）检查润滑油系统、顶轴油系统、盘车装置、定子冷却水、转子冷却水和外部冷却水系统工作正常，各项运行参数符合设计要求（如润滑油压、油温；顶轴油压、油温；盘车装置电流；定子/转子冷却水水压、流量、水温、电导率）。

（7）检查调相机 DCS 上各项参数显示正常（如大轴振动、轴承振动、轴瓦金属温度、定子内部漏液报警开关等）。

二、残压及相序测试

（一）试验目的

在调相机定子出口处测量调相机的残压和相序，核对调相机相序与系统相序是否一致。

（二）试验条件

调相机主励磁交、直流侧刀闸在分位。

断开同期装置"同期合闸"压板，以避免并网断路器合闸。

（三）试验方法

顺控启机并惰走，在转速为 3000r/min 左右时，测量调相机机端电压互感器二次输出电压值。

在残压测量完成后，用相序表测量调相机机端电压互感器二次输出电压，其相序应与调相机出线相别颜色以及出厂相序一致。

三、50%建压（启动励磁、主励磁切换）试验

（一）试验目的

验证启动励磁系统和主励磁系统的切换正常。

（二）试验条件

（1）调相机主励磁交、直流侧刀闸在合位。
（2）断开同期装置"同期合闸"压板，以避免并网断路器合闸。
（3）励磁调节器以正常自动方式运行。

（三）试验方法

（1）修改主励磁系统起励建压目标值为50%的额定电压。
（2）顺控启机并惰走建压，在调相机惰转过程中启动励磁系统和主励磁系统自动切换，测录定子电压曲线，观察超调应满足规范要求。
（3）检查正常后，后续试验中可将机端电压设定为额定电压，检查主励磁系统起励正常，记录升压波形。
（4）调相机能够成功起励。升压时，机端电压应稳定上升，其超调量应不大于额定值的 10%。

四、励磁系统冷却风机切换试验

（一）试验目的

验证整流柜冷却风机双套冗余工作正常。

（二）试验条件

（1）调相机主励磁交、直流侧刀闸在合位。
（2）断开同期装置"同期合闸"压板，以避免并网断路器合闸。

（3）励磁调节器以正常自动方式运行。

（三）试验方法

（1）顺控启机并惰走建压。

（2）整流柜的风机为双套冗余设计，双路电源供电。模拟一路电源故障，观察备用风机是否启动；断掉风机工作电源，观察是否能够切换到备用电源继续工作。

（3）当工作风机停止运行时，备用风机应自动启动运行；在风机工作交流电源断电的情况下，应自动切换到备用电源工作。

五、±5%阶跃响应试验

（一）试验目的

测量励磁系统动态特性。

（二）试验条件

（1）调相机主励磁交、直流侧刀闸在合位。

（2）断开同期装置"同期合闸"压板，以避免并网断路器合闸。

（3）励磁调节器以正常自动方式运行。

（三）试验方法

（1）顺控启机并惰走建压，当机端电压升至95%额定时，进行5%（上、下）阶跃试验。

（2）测录调相机机端电压、励磁电流、励磁电压曲线。

六、空载特性试验

（一）试验目的

测量励磁系统动态特性。

（二）试验条件

（1）静止变频器（SFC）应能将调相机拖动至1.05倍额定转速以上，且调相机辅助系统应工作正常。

（2）调相机励磁调节器中的伏赫兹限制值不低于108%，伏赫兹逆变灭磁频率值不低于30Hz，起机过程中的其他保护正常投入。

（3）主励磁调节器采用电流环控制励磁方式，且起励值不高于 $0.2U_N$。以 $1.05U_N$ 所对应的励磁电流值作为上限值。

（4）调相机主励磁交、直流侧刀闸在合位。

（5）断开同期装置"同期合闸"压板，以避免并网断路器合闸。

（三）试验方法

空载特性试验接线示意图如图 13-1 所示。

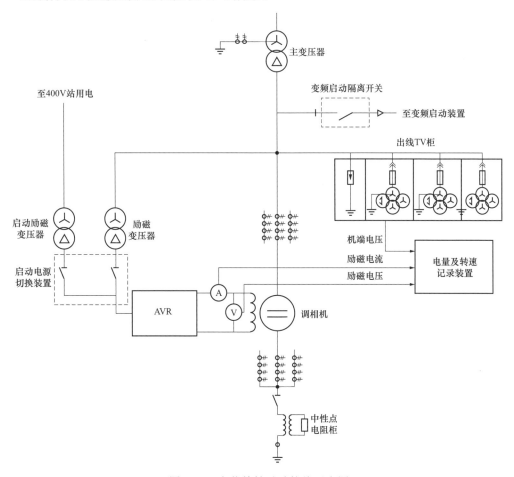

图 13-1　空载特性试验接线示意图

（1）机组完成拖动启动后，退出 SFC 使机组惰转，励磁系统由启动励磁自动切换至主励磁。

（2）将励磁电流调节分为 N（$N \geq 7$）个区间，并由此确定励磁电流的调节步长，区间设置应充分考虑饱和区及非饱和区取点的合理性，饱和区内应适当增加取点数量。

（3）在机组惰转过程中，按照已确定的区间设置进行单调增磁，直至励磁电流达到调节上限，记录试验过程中的机端电压、励磁电压、励磁电流、转子转速。

七、灭磁试验

（一）试验目的

检查调相机灭磁功能。

（二）试验条件

（1）调相机主励磁交、直流侧刀闸在合位。

（2）断开同期装置"同期合闸"压板，以避免并网断路器合闸。

（3）励磁调节器以正常自动方式运行。

（三）试验方法

（1）顺控启机并惰走建压，调相机建压至额定电压。

（2）DCS发出主励停机指令，励磁系统逆变灭磁，测录调相机电压下降曲线。

（3）顺控启机并惰走建压，调相机建压至额定电压。

（4）DCS发出分灭磁开关指令，测录调相机机端电压、励磁电流、励磁电压曲线，计算灭磁时间常数。

（5）灭磁开关不应有明显灼痕，灭磁电阻无损伤，转子过电压保护无动作，任何情况下灭磁时发电机转子过电压不应超过转子出厂工频耐压试验电压幅值的70%，应低于转子过电压保护动作电压。

八、惰速状态下轴电压测量

（一）试验目的

测量检查调相机的轴电压，判定机组检修后轴瓦绝缘是否良好，避免轴电压恶化，击穿轴与轴承间的油膜造成放电，引起润滑油逐渐劣化。

（二）试验条件

调相机已惰转，转速3000r/min左右。

（三）试验方法

（1）测量大轴励端（非接地端）对盘车端（接地端）的电压值 U_1。

（2）测量大轴励端（非接地端）对地的电压值 U_2。

（3）测得 $U_1 \approx U_2$，说明轴承支架的绝缘垫绝缘情况较好。

九、假同期试验

（一）试验目的

（1）检查同期回路接线的正确性。

（2）检查同期装置是否可靠动作。

（3）测录并网断路器的合闸反馈时间。

（4）调整同期装置的导前时间及频差。

（二）试验条件

（1）确认并网断路器处于冷备用状态，临时断开并网断路器隔离开关的操作电源，并悬挂"有人工作，禁止操作"标示牌。

（2）确认并退出励磁系统中调相机的并网信号，假同期试验结束后恢复。

（3）调相机主励磁交、直流侧刀闸在合位。

（4）同期装置"同期合闸"压板已恢复。

（5）励磁调节器以正常自动方式运行。

（6）故障录波装置已接线完成，包括系统侧电压、定子机端电压、定子机端电流、合闸脉冲、并网开关合位信号。

（三）试验方法

（1）顺控启动调相机，拖动、升速、惰速、建压。

（2）观察同期装置的运行状态，检查同期装置输出命令是否正确，检查并网断路器合闸正确。

（3）分析故障录波装置合闸时录波数据，检验其正确性；检查定子机端电流励磁涌流情况是否良好；检查幅值、机端电压正相序、同步表的指示在十二点位置、同步继电器出口在导通状态。

（4）在 DCS 上复归同期指令。

（5）根据波形及试验数据调整同期装置的导前时间及频差在合理范围内。

（6）假同期试验完成后，恢复原接线，恢复并网断路器隔离开关的操作电源。

第四节　并网及并网后试验

一、概述

调相机系统正常并网，校验相关调变组保护，检验调相机及辅助设备带负载性能，确保并网后运行的稳定性。

二、并网试验

（一）试验目的

检查调相机并网流程。

录取并网断路器合闸波形。

（二）试验条件

假同期试验结果正常。

（三）试验方法

（1）顺控启动调相机，拖动、升速、惰速、建压，检同期合闸，机组并网。

（2）分析故障录波装置合闸时录波数据，检验其正确性。

（3）机组并网后，检查调相机、升压变、励磁系统及其他辅助设备运行正常。

（4）监测调相机本体温度、冷却介质温度、盘车温度、监测轴承金属温度、大轴振动等参数。

三、低负荷保护校验

（一）试验目的

带负荷检查调相机-变压器组保护系统的正确性，检查测量系统和辅助系统的正确性。

（二）试验条件

调相机已并网运行，励磁调节器运行正常。检查调相机的运行情况应无异常，各系统运行正常。

（三）试验方法

（1）将调相机负荷由0Mvar调整为迟相50Mvar（或进相50Mvar），进行调变组保护带负荷校验。检查TA二次电流幅值和相位，验证TA二次回路接线正确性和完整性；检查调相机升压变压器差动保护装置差流为零，验证调相机升压变压器差动保护电流极性的正确性；检查调相机差动保护装置差流为零，验证调相机差动保护电流极性的正确性；检查调相机二次功率方向与一次功率方向应一致，验证调相机二次功率方向的正确性。

检查调相机转子接地保护（注入式）参数正常。

（2）检查调相机、升压变压器、励磁系统及其他辅助设备运行正常。

（3）监测调相机本体温度、冷却介质温度、盘车温度、轴承金属温度、大轴振动等参数。

四、励磁系统带负荷试验

（一）试验目的

（1）检查调相机励磁系统在带负荷下的励磁调节功能。

（2）测试励磁系统的整体特性，用于校核验证。

（3）验证调相机在额定负荷时，冷却系统能够满足机组安全运行要求。

（二）试验条件

（1）调相机组已带初始负荷，检查调相机的运行情况应无异常，励磁调节器运行正常。确认已投入调相机转子接地保护（注入式），退出另一套转子接地保护（乒乓式）。

（2）调相机带额定负荷，冷却介质温度在额定参数下且稳定一段时间后。升压变高压侧电压在正常范围内。

（三）试验方法

（1）增磁、减磁试验，进行无功负载调节试验，观察无功负载的稳定性。

（2）励磁系统 TA 极性检查，判断无功功率变化方向与增减励磁方向，两者方向一致。

（3）励磁试验过程中检查调相机转子接地保护（注入式）正常。

（4）阶跃（A 修）：自动方式下的阶跃试验，调相机运行于零无功工况，阶跃量为调相机额定电压的 1%～5%，无功功率达到稳态差值 90%的时间不应大于 1s，无功功率调节时间不应大于 5s。

（5）通道切换：双系统切换试验：励磁装置双系统相互切换时调相机无功应无明显变化。自动/手动切换试验：励磁系统自动运行，在稳定运行时将调节器切换到手动运行，发电机端电压不应有大的波动，反之亦然。自动跟踪切换后机端电压稳态值变化小于 1%额定电压，机端电压变化暂态值最大变化量不超过 5%额定机端电压。

（6）均流检查：励磁功率整流装置均流检查，功率整流装置的均流系数应不小于0.9。

（7）限制试验（A 修）：励磁系统低励、过励限制试验。限制动作后励磁系统运行稳定，动作值与设置相符，限制动作信号正确发出。

五、满负荷试验

（一）试验目的

验证调相机在额定负荷时，机组各分系统性能，尤其冷却系统能够满足机组安全运行要求。

（二）试验条件

调相机带额定负荷，冷却介质温度在额定参数下且稳定一段时间后。升压变高压侧电压在正常范围内。

调相机组已完成各项并网试验，各系统运行正常。

（三）试验方法

1. 额定迟相负荷试验

（1）调整无功至额定迟相负荷，调相机稳定运行。

（2）每隔30min或更短时间记录一次定转子铁芯及冷却介质温度。

（3）当调相机各部分温度变化在1h内不超过2K时，认为已达稳定状态。

（4）取稳定阶段中几个时间间隔温度的平均值作为调相机在该负载下的温度。

（5）记录并储存各项电气、机务试验数据。

2. 额定进相负荷试验

（1）调整无功至额定进相负荷，调相机稳定运行。

（2）每隔30min或更短时间记录一次定转子铁芯及冷却介质温度。

（3）当调相机各部分温度变化在1h内不超过2K时，认为已达稳定状态。

（4）稳定阶段中几个时间间隔温度的平均值作为调相机在该负载下的温度。

（5）记录并储存各项电气、机务试验数据。

六、轴电压测量

（一）试验目的

测量检查调相机的轴电压，判定机组检修后轴瓦绝缘是否良好，避免轴电压恶化，击穿轴与轴承间的油膜造成放电，引起润滑油逐渐劣化。

（二）试验条件

调相机已并网。

（三）试验方法

（1）测量大轴励端（非接地端）对盘车端（接地端）的电压值 U_1。

（2）测量大轴励端（非接地端）对地的电压值 U_2。

（3）测得 $U_1 \approx U_2$，说明轴承支架的绝缘垫绝缘情况较好。

七言排律·调相机

千里银线万里塔，神器护航特高压。

吞吐无功数百日，昼夜旋转当铠甲。

英贤谋略雄心下，士气高涨敢为先。

戮力同心除病患，朝霜暮雪晓星眠。

转子似柱铸铁魂，定子如磐佑平安。

疑难杂症何足惧，斗志昂扬白云间。

群才汇聚勇担当，乾坤斗转排万难。

精兵强将守阵地，胜利号角响震天。

功绩赫赫不问名，雄风阵阵援四邻。

旌旗招展心所向，高山大海步难停。

宏伟蓝图已绘就，共铸辉煌臻化境。

浩浩夜空电流涌，千家万户灯长明。

编　者

（2024 年 1 月）